JN169913

鈴木　譲・植野真臣 編著
黒木　学・清水昌平
湊　真一・石畠正和
樺島祥介・田中和之
本村陽一・玉田嘉紀 著

確率的
グラフィカル
モデル

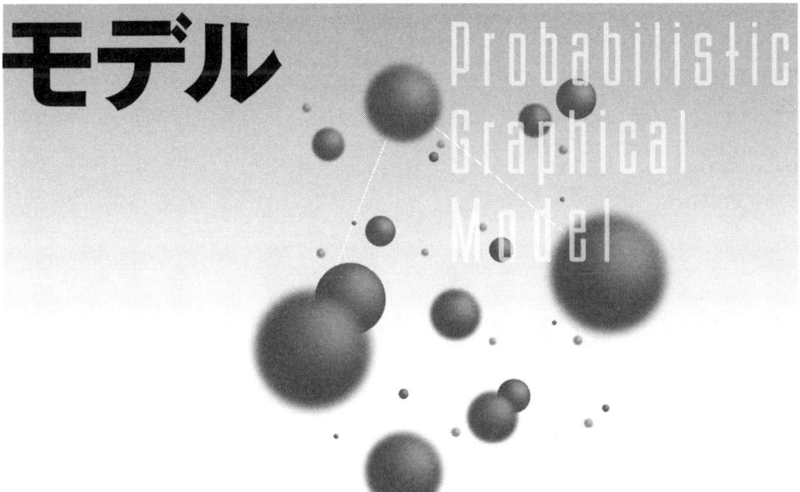

共立出版

まえがき

本書が出版されるきっかけとなったのは，2015年3月に電気通信大学「確率的グラフィカルモデル」に関するワークショップ（文科省「数学協働プログラム」）が開催されたことでした．イベントは盛況で，2日間で120名ほどの方が参加しました．期間中に共立出版の石井さんが会場を訪れ，各講演の内容をベースに書籍として出版してみないかという提案をいただき，10名の講演者で分担して執筆することになりました（講義録というよりは初学者向けのチュートリアルというように，わかりやすく）．

確率的グラフィカルモデルといえば，狭義にはBayesianネットワーク(BN)，Markovネットワーク(MN)をさします．2001年7月に東京工業大学の佐藤泰介先生，産業科学総合研究所の本村陽一先生により，国立情報学研究所で第1回のBNセミナーが開催されました．以後，2000年代半ばからは植野を中心に，電気通信大学で毎年秋に開催されるようになりました．毎回100名を超える方が参加され，大変盛り上がりました．また，2010年にはやはり植野を中心に，AMBN(Advanced Methodologies for Bayesian Networks)という国際会議が東京で開催されました．2015年11月には，鈴木と植野が中心になって，第2回のAMBNが横浜で開催されました．その講義録は，Springerから“*Lecture Notes on Artificial Intelligence*”として出版されています．

確率的グラフィカルモデルという分野は，通常の統計学と比べると，業務で使えるレベルに達するまでに多くのことを勉強する必要があるとされています．そのためか，ビックデータ時代とよばれる今日，他の機械学習の分野と比べて，データサイエンスの現場に浸透しきれていない，というのが現状です．「敷居が高いので，わかりやすい既存の方法を使えば十分」というような厳しいコメントを寄せられるデータサイエンティストの方もいます．しかし，モデリングの自由度，長い歴史の中で蓄積された成果など，確率的グラフィカルモデルには，他の手法にはないメリットをたくさんもっています．したがって，わかりやすい解説書を出し，もっと多くの方に使っていただくことが，この分野の研究者の責任であるように思われました．

本書は，10名の著者が独立に執筆して，1冊の書籍にまとめたものです．各著者には，初学者・初心者が興味をもつきっかけとなるよう，平易に解説することをお願いしました．

忙しい毎日ですから，一冊の専門書を読破することはむずかしいように思われます．本書は各章それぞれ20–25ページ程度ですから，興味のある1章を重点的に読まれて，他章を通読するだけでも，十分有益であると思われます．本書が，読者の皆様のお役に立つことを願ってやみません．

末筆ですが，本書を書籍として出版することを誘っていただき，最後まで手を緩めずに原稿をチェックしていただいた，共立出版編集部石井徹也氏に感謝いたします．

2016年7月

鈴木譲（大阪大学）
植野真臣（電気通信大学）

目 次

第 I 部

ベイジアンネットワーク

第1章

ベイジアンネットワークの基礎

1.1 はじめに

一般的に変数間の条件付き独立関係をノードとエッジに対応させて表現する数理モデルをグラフィカルモデルと呼ぶ．本章では，グラフィカルモデルの中でも最も有名なベイジアンネットワークを紹介する．ベイジアンネットワークについては，海外の教科書では，[7,9,11] がある．ベイジアンネットワークに特化した教科書では，特に推論に関しては，[7] が最も丁寧に詳しく最先端の技術まで書かれている．[9] はベイジアンネットワークに特化した教科書であるが，意思決定モデルにかなりのページを割いており，ベイジアンネットワークを用いた意思決定システムなどに興味ある読者には有用であろう．[11] は，ベイジアンネットワークだけでなく，多くのグラフィカルモデルを包括している．また，日本での近著では，[23,24,27] が知られている．[23] は，情報理論のバックグラウンドより，マルコフネットワークとベイジアンネットワークの違い，ベイジアンネットワークの情報論的学習に重きを置いている．特に，測度論，確率論についての記述も詳細で，個々の定理に証明を与えるなど，数理的基礎を詳細に与えていることが特徴である．

[24] は，統計物理のバックグラウンドより，ベイジアンネットワークの確率伝搬に重きを置き，確率推論の手法を丁寧にトレースできるように工夫している．また，平均場近似と近似伝搬法であるルーピービリーフ伝搬との関

係なども詳細に解説されている．

[27] は，ベイズ統計学の立場より，ベイジアンネットワークの学習と推論の研究について基礎から最新手法までを数理とアルゴリズムを中心に解説している．ただし，個々の定理の証明の詳細は文献に譲っており，大まかな数学的アイデアとそれを実現させるアルゴリズムについては疑似コードや例を挙げて解説している．

それぞれの特徴を理解して利用すると，読者の理解をより深めることになろう．

多くのグラフィカルモデルでは，すべての変数間の条件付き独立性と依存性がグラフに 1 対 1 対応していることが仮定されているが，グラフでは表現できない条件付き独立関係が存在する．多くのグラフィカルモデルではこれを例外として取り扱うのであるが，ベイジアンネットワークでは，完全にグラフ構造に対応する d 分離という概念を導入する．d 分離では，すべての条件付き独立関係がグラフで表現できるときに，すべての変数間の d 分離と条件付き独立性が 1 対 1 対応する．条件付き独立性はグラフと 1 対 1 対応しない場合がまれにあるのに対して，d 分離ではグラフで表現できる条件付き独立のみを考えるので，面倒なことを考える必要がない．ベイジアンネットワークとは，分離の条件の下でグラフィカルモデルに非循環有向グラフ (DAG:Directed Acyclic Graph) 構造を仮定することにより，同時確率分布をコンパクトな条件付き確率の積で因子分解できることが特徴である．現在，存在するグラフィカルモデルの中で最も同時確率分布を正確に近似できる手法であり，そのため極めて高精度の推論が実現でき，最も注目されている手法の 1 つである．

1.2　グラフィカルモデル

今，$\mathbf{V} = \{V_1, V_2, \ldots, V_N\}$ の各要素をグラフのノード (node)（または，節点・頂点 (vertex)）とする．これらのノードはエッジ (edge)（または，枝）と呼ばれるアークにより結ばれる．もし，2つのノード V_i と V_j の間にエッジが存在すれば E_{ij} と書くことにする．グラフのエッジ集合は，$\mathbf{E} = \{E_{ij} \mid V_i$ と V_j の間にエッジが存在$\}$ として示される．すなわち，グラフ (graph) は $(\mathbf{V}, \mathbf{E})$ によって以下のように定義される．

定義 1.1 「グラフ $G = (\mathbf{V}, \mathbf{E})$」は2つの集合 $\mathbf{V}$ と $\mathbf{E}$ によって定義され，$\mathbf{V}$ はノードの有限集合 $\mathbf{V} = \{V_1, V_2, \ldots, V_N\}$ で，$\mathbf{E}$ はエッジ集合である．さらに，グラフは個々のノードにおける2つの組をエッジで結合したすべての可能性のある集合の部分集合である．

図1.1は3つのノード $\mathbf{V} = \{A, B, C\}$, 2つのエッジ $\mathbf{E} = \{E_{AB}, E_{AC}\}$ によって構成されたグラフの例である．

定義 1.2 $G = (\mathbf{V}, \mathbf{E})$ をグラフとする．$E_{ij} \in \mathbf{E}$ かつ $E_{ji} \notin \mathbf{E}$ のとき，エッジ E_{ij} を**有向エッジ** (directed edge) と呼ぶ．V_i と V_j の有向エッジは $V_i \rightarrow V_j$ と書く．

定義 1.3 $G = (\mathbf{V}, \mathbf{E})$ をグラフとする．$E_{ij} \in \mathbf{E}$ かつ $E_{ji} \in \mathbf{E}$ のとき，エッジ E_{ij} を**無向エッジ** (undirected edge) と呼ぶ．V_i と V_j の無向エッジは $V_i - V_j$ または $V_j - V_i$ と書く．

定義 1.4 すべてのエッジが有向エッジのグラフを**有向グラフ** (directed graph) と呼び，すべてのエッジが無向エッジのグラフを**無向グラフ** (undirected graph) と呼ぶ．

グラフィカルモデルでは，グラフを用いて変数間の条件付き独立性を表現する．有向グラフに対応させるグラフィカルモデルと無向グラフに対応させるグラフィカルモデルがあるが，ベイジアンネットワークは前者である．

具体的には，グラフィカルモデルはグラフ上で以下のように条件付き独立性を表現する．

定義 1.5 X, Y, Z が無向グラフ G の互いに排他なノード集合であるとする．もし，X と Y の各ノード間のすべての路が Z の少なくとも1つのノードを含

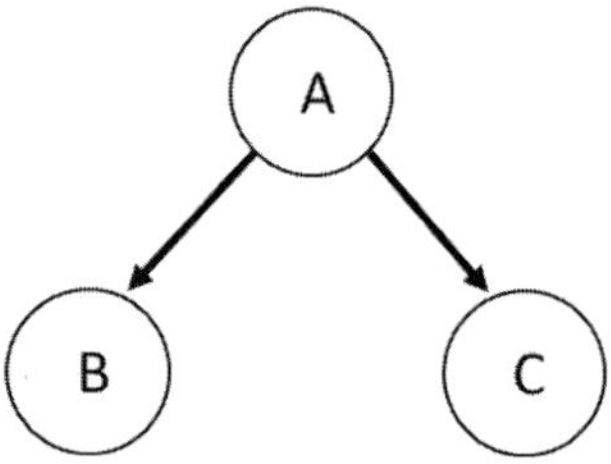

図 1.1　グラフの例

んでいるとき，Z は X と Y を分離するといい，$I(X,Y \mid Z)_G$ と書く．これは，グラフ上で条件付き独立性を表現する．一方，真の条件付き独立性，すなわち，X と Y が Z を所与として条件付き独立であるとき，$I(X,Y \mid Z)_M$ と書く．

定義 1.6　グラフ G は，ノードに対応する変数間すべての真の条件付き独立性がグラフでの表現に一致し，さらにその逆が成り立つとき，G をパーフェクト・マップ (Perfect map) といい，P-map と書く．

$$I(X,Y \mid Z)_M \Leftrightarrow I(X,Y \mid Z)_G$$

しかし，すべての確率モデルに対応するグラフが存在するわけではない．たとえば，4 つの変数 X_1, X_2, Y_1, Y_2 が以下の真の条件付き独立性をもっているとする．

$$I(X_1, X_2 \mid Y_1, Y_2)_M$$
$$I(X_2, X_1 \mid Y_1, Y_2)_M$$
$$I(Y_1, Y_2 \mid X_1, X_2)_M$$
$$I(Y_2, Y_1 \mid X_1, X_2)_M$$

しかし，この条件付き独立性を表現できるグラフ表現は存在しない．すなわち，グラフィカルモデルが条件付き独立性を表現していると仮定できない例外が存在する．

そこで，ベイジアンネットワークでは，グラフ表現できる条件付き独立性のみを扱うことにし，次の I-Map を導入している．

定義 1.7　グラフ G は，グラフでの条件付き独立性のすべての表現が真の条件件付き独立性に一致しているとき, Gをインデペンデント・マップ(Independent map)といい，I-mapと書く.

$$I(X,Y \mid Z)_G \Rightarrow I(X,Y \mid Z)_M$$

I-mapの定義では，完全グラフを仮定するとグラフ上に$I(X,Y \mid Z)_G$が存在しないので，どんな場合でもI-mapを満たしてしまう．そこで，以下の極小I-mapが重要となる.

定義 1.8　グラフGがI-mapで，かつ，1つでもエッジを取り除くとそれがI-mapでなくなってしまうとき，グラフGを極小I-map (minimal I-map)と呼ぶ.

ベイジアンネットワークでは，この極小I-mapを仮定しているが，条件付き独立性とグラフ構造の対応は保証されていないので，新しい概念「d分離」を導入するのである.

1.3　d分離

ベイジアンネットワークの定義では,「d分離」の概念が基底をなす．d分離とは，有向グラフにおいて，以下の3つの結合の中で定義することができる.

逐次結合（serial connections）

図1.2の構造を考える．AはBに影響を与え，BはCに影響を与える．明らかに，Aについての証拠は，Bの確からしさに影響を与え，さらにCの確からしさに影響を与える．同様に，Cについての証拠はBを通じてAの

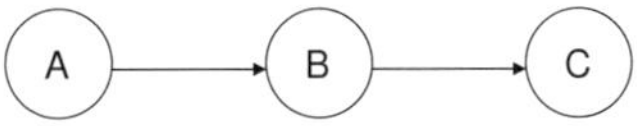

図 1.2　逐次結合（serial connections）

図 1.3　雨と靴の汚れの因果モデル

確からしさに影響を与える．一方，Bの状態がわかってしまったら，パスは完全にブロックされてしまう，AとCは独立になってしまう．このようなとき，AとCは，「**Bを所与としてd分離（d-separtion）である**」と呼び，1つの変数の状態がわかることを，**その変数がインスタンス化された**（it is instantiated）と呼ぶ．

例 1.1　d分離の意味をわかりやすくするために，以下のような意味のある因果モデルを導入する．たとえば，図1.3は，庭のスプリンクラーを動作させると庭がぬかるみ，靴が汚れるという因果モデルをグラフィカルモデルで示している．各ノードは事象が生起することを示し，A→Bは事象Aが起きたら，事象Bが起きることを示している．このグラフィカルモデルが実際の確率構造に対して極小I-mapであるとする．スプリンクラーを動作させると庭がぬかるむから靴が汚れる恐れがあるので，庭のスプリンクラーを動作させると靴が汚れるという因果は，「庭はぬかるんでいない（十分乾いている)」という情報を得ることにより，分離されることがわかる．

分岐結合（diverging connections）

図1.4の構造は，分岐結合と呼ばれる．Aの状態がわからない限り，Aのすべての子の間で証拠が伝搬される．この場合，B,C,· · · ,Eは，「**Aを所与としてd分離である**」という．

例 1.2　たとえば，図1.5は年齢，足の親指の長さ，知能指数の因果モデルを

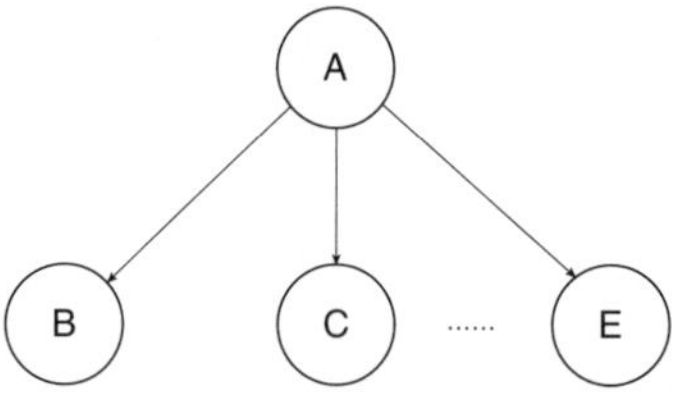

図 1.4　分岐結合（diverging connections）

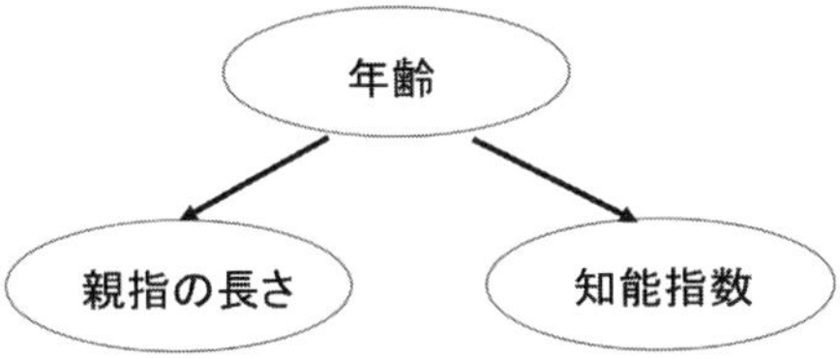

図 1.5　年齢，足の親指の長さ，知能指数の因果モデル

示している．一般に，子供から大人までの足の親指の長さと知能指数のデータをとり，相関係数を計算してみると高い相関が出る．これは，親指が長いから知能指数が高いという因果ではなく，背後に年齢という変数が存在しており，子供か大人かの違いがこの相関を生み出しているに過ぎない．このネットワークを理解していれば，ある人の親指の長さから年齢を推論し，その知能指数を推定したり，その逆を行うことも可能となる．

合流結合 (converging connections)

図 1.6 の構造は少し注意が必要である．たとえば，図中の変数 A について何の情報も持っていないときには，どれかの変数について証拠を得ても他の変数にはまったく影響を与えることはない．しかし，いったん，A についての証拠を得てしまうと，どのような親の証拠でも他の親変数の確からしさに影響を与える．これは，**説明効果**（**explaninng away effect**）と呼ばれる．たとえば，図 1.6 の変数 A について a が起こったとき，親 B の事象 b と親 C の事象 c は共に a を起こす原因であるとする．このとき，c が起こったという情報は b が起こった確からしさを減少させる．また，c が起こらなかったという情報は b が起こった確からしさを増加させるのである．結果として，結合部の変数もしくはその子孫の証拠が得られたときのみ，合流結合におけ

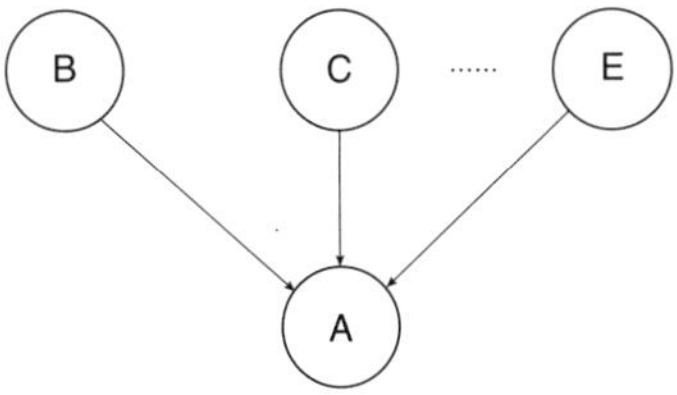

図 1.6　合流結合 (converging connections)

る証拠は伝搬される．図1.6の場合も，変数B,C, ⋯ ,Eは，AもしくはAの子孫についての証拠を得ない場合（**開いている**（**opening**）**場合**），**Aを介してd分離であると**呼ぶ．

変数についての証拠はその状態の確からしさの記述である．もし，その変数の値が観測されていた場合，「変数がインスタンス化されている」と呼び，その値を「エビデンス」(evidence)，特に値が知られている場合を**ハード・エビデンス**（**hard evidence**）と呼ぶ．たとえば，性別変数について，男であることがわかったなら，それはハード・エビデンスである．それ以外であれば，そのエビデンスを**ソフト・エビデンス**（**soft evidence**）と呼ぶ．たとえば，性別変数について，男である確率が0.7であることがわかった場合，それはソフト・エビデンスである．逐次結合と分岐結合でのブロックのため，または合流結合において閉じているためには，ハード・エビデンスが必要である．

例1.3　図1.7は車のエンジンをかけようとしたとき，エンジンがかからなかった場合の原因に関する因果モデルである．今，何も情報がなければ，車のガソリンがないこととエンジンの故障とは独立の事象である．しかし，もし，エンジンをかけようとしたとき，かからなければ，たとえば，ガス欠であることがわかれば，エンジン故障の確率は下がるし，エンジン故障であることがわかれば，ガス欠である確率は下がる．このように複数ある原因が特定されることにより，他の原因の確からしさが減少するのである．エンジン

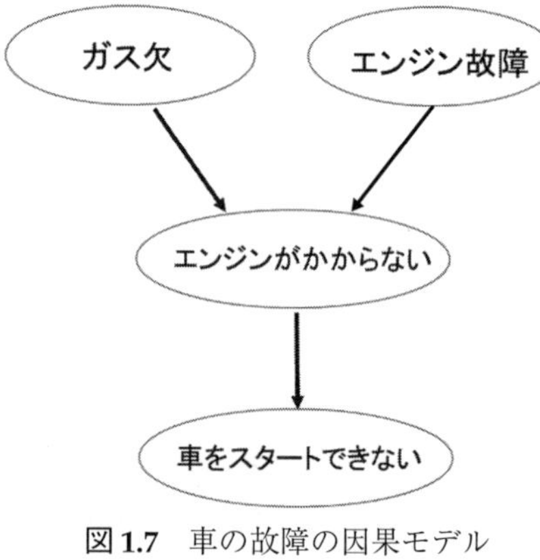

図1.7　車の故障の因果モデル

がかからないというエビデンスより，さらにその結果である車をスタートできないというエビデンスを得たとしても，この性質は成り立つ．すなわち，合流結合では，その子孫ノードがインスタンス化されることによりd結合となる．

上の3つの因果構造の中でd分離は以下のように定義される．

定義 1.9 因果モデルにおける2つの変数AとBは，AとBのすべてのパスに存在する以下のような変数V（AとBを分ける）があるとき，**d分離**（**d-separate**）である．

- 逐次結合もしくは分岐結合でVがインスタンス化されているとき，または
- 合流結合でVもしくはVの子孫がインスタンス化されていないとき

AとBがd分離でないとき，d結合（d-connection）と呼ぶ．

例 1.4 図1.8はいくつかのノードがインスタンス化された因果モデルの例である．このとき，ノードAとBはd分離されるのかどうかについて考えよう．まず，エビデンスが何もないときには，ノードAの情報は，Bには伝搬されないのでd分離されている．エビデンス1のみが得られた場合には，Aの情報はBの子ノードまでは伝搬されるがBには伝搬されないのでd分離さ

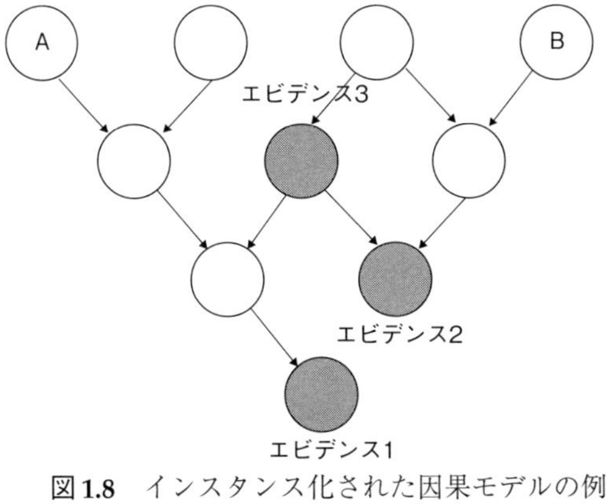

図 1.8 インスタンス化された因果モデルの例

れている．エビデンス1とエビデンス2が同時に得られると，Aの情報は合流結合のルールを2回繰り返して，Bに伝搬する．すなわち，d結合である．エビデンス1とエビデンス2とエビデンス3が同時に得られると，エビデンス3がエビデンス2の合流結合によるd結合を阻止してしまい，情報はBには伝搬しない．すなわち，d分離である．

ベイジアンネットワークでは，グラフィカルモデルと対応の取れない条件付き独立性ではなく，完全に対応するd分離の概念を用いる．グラフで表現できる条件付き独立性であると理解すればよいし，すべての因果はグラフで幾何的に表現できることを仮定していることになる．

1.4　ベイジアンネットワーク・モデル

ベイジアンネットワークは，以下のように定義できる．

定義 1.10　N 個の変数集合 $x = \{x_1, x_2, \ldots, x_N\}$ をもつベイジアンネットワークは，(G, Θ) で表現される．

- G は x に対応するノード集合によって構成される非循環有向グラフ (Directed Acyclic Graph; DAG)，ネットワーク構造と呼ばれる．
- Θ は，G の各アークに対応する条件付き確率パラメータ集合 $\{p(x_i \mid \Pi_i, G)\}, (i = 1, \cdots, N)$ である．ただし，Π_i は変数 x_i の親変数集合を示している．

ここで，DAGとは $A_1 \to \cdots \to A_n$, s.t. $A_1 = A_n$ となるような有向経路がないことである．逆に循環有向グラフは循環 $A_1 \to \cdots \to A_n$, s.t. $A_1 = A_n$ を含んでいる有向グラフを意味する．

ベイジアンネットワークとは，確率構造にDAGの仮定をおくだけのものであるが，実は同時確率分布の最もよい近似を得ることができる．このことがベイジアンネットワークの有効性の最も強調すべき点であろう．

以下の重要な定理が導かれる．

定理 1.1 変数集合 $x = \{x_1, x_2, \ldots, x_N\}$ をもつベイジアンネットワークの同時確率分布 $p(x)$ は以下で示される．

$$p(x \mid G) = \prod_i p(x_i \mid \Pi_i, G) \tag{1.1}$$

ここで，G は極小 I-map を示している．

この定理はベイジアンネットワークの基礎となるので，証明を示しておこう．

証明 1.1 N 個の変数 x をもつ DAG を考えよう．ネットワークは非循環なので，子のいない変数 A が少なくとも 1 つは存在する．次に，A をネットワークから除去することを考える．チェーンルールより，$p(x \backslash \{A\})$ は $p(A \mid \Pi_A)$ を除くすべての条件付き確率の積である．

$$p(x) = p(A \mid x \backslash \{A\}) \cdot p(x \backslash \{A\})$$

A は Π_A を所与として $x \backslash (\{A\} \cup \Pi_A)$ と d 分離であるので，

$$p(x) = p(A \mid x \backslash \{A\}) p(x \backslash \{A\}) = p(A \mid \Pi_A) \cdot p(x \backslash \{A\})$$

$p(x \backslash \{A\})$ についても同様に変形でき，同時確率分布は親ノード変数を所与とするすべての条件付き確率の積，式 (1.1) で示されることが証明される．すなわち，ベイジアンネットワークとは，非循環性と d 分離の仮定のみによって導かれる現在考えられる最も自然な離散モデルであり，現在のさまざまなモデルの中でも，最も表現力と予測力をもつモデルである．

定理 1 より，ベイジアンネットワークが同時確率分布から厳密に導かれることがわかる．すなわち，同時確率分布は式 (1.1) のようなコンパクトな条件付き確率 $p(x_i \mid \Pi_i, G)$ の積に因数分解できる．たとえば，r 個の値をとる変数が N 個ある場合，その同時確率分布を直接推定する場合は r^N 個のパラメータを推定しなければならない．パラメータ推定値を求めるためには，データ数も膨大な量を必要とするので，多くの場合，スパースなデータからの推定が行われ，推定値の正確性も低くなる．一方，ベイジアンネットワークでは，コンパクトで少数の条件付き確率 $p(x_i \mid \Pi_i, G)$ をデータから推定すればよいので少数データからでも同時確率分布を正確に推定することができるようになるのである．このように，ベイジアンネットワークは，現在考えられるモデルの中で最も同時確率分布をよく近似でき，そのために最も高い予測効率が期待され，多くの応用がなされている．

一方，グラフィカルモデルでは，構造方程式モデルのように循環性を許すモデルも多いが，定理1より，厳密には循環性を許す場合には，同時確率分布の条件付き確率の積による因数分解はできないことがわかるであろう．循環している変数集合の確率分布のみ，同時確率分布のまま表現しなければいけなくなるので，それらのモデルは正確には同時確率分布を表現できていないことになる．逆に，真の構造が循環している場合に，ベイジアンネットワークで表現したい場合には，循環している部分グラフを分解せずに同時確率分布として表現すればよい．

1.5　ベイジアンネットワークの表現と推論

1.5.1　条件付き確率表

実際のベイジアンネットワークは，ネットワーク構造 G と CPT (Conditional Probabities Tables) と呼ばれる条件付き確率表によって表現される．たとえば，図1.9は芝生が濡れていたとき，それがスプリンクラーによるものか雨によるものかを推論するベイジアンネットワークの構造と CPT である．

今，状態が真のとき1，偽のときに0をとる確率変数 $\{A, B, C, D, E\}$ を導入しよう．ベイジアンネットワークの同時確率分布は，式(1.1)で示されるので，たとえば，$p(A = 1, B = 1, C = 1, D = 1, E = 1 \mid G)$ は

$$p(A = 1, B = 1, C = 1, D = 1, E = 1 \mid G)$$

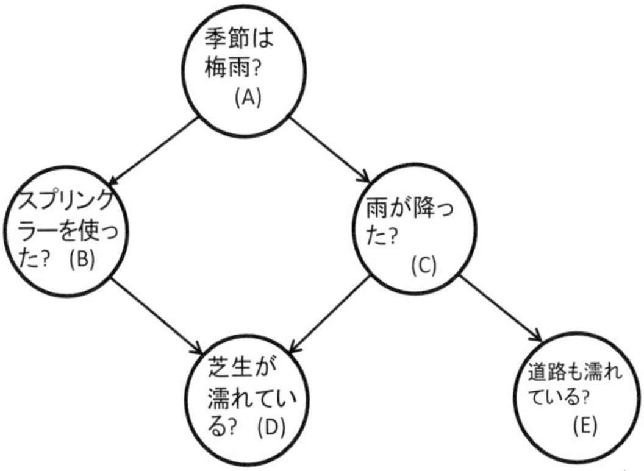

A	*p(A)*
真	0.6
偽	0.4

A	*B*	*p(B|A)*
真	真	0.2
真	偽	0.8
偽	真	0.75
偽	偽	0.25

A	*C*	*p(C|A)*
真	真	0.8
真	偽	0.2
偽	真	0.1
偽	偽	0.9

B	*C*	*D*	*p(D|B,C)*
真	真	真	0.95
真	真	偽	0.05
真	偽	真	0.9
真	偽	偽	0.1
偽	真	真	0.8
偽	真	偽	0.2
偽	偽	真	0.0
偽	偽	偽	1.0

C	*E*	*p(E|C)*
真	真	0.7
真	偽	0.3
偽	真	0.0
偽	偽	1.0

図 1.9　ベイジアンネットワークの CPT

$$\begin{aligned} &= p(A=1)p(B=1 \mid A=1)p(C=1 \mid A=1) \\ &\quad p(D=1 \mid B=1, C=1)p(E=1 \mid C=1) \\ &= 0.6 \times 0.2 \times 0.8 \times 0.95 \times 0.7 = 0.06384 \end{aligned}$$

同様にすべての変数の状態について同時確率を計算し，JPDT (Joint Probability Distribution Table) と呼ばれる同時確率分布表が計算できる．

実際のベイジアンネットワークは，このように CPT や JPDT を用いて計算する．そのために，CPT や JPDT を区別せず，ファクター φ として定義する．

定義 1.11　変数集合 $\mathbf{X}$ のファクター (factor)φ （Jensen らはポテンシャル関数 (potential function) と呼ぶ）とは，変数集合 $\mathbf{X}$ の各値 $\mathbf{x}$ を非負値に写像させる関数であり，$\varphi(\mathbf{x})$ と書く．

ベイジアンネットワークでは，同時確率分布から人間が理解できるようにそれぞれのノードの変数の周辺確率を求めなければならない．そのために対象変数以外の変数を周辺消去しなければならない．

1.5.2　事前分布の周辺消去

ここでは，最も理解しやすい変数消去アルゴリズムを紹介する．まず，どのノードにもエビデンスのない状態での事前確率分布の周辺化のためのアルゴリズム1を示す．

アルゴリズム1：周辺事前確率のための変数消去アルゴリズム

- **Input:** ベイジアンネットワーク $\{G, \Theta\}$, ベイジアンネットワークでのクエリ (query) 変数集合 Q
- **Output:** 周辺確率 $p(Q \mid G)$

1. $\mathcal{S} \leftarrow$ CPT の値
2. **for** i=1 to N **do**
3. 　　$\varphi \leftarrow \prod_k \varphi_k$, ここで φ_k は Q に含まれないノード i に関係する（を含む）$\mathcal{S}$ に属する条件付き確率　（ノード i が Q に含まれる場合には Line 6 へ行く）
4. 　　$\varphi_i \leftarrow \sum_i \varphi$
5. 　　$\mathcal{S}$ のすべての φ_k を φ_i によって置き換える
6. **end for**
7. **return** $\prod_{\varphi \in \mathcal{S}} \varphi$

アルゴリズム1では，ベイジアンネットワーク構造とCPTを $\mathcal{S}$ に読み込み，ノード番号順にノード i が Q 以外の変数であれば，i 番目の変数を含むファクターをすべて積算して，i 番目の変数について足し合わせる．これを繰り返し，クエリ (query) 変数集合 Q の周辺確率を得るというものである．

例 1.5　たとえば，図1.9について $p(E=1 \mid G)$ をアルゴリズム1で計算すると以下のようになる．まず，変数消去の順を $A \rightarrow B \rightarrow C \rightarrow D \rightarrow E$ とする．

1. アルゴリズム1の Line 3 の実行：$i=1$ に対応する変数 A と同じファクターに属している変数は B,C なので，φ_k は，$p(A), p(B \mid A), p(C \mid A)$ と

表 1.1 ファクター $\varphi = p(A,B,C)$

A	B	C	$p(A,B,C)$
真	真	真	$0.6 \times 0.2 \times 0.8 = 0.096$
真	真	偽	$0.6 \times 0.2 \times 0.2 = 0.024$
真	偽	真	$0.6 \times 0.8 \times 0.8 = 0.384$
真	偽	偽	$0.6 \times 0.8 \times 0.2 = 0.096$
偽	真	真	$0.4 \times 0.75 \times 0.1 = 0.03$
偽	真	偽	$0.4 \times 0.75 \times 0.9 = 0.27$
偽	偽	真	$0.4 \times 0.25 \times 0.1 = 0.01$
偽	偽	偽	$0.4 \times 0.25 \times 0.9 = 0.09$

なる．したがって，

$$\begin{aligned}\varphi \leftarrow \prod_k \varphi_k &= p(A)p(B \mid A)p(C \mid A) \\ &= p(A,B,C)\end{aligned}$$

ファクター $\varphi = p(A,B,C)$ が表 1.1 のように計算される．

2. Line 4 の実行：$i = 1$ に対応する A について φ を周辺化すると，

$$\begin{aligned}\varphi_1 \leftarrow \sum_A \varphi &= \sum_A p(A,B,C) \\ &= p(B,C)\end{aligned}$$

Line 5 の実行：ファクター φ_1 が表 1.2 のように生成され，ファクター $p(A), p(B \mid A), p(C \mid A)$ が置き換えられる．

表 1.2 ファクター $\varphi_1 = p(B,C)$

B	C	$p(B,C)$
真	真	$0.096 + 0.03 = 0.126$
真	偽	$0.024 + 0.27 = 0.294$
偽	真	$0.384 + 0.01 = 0.394$
偽	偽	$0.096 + 0.09 = 0.186$

表 1.3　ファクター $\varphi = p(B, C, D)$

B	C	D	$p(B, C, D)$
真	真	真	$0.126 \times 0.95 = 0.1197$
真	真	偽	$0.126 \times 0.05 = 0.0063$
真	偽	真	$0.294 \times 0.9 = 0.2646$
真	偽	偽	$0.294 \times 0.1 = 0.0294$
偽	真	真	$0.394 \times 0.8 = 0.3152$
偽	真	偽	$0.394 \times 0.2 = 0.0788$
偽	偽	真	$0.186 \times 0.0 = 0.0$
偽	偽	偽	$0.186 \times 1.0 = 0.186$

3. $i = 2$

   Line 3 の実行：$i = 2$ に対応する変数 B と同じファクターに属している変数は C,D なので，φ_k は，$p(B, C), p(D \mid B, C)$ となる．したがって，

$$\begin{aligned} \varphi \leftarrow \prod_k \varphi_k &= p(B, C)p(D \mid B, C) \\ &= p(B, C, D) \end{aligned}$$

   ファクター $\varphi = p(B, C, D)$ は表 1.3 のように計算される．

4. Line 4 の実行：$i = 2$ に対応する B について φ を周辺化すると，

$$\begin{aligned} \varphi_2 \leftarrow \sum_B \varphi &= \sum_B p(B, C, D) \\ &= p(C, D) \end{aligned}$$

   Line 5 の実行：ファクター φ_2 が表 1.4 のように生成され，ファクター $p(B, C), p(D \mid B, C)$ が置き換えられる．

5. $i = 3$

   Line 3 の実行：$i = 3$ に対応する変数 C と同じファクターに属している変数は D,E なので，φ_k は，$p(C, D), p(E \mid C)$ となる．したがって，

$$\varphi \leftarrow \prod_k \varphi_k = p(C, D)p(E \mid C)$$

表 1.4　ファクター $\varphi_2 = p(C,D)$

C	D	$p(C,D)$
真	真	$0.1197 + 0.3152 = 0.4349$
真	偽	$0.0063 + 0.0788 = 0.0851$
偽	真	$0.2646 + 0.000 = 0.2646$
偽	偽	$0.0294 + 0.186 = 0.2154$

$$= p(C,D,E)$$

ファクター $\varphi = p(C,D,E)$ は表 1.5 のように計算される．

表 1.5　ファクター $\varphi = p(C,D,E)$

C	D	E	$p(C,D,E)$
真	真	真	$0.4349 \times 0.7 = 0.30443$
真	真	偽	$0.4349 \times 0.3 = 0.13047$
真	偽	真	$0.0851 \times 0.7 = 0.05957$
真	偽	偽	$0.0851 \times 0.3 = 0.02553$
偽	真	真	$0.2646 \times 0.0 = 0.0$
偽	真	偽	$0.2646 \times 1.0 = 0.2646$
偽	偽	真	$0.2154 \times 0.0 = 0.0$
偽	偽	偽	$0.2154 \times 1.0 = 0.2154$

6. Line 4 の実行：$i = 3$ に対応する C について φ を周辺化すると，

$$\begin{aligned}\varphi_3 \leftarrow \sum_C \varphi &= \sum_C p(C,D,E) \\ &= p(D,E)\end{aligned}$$

Line 5 の実行：ファクター φ_3 が表 1.6 のように生成され，ファクター $p(C,D), p(E \mid C)$ が置き換えられる．

7. $i = 4$

Line 3 の実行：$i = 4$ に対応する変数 D と同じファクターに属している

表 1.6　ファクター $\varphi_3 = p(D, E)$

D	E	$p(D, E)$
真	真	$0.30443 + 0.0 = 0.30443$
真	偽	$0.13047 + 0.2646 = 0.39507$
偽	真	$0.05957 + 0.0 = 0.05957$
偽	偽	$0.02553 + 0.2154 = 0.24093$

変数は E なので，φ_k は，$p(D, E)$ となる．したがって，

$$\varphi \leftarrow \prod_k \varphi_k = p(D, E)$$

で表 1.6 のままである．

8. Line 4 の実行：$i = 4$ に対応する D について φ を周辺化すると，

$$\begin{aligned}\varphi_4 \leftarrow \sum_D \varphi &= \sum_D p(D, E) \\ &= p(E)\end{aligned}$$

Line 5 の実行：ファクター φ_4 が表 1.7 のように生成され，ファクター $p(D, E)$ が置き換えられる．

表 1.7　ファクター $\varphi_4 = p(E)$

E	$p(E)$
真	$0.30443 + 0.05957 = 0.364$
偽	$0.39507 + 9,24093 = 0.636$

9. $i = 5$

Line 3 の実行：$i = 5$ に対応する変数 E は Q に含まれるので Line 6 に飛ぶ．

10. Line 7：ファクター φ_4 を $p(E)$ に周辺化：実際には，1つしか変数がないので周辺化の必要性はない．

ここでの変数の周辺化は，ベイジアンネットワークのいくつかの変数がインスタンス化される（エビデンスを得る）前の事前確率分布について行われ

るものであり，得られた各変数の周辺確率を周辺事前確率 (marginal prior) と呼び，この操作を事前分布周辺化 (prior marginals) と呼ぶ．それに対して，ベイジアンネットワークでいくつかの変数がインスタンス化（エビデンスを得る）された場合の各変数の周辺確率を周辺事後確率 (marginal posterior) と呼び，この操作を事後分布周辺化 (posterior marginals) と呼ぶ．

1.5.3 事後分布の周辺消去アルゴリズム

エビデンスを所与として，各変数の事前周辺確率が事後周辺確率に変化することを「推論」(inference) と呼び，ベイジアンネットワークの最も重要な機能の 1 つである．エビデンス $\mathbf{e}$ を所与とした周辺事後確率を計算する場合（エビデンスを得た場合の変数消去の場合），まず同時周辺確率 (joint marginals) $p(Q, \mathbf{e} \mid G)$ を計算する．そのために，エビデンスに一致しないファクターの値を 0 に変換するように，ファクターを以下のように再定義する．

定義 1.12 エビデンス $\mathbf{e}$ を所与としたときのファクター $\varphi^e(\mathbf{x})$ は以下のように定義される．

$$\varphi^e(\mathbf{x}) = \begin{cases} \varphi(\mathbf{x}) & : \mathbf{x} \text{ が } \mathbf{e} \text{ に一致しているとき} \\ 0 & : \text{上記以外} \end{cases}$$

さらに，この変換について以下の分配法則が成り立つ．

定理 1.2 φ_1 と φ_2 が 2 つの異なるファクターであり，エビデンス $\mathbf{e}$ を得たとき，

$$(\varphi_1\varphi_2)^e = \varphi_1^e\varphi_2^e$$

が成り立つ．

これらの性質を用いると，エビデンス $\mathbf{e}$ を得たときの周辺事後確率を求めるための変数消去アルゴリズムは，アルゴリズム 1 の CPT を S に組み入れる箇所で，いったん，φ^e 変換を行うことによりアルゴリズム 2 が得られる．

アルゴリズム 2：周辺事後確率のための変数消去アルゴリズム

- **Input:** ベイジアンネットワーク $\{G, \Theta\}$, ベイジアンネットワークのクエリ変数集合 Q，エビデンス $\mathbf{e}$
- **Output:** $p(Q, \mathbf{e} \mid G)$

1. $\mathcal{S} \leftarrow \varphi^e \leftarrow \varphi$
2. **for** i=1 to N **do**
3. 　　$\varphi \leftarrow \prod_k \varphi_k$, ここで φ_k は Q に含まれないノード i に関係する（を含む）$\mathcal{S}$ に属する φ^e（ノード i が Q に含まれる場合には Line 6 へ行く）
4. 　　$\varphi_i \leftarrow \sum_i \varphi$
5. 　　$\mathcal{S}$ のすべての φ_k を φ_i によって置き換える
6. **end for**
7. **return** $\prod_{\varphi \in \mathcal{S}} \varphi$ から Q の各要素の周辺確率を求める

例 1.6　今，エビデンス $\mathbf{e} = \{A = 1, B = 0\}$（真のとき 1, 偽のとき 0）とし，$Q = \{D, E\}$ とする．図 1.9 の CPT より，φ^e を求めると図 1.10 のファクター表が得られる．アルゴリズム 2 に従い，図 1.10 のファクター表を用いて $p(D \mid G, \mathbf{e}), p(E \mid G, \mathbf{e})$ を求めよう．ただし，消去順序は $A \to B \to C$ とする．

1. アルゴリズム 2 の Line 2 $\varphi^e \to S$　図 1.10 の生成
2. $i = 1$

   Line 3 の実行：$i = 1$ に対応する変数 A と同じファクターに属している変数は B,C なので，φ_k は，$p(A), p(B \mid A), p(C \mid A)$ となる．したがって，

$$\begin{aligned}\varphi \leftarrow \prod_k \varphi_k &= p(A)p(B \mid A)p(C \mid A)\\ &= p(A, B, C)\end{aligned}$$

   ファクター $\varphi = p(A, B, C)$ が表 1.8 のように計算される．

3. Line 4 の実行：$i = 1$ に対応する A について φ を周辺化すると，

$$\varphi_1 \leftarrow \sum_A \varphi = \sum_A p(A, B, C)$$

A	$\varphi^e(A)$
真	1.0
偽	0.0

A	B	$\varphi^e(B\|A)$
真	真	0.0
真	偽	1.0
偽	真	0.0
偽	偽	0.0

A	C	$\varphi^e(C\|A)$
真	真	0.8
真	偽	0.2
偽	真	0.0
偽	偽	0.0

B	C	D	$\varphi^e(D\|B,C)$
真	真	真	0.0
真	真	偽	0.0
真	偽	真	0.0
真	偽	偽	0.0
偽	真	真	0.8
偽	真	偽	0.2
偽	偽	真	0.0
偽	偽	偽	1.0

C	E	$\varphi^e(E\|C)$
真	真	0.7
真	偽	0.3
偽	真	0.0
偽	偽	1.0

図 1.10 図 1.9 の CPT についてエビデンス $\mathbf{e} = \{A = 1, B = 0\}$ を得たときの φ^e

表 1.8 ファクター $\varphi = p(A, B, C)$

A	B	C	$p(A, B, C)$
真	真	真	0
真	真	偽	0
真	偽	真	$1.0 \times 1.0 \times 0.8 = 0.8$
真	偽	偽	$1.0 \times 1.0 \times 0.2 = 0.2$
偽	真	真	0
偽	真	偽	0
偽	偽	真	0
偽	偽	偽	0

$$= p(B, C)$$

Line 5 の実行：ファクター φ_1 が表 1.9 のように生成され，ファクター $p(A), p(B \mid A), p(C \mid A)$ が置き換えられる．

4. $i = 2$

Line 3 の実行：$i = 2$ に対応する変数 B と同じファクターに属している

表 1.9　ファクター $\varphi_1 = p(B,C)$

B	C	$p(B,C)$
真	真	0.0
真	偽	0.0
偽	真	0.8
偽	偽	0.2

変数は C,D なので，φ_k は，$p(B,C), p(D \mid B,C)$ となる．したがって，

$$\begin{aligned}\varphi \leftarrow \prod_k \varphi_k &= p(B,C)p(D \mid B,C) \\ &= p(B,C,D)\end{aligned}$$

ファクター $\varphi = p(B,C,D)$ は表 1.10 のように計算される．

表 1.10　ファクター $\varphi = p(B,C,D)$

B	C	D	$p(B,C,D)$
真	真	真	0.0
真	真	偽	0.0
真	偽	真	0.0
真	偽	偽	0.0
偽	真	真	$0.8 \times 0.8 = 0.64$
偽	真	偽	$0.8 \times 0.2 = 0.16$
偽	偽	真	$0.2 \times 0.0 = 0.0$
偽	偽	偽	$0.2 \times 1.0 = 0.2$

5. Line 4 の実行：$i = 2$ に対応する B について φ を周辺化すると，

$$\begin{aligned}\varphi_2 \leftarrow \sum_B \varphi &= \sum_B p(B,C,D) \\ &= p(C,D)\end{aligned}$$

Line 5 の実行：ファクター φ_2 が表 1.11 のように生成され，ファクター $p(B,C), p(D \mid B,C)$ が置き換えられる．

表 1.11 ファクター $\varphi_2 = p(C, D)$

C	D	$p(C, D)$
真	真	0.64
真	偽	0.16
偽	真	0.00
偽	偽	0.20

6. $i = 3$

Line 3 の実行：$i = 3$ に対応する変数 C と同じファクターに属している変数は D,E なので，φ_k は，$p(C, D), p(E \mid C)$ となる．したがって，

$$\begin{aligned} \varphi \leftarrow \prod_k \varphi_k &= p(C, D)p(E \mid C) \\ &= p(C, D, E) \end{aligned}$$

ファクター $\varphi = p(C, D, E)$ は表 1.12 のように計算される．

表 1.12 ファクター $\varphi = p(C, D, E)$

C	D	E	$p(C, D, E)$
真	真	真	$0.64 \times 0.7 = 0.448$
真	真	偽	$0.64 \times 0.3 = 0.192$
真	偽	真	$0.16 \times 0.7 = 0.112$
真	偽	偽	$0.16 \times 0.3 = 0.048$
偽	真	真	$0.0 \times 0.0 = 0.0$
偽	真	偽	$0.0 \times 1.0 = 0.0$
偽	偽	真	$0.2 \times 0.0 = 0.0$
偽	偽	偽	$0.2 \times 1.0 = 0.2$

7. Line 4 の実行：$i = 3$ に対応する C について φ を周辺化すると，

$$\begin{aligned} \varphi_3 \leftarrow \sum_C \varphi &= \sum_C p(C, D, E) \\ &= p(D, E) \end{aligned}$$

Line 5 の実行：ファクター φ_3 が表 1.13 のように生成され，ファクター $p(C,D), p(E \mid C)$ が置き換えられる．

表 1.13　ファクター $\varphi_3 = p(D,E)$

D	E	$p(D,E)$
真	真	0.448
真	偽	0.192
偽	真	0.112
偽	偽	$0.048 + 0.2 = 0.248$

8. $i = 4$

   Line 3 の実行：$i = 4$ に対応する変数 D は Q に含まれるので Line 6 に飛ぶ．

9. $i = 5$

   Line 3 の実行：$i = 5$ に対応する変数 E は Q に含まれるので Line 6 に飛ぶ．

10. Line 7 の実行

$$
\begin{aligned}
\sum_{E} \varphi &= \sum_{E} p(D,E) \\
&= p(D)
\end{aligned}
$$

$$
\begin{aligned}
\varphi_4 \leftarrow \sum_{D} \varphi &= \sum_{D} p(D,E) \\
&= p(E)
\end{aligned}
$$

結果として以下の表 1.14 と表 1.15 が得られる．

表 1.14　$p(D)$

D	$p(D)$
真	$0.448 + 0.192 = 0.64$
偽	$0.112 + 0.248 = 0.36$

表 1.15　$p(E)$

E	$p(E)$
真	$0.448 + 0.112 = 0.56$
偽	$0.192 + 0.248 = 0.44$

今，変数消去の計算過程でファクターに含まれる変数の最大値を w とすると，変数消去アルゴリズムの計算量は $\mathcal{O}(N^2 \exp(w))$ となる．w が小さいとしてもこれは十分大きな計算量であり，大きなネットワークに適用することは難しい．グラフ理論におけるジョインツリーを用いると，計算量を $\mathcal{O}(N \exp(w))$ にまで減じることができる．これが**ジョインツリー・アルゴリズム** (jointree algorithm) [10,13,21] である．さらに，変数消去アルゴリズムでも，ジョインツリー・アルゴリズムでも，変数消去順序により，計算量が変化する．変数消去順序の最適化も NP 困難問題であるが，オフラインで計算でき，近年研究が進んでいる [15–17,19]．より最先端のアルゴリズムを学びたい読者はぜひ上の文献を直接読んでほしい．

1.6　ベイジアンネットワークの学習

一般的に，われわれは専門分野のベイジアンネットワークを知識だけで構築できないので，ベイジアンネットワークの条件付き確率をデータから学習しなければならない．ここでは，ベイジアンネットワーク学習の基礎について学ぶ．

1.6.1　基本モデル

ベイジアンネットワークについて**統計的学習** (statistical learning) を可能にするために**母数化** (parameterization) する．今，N 個の離散変数集合 $x = \{x_1, x_2, \cdots, x_N\}$ について，各変数が r_i 個の状態集合の中から 1 つの値をとるものとする．ここで，変数 x_i が値 k をとるときに $x_i = k$ と書くことにし，$y = j$ を所与としたときの $x = k$ の条件付き確率を $p(x = k \mid y = j)$ と書くことにする．

N 個の離散変数をもつベイジアンネットワークの同時確率分布は，条件付き確率と確率の連鎖法則（チェーン・ルール）によって，下のように示される．

$$p(x_1, x_2, \cdots, x_N) = \prod_{i=1}^{N} p(x_i \mid x_1, \cdots, x_{i-1}) \tag{1.2}$$

ベイジアンネットワークでは，さらに確率構造 G を所与としているので，以下のように同時確率分布をモデル化できる．

$$p(x_1, x_2, \cdots, x_N \mid G) = \prod_{i=1}^{N} p(x_i \mid \Pi_i, G) \tag{1.3}$$

ただし，$\Pi_i \subseteq \{x_1, x_2, \cdots, x_{q_i}\}$ は変数 i の親ノード集合を示している．

たとえば，図1.9の構造では，同時確率分布は以下のように計算できる．

$$p(A, B.C, D \mid G) = p(A)p(B \mid A)p(C \mid A)p(D \mid B, C)p(E \mid C) \tag{1.4}$$

今，θ_{ijk} を親変数集合が j 番目のパターンをとったとき $(\Pi_i = j)$ 変数 x_i が値 k をとる条件付き確率パラメータとし，条件付き確率パラメータ集合 $\Theta = \{\theta_{ijk}\}, (i = 1, \cdots, N, j = 1, \cdots, q_i, k = 1, \cdots, r_i)$ とする．これらより，ベイジアンネットワークは，ネットワーク構造 G と条件付き確率パラメータ集合 Θ によって (G, Θ) として表現できる．

このとき，データ $\mathbf{X}$ を所与としたときのパラメータ集合 Θ についての尤度は，以下のような多項分布に従うことがわかる．

$$\begin{aligned} p(\mathbf{X} \mid \Theta, G) &= \prod_{i=1}^{N} \prod_{j=1}^{q_i} \frac{\left(\sum_{k=1}^{r_i} n_{ijk}\right)!}{\prod_{k=1}^{r_i} n_{ijk}!} \prod_{k=1}^{r_i} \theta_{ijk}^{n_{ijk}} \\ &\propto \prod_{i=1}^{N} \prod_{j=1}^{q_i} \prod_{k=1}^{r_i} \theta_{ijk}^{n_{ijk}} \end{aligned} \tag{1.5}$$

ここで，n_{ijk} は，変数 i の親ノード変数集合に j 番目のパターンをとり，変数 i に対して k 番目の値をとったデータ数を示している．$\frac{\left(\sum_{k=1}^{r_i} n_{ijk}\right)!}{\prod_{k=1}^{r_i} n_{ijk}!}$ は尤度を積分して1.0にする正規化項である．この尤度を最大化する母数 θ_{ijk} を求めることにより最尤推定値 $\widehat{\theta_{ijk}} = \frac{n_{ijk}}{n_{ij}}$ を求めることができる．しかし，よく知られているようにベイズ推定はより強力である．以下で紹介しよう．

1.6.2　事前分布

ベイズアプローチに従い，パラメータ Θ についての事前分布 $p(\Theta \mid G)$ を考えることにしよう．事前分布を考える場合，さまざまな考え方があるが，もっとも合理的であると考えられるのは，事前分布と事後分布の分布形が同一になるような事前分布，すなわち，自然共役事前分布（cojecture prior）の導入である．上の尤度は**多項分布** (multinomial distribution) に従うので，その自然共役事前分布として以下の**ディレクレ分布** (Dirichlet distribution) が知られている．

$$p(\Theta \mid G) = \prod_{i=1}^{N} \prod_{j=1}^{q_i} \frac{\Gamma\left(\sum_{k=1}^{r_i} \alpha_{ijk}\right)}{\prod_{k=1}^{r_i} \Gamma\left(\alpha_{ijk}\right)} \prod_{k=1}^{r_i} \theta_{ijk}^{\alpha_{ijk}-1} \tag{1.6}$$

ここで，Γ は $\Gamma(x+1) = x\Gamma(x)$ を満たすガンマ関数を示し，α_{ijk} は n_{ijk} に対応する事前の知識を表現する**疑似サンプル** (pseudo sample) としてのハイパーパラメータ (hyper parameters) を示す．

ディレクレ分布は多数の母数をもつ多変量分布であるので，周辺分布である二値のみの変数ベータ分布 (beta distribution) を用いて説明することにしよう．図 1.11 が母数値とベータ分布の形状の関係を示した図であり，横軸は

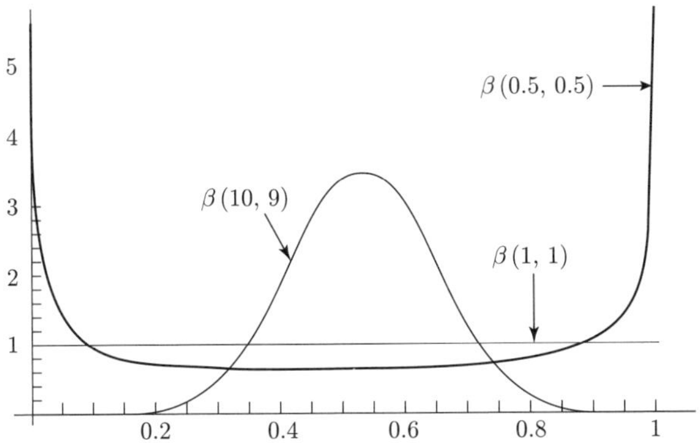

図 1.11　ディリクレ分布の周辺ベータ分布

条件付き確率母数 θ_{ijk} に対応し，縦軸はその確率密度を示している．たとえば，ハイパーパラメータ α_{ijk} がすべて1のとき，図にあるように θ_{ijk} の事前分布は一様分布 $\beta(1,1)$ になる．すなわち，データを得るまで母数 θ_{ijk} の推定値の分布は区間 $[0,1]$ の中で一様であり，すべて等しい．ハイパーパラメータ α_{ijk} がすべて $\frac{1}{2}$ のとき，図にあるように θ_{ijk} の事前分布はU分布 $\beta(0.5,0.5)$ になる．この分布は，無情報事前分布の1つであるジェフリーズの事前分布 (Jeffreys prior) [2] に一致することが知られ，マルコフ情報源で事前情報の無情報化を最大化することが証明されているし，情報理論ではミニマックス最適化が証明されている [5]．U分布は，確率0と1の2つの部分に二極化して密度が高くなり，0か1かに近い値を条件付き確率がとることを仮定している．

また $\alpha_{ijk} = 10$ のように値を大きくすると，0.5をモードとする凸分布に近付き，その値を大きくすればするほど推定値がデータの影響を受けにくくなる．

1.6.3　母数推定

事後分布は，事前分布を尤度に掛け合わせることにより得られる．ベイジアンネットワークでは，先に求められた尤度とディレクレ分布を掛け合わせると以下のような事後分布を得ることができる．

$$\begin{aligned} p(\mathbf{X}, \Theta \mid G) &= \prod_{i=1}^{N} \prod_{j=1}^{q_i} \frac{\Gamma\left(\sum_{k=1}^{r_i} \alpha_{ijk}\right)}{\prod_{k=1}^{r_i} \Gamma\left(\alpha_{ijk}\right)} \prod_{k=1}^{r_i} \theta_{ijk}^{\alpha_{ijk}+n_{ijk}-1} \\ &\propto \prod_{i=1}^{N} \prod_{j=1}^{q_i} \prod_{k=1}^{r_i} \theta_{ijk}^{\alpha_{ijk}+n_{ijk}-1} \end{aligned} \tag{1.7}$$

この事後分布を最大にするMAP (Maximum A Posteriori) 推定値は，以下のとおりである．

$$\widehat{\theta_{ijk}} = \frac{\alpha_{ijk} + n_{ijk} - 1}{\alpha_{ij} + n_{ij} - r_i} \tag{1.8}$$

ここで，$\alpha_{ij} = \sum_{k=1}^{r_i} \alpha_{ijk}$, $n_{ij} = \sum_{k=1}^{r_i} n_{ijk}$. MAP推定値では，すべてのハイパーパラメータを $\alpha_{ijk} = 1$ として一様分布に設定すると最尤推定 (MLE: Maximum Likelihood Estimator) に一致する．

しかし，ベイズ統計学では，MAP推定値よりも事後分布の期待値である

EAP (Expected A Posteriori) 推定値のほうが頑健で予測効率がよいことが知られている．ディリクレ分布，式 (1.7) の期待値は

$$\widehat{\theta_{ijk}} = \frac{\alpha_{ijk} + n_{ijk}}{\alpha_{ij} + n_{ij}} \tag{1.9}$$

となる．ベイジアンネットワーク学習では，EAP 推定値が最も一般的に用いられる．

1.6.4 周辺尤度による構造学習

ベイジアンネットワーク構造 G をデータから推測する問題はパラメータ学習より複雑である．構造の学習は，一般にはモデル選択と呼ばれる統計問題である．モデル選択問題では，情報量規準と呼ばれる指標を最適化してモデルを選べばよい．しかし，一般的によく知られている **AIC** (Akaike Information Criterion) [1] や **BIC** (Bayesian Information Criterion) [20] は，厳密な議論では近似の際に正則性の仮定を用いており，ベイジアンネットワークでは正則性がないために用いることは理論的には正しくない．

モデル選択には，ベイズ統計では周辺尤度 (marginal likelihood) を最大化する構造を見つければよいことが知られている．BIC は対数周辺尤度の一般的な近似を示している．したがって，ベイジアンネットワークの周辺尤度を最大化する構造を見つければよい．ベイジアンネットワークの周辺尤度は，以下のようにして得られる．

$$\begin{aligned} p(\mathbf{X} \mid G) &= \int_{\Theta} p(\mathbf{X} \mid \Theta, G) p(\Theta) d\Theta \\ &= \prod_{i=1}^{N} \prod_{j=1}^{q_i} \frac{\Gamma(\alpha_{ij})}{\Gamma(\alpha_{ij} + n_{ij})} \prod_{k=1}^{r_i} \frac{(\alpha_{ijk} + n_{ijk})}{\Gamma(\alpha_{ijk})} \end{aligned} \tag{1.10}$$

周辺尤度には，ユーザが事前に決定しなければならない事前分布のハイパーパラメータ α_{ijk} が残っていることがわかる．これをいかに決定するかが問題である．

Heckerman ら [8] は，2 つの構造が等価であるならそれらのパラメータ同時確率密度は同一でなければならないという「尤度等価 (likelihood equivalence)」原理をベイジアンネットワーク学習に導入した．理論的には，尤度等価は次のように定義される．

定義 1.13　（尤度等価）$p(G_1 \mid \xi) > 0$ かつ $p(G_2 \mid \xi) > 0$ となるような構造 G_1 と G_2 を所与として，G_1 と G_2 が等価であるならば，$p(\Theta_{G_1} \mid G_1, \xi) = p(\Theta_{G_2} \mid G_2, \xi)$ である．これを満たすように構造学習できるスコアを「尤度等価 (likelihood equivalence) を満たす」と呼ぶ．

Heckerman ら [8] は尤度等価の条件としてハイパーパラメータの和が一定となる以下の条件を導出し，これを満たすスコアを BDe (Bayesian Dirichlet equivalence) と呼んでいる．

$$\alpha_{ijk} = \alpha p(x_i = k, \Pi_i = j \mid G^h) \tag{1.11}$$

ここで α は，「ESS (Equivalent Sample Size)」と呼ばれる事前知識の重みを示す疑似データである．G^h は，ユーザが事前に考えているネットワーク構造の仮説であり，その構造を所与として ESS を α_{ijk} に分配して事前知識を MAP 推定値に反映させる．

Buntine [3] はすでに $\alpha_{ijk} = \alpha/(r_i q_i)$ とし，ESS をパラメータ数で除したスコアを提案している．このスコアは BDe の特別なケースとして捉えることができ「BDeu」と呼ばれる．Heckerman ら [8] も指摘しているが，ユーザが事前にネットワーク構造を書くのは難しいし，誤っている可能性も高いので，現実的には BDeu を用いることが望ましい．

実際，現在の最先端研究で用いられるベイジアンネットワークの学習スコアは BDeu である．

しかし，残る問題は α をどのように決めるかである．α は事前分布のデータに対する信念の強さを意味する．この α について Ueno [25,26] は以下の定理を導いている．

定理 1.3　BDeu は，ESS (α)$= 1.0$ のとき，事後分布の分散を最大化する．

すなわち，できる限りデータの影響を最大にするようにするためには，ESS$= 1.0$ が最適であることがわかる．

ESS はベイズ統計の概念であるが，「等価サンプル数」という意味なので多くの一般のユーザがデータ数と同じ値を ESS に与えてしまっていたという報告がある．この場合，BDeu は過学習してしまい，多くの場合が完全グラフになってしまうので注意してほしい．

実は，無情報事前分布として導入されたBDeuは完全な無情報事前分布を用いていない．BDeuは無情報事前分布を用いず，条件付き確率パラメータの事前分布に一様分布を仮定してしまっている．Ueno [26] は，対数BDeuの事前分布のバイアスを完全に消去した，新しい無情報事前分布による学習スコア **NIP-BIC** (Non Informative Prior Bayesian Information Criterion) を提案している．

定義 1.14 NIP-BIC [26]

$$NIP-BIC = \sum_{i=1}^{N}\sum_{j=1}^{q_i}\sum_{k=1}^{r_i}\left(\alpha_{ijk}+n_{ijk}\right)\log\frac{\alpha_{ijk}+n_{ijk}}{\alpha_{ij}+n_{ij}} - \frac{1}{2}\sum_{i=1}^{N} q_i r_i \log(1+n) \tag{1.12}$$

これはBDeuに対し，学習を大きく改善できることが知られている [26].

1.6.5 構造学習アルゴリズム

ベイジアンネットワークの構造探索問題はNP完全であることが知られている [4]．しかし近年，BDeuなどのスコアを最大化するための**厳密解** (exact solution) を現実的な時間で得る手法が提案されている [12,22]．具体的には，あるノード順序について厳密解を求め，それをすべてのノード順序の組合せで計算するというアイデアである．すべてのノード順序についてのローカルスコアの和が必要になるが，[22] では，動的計画法を用いて導出しているのが特徴であり，最初にBDeuスコアをローカルスコアに分解し，それを用いて最適なノード順序を探索する手法を提案している．Yuan [28] は，A*を用いた探索手法を提案している．Cussens [6] は，整数計画法を用いた探索手法を提案しており，世界で初めて60ノードを超えるネットワークの学習に成功している．しかし，実用化にはまだ遠く，今後，さまざまなアプローチが導入されることが期待される．

1.7　おわりに

本章では，ベイジアンネットワークの基礎について解説した．特に注意したいのは，ベイジアンネットワークは，確率構造にDAGを仮定することにより，条件付き確率による因数分解が可能になるという事実である．この性質により，同時確率分布をよく近似でき，確率推論の精度を向上させることができる．また，d分離を因果モデルを用いて説明したが，実際はベイジアンネットワークでは，エッジがない場合にのみ条件付き独立であることを保証している．エッジがある場合は，今用いている変数集合では，条件付き独立ではないが，他の新しい変数集合を条件とすると条件付き独立になるかもしれない可能性を残している．したがって，機械的にデータからベイジアンネットワークを用いて確率構造を得た場合にも必ずしもそれが因果を発見できたことにはならず，より背景的知識を得た上で慎重に検討しなければならない．

参考文献

[1] H. Akaike, A new look at the statistical model identification, *IEEE Transactions on Automatic Control*, **19**(6), pp. 716–723, 1974.

[2] G.E.P. Box and G.C. Tiao, *"Bayesian Inference in Statistical Analysis"*, John Wiley and Sons, 1992.

[3] W.L. Buntine, Theory refinement on Bayesian networks, In B. D'Ambrosio, P. Smets and P. Bonissone (eds.),*Proc. 7th Conf. Uncertainty in Artificial Intelligence*, pp. 52–60, Morgan Kaufmann, 1991.

[4] D.M. Chickering, Learning Bayesian networks is NP-complete, In D.Fisher and H.Lenz (eds.),*Proc. International Workshop on Artificial Intelligence and Statistics*, pp. 121–130, 1996.

[5] B.S. Clarke and A.R. Barron, Jeffrey's prior is asymptotically least favorable under entropy risk, *Journal of Statistical Planning and Inference*, 41, pp. 37–60, 1994.

[6] J. Cussens, Bayesian network learning with cutting planes, In A. Preffer and F.G. Cozman (eds.), *Proc. the Twenty-Seventh Conference on Uncertainty in Artificial Intelligence*, pp. 153–160, 2011.

[7] A. Darwiche, *"Modeling and reasoning with Bayesian networks"*, Cambridge University Press, 2009.

[8] D. Heckerman, D. Geiger, 2012/10/24, and D. Chickering, Learning Bayesian networks: the combination of knowledge and statistical data, *Machine Learning*, **20**, pp. 197–243, 1995.

[9] F.V. Jensen and T.D. Nielsen, *"Bayesian networks and decision graphs"*, Springer, 2007.

[10] F.V. Jensen, S.L. Lauritzen and K.G. Olesen, Bayesian updating in causal probabilistic networks by local computation, *Computational Statistics Quarterly*, **4**, pp. 269–282, 1990.

[11] D. Koller and N. Fridman, *"Probabilistic Graphical Models: Principles and Techniques"*, The MIT Press, 2009.

[12] Koivisto and Sood, 2004.

[13] S.L. Lauritzen and D.J. Spiegelhalter, Local computations with probabilities on graphical structures, and their application to expert systems (with discussion), *Journal of Royal Statistical Society*, Series B, **50**(2), pp. 157–224, 1988.

[14] S.L. Lauritzen, Sufficiency, Prediction and Extreme Models, *Scandinavian Journal of Statistics*, **1**, pp. 128–134, 1974.

[15] C. Li and M. Ueno, A Depth-First Search Algorithm for Optimal Triangulation of Bayesian Network, *Proc. Sixth European Workshop on Probabilistic Graphical Models*, pp. 187–194, 2012.

[16] C. Li and M. Ueno, A Fast Clique Maintenance Algorithm for Optimal Triangulation of Bayesian Networks, *International Journal of Approximate Reasoning*, Vol. 80, pp.294–312, ELSEVIER, 2017.

[17] T.J. Ottosen and J. Vomlel, Honour thy neighbour? clique maintenance in dynamic graphs, *Proc the Fifth European Workshop on Probabilistic Graphical Models*, Vol. 2010-2, pp. 201–208, HIIT Publications, 2010.

[18] T.J. Ottosen and J. Vomlel, Honour thy neighbour? clique maintenance in dynamic graphs, *Proc the Fifth European Workshop on Probabilistic Graphical Models*, pp. 201–208, 2010.

[19] T.J. Ottosen and J. Vomlel, All roads lead to Rome : New search methods for the optimal triangulation problem, *International Journal of Approximate Reasoning*, Vol. 53, No. 9, pp. 1350–1366, 2012.

[20] G.E. Schwarz, Estimating the dimension of a model, *Annals of Statistics*, **6**(2), pp. 461–464, 1978.

[21] P.P. Shenoy and G. Shafer, Axioms for probability and belief-function propagation, *Uncertainty in Artificial Intelligence*, **4**, pp. 169–198, 1990.

[22] Silander and Myllymaki, 2006.

[23] 鈴木譲,『ベイジアンネットワーク入門—確率的知識情報処理の基礎』, 培風館, 2009.

[24] 田中和之,『ベイジアンネットワークの統計的推論の数理』, コロナ社, 2009.

[25] M. Ueno, Learning networks determined by the ratio of prior and data, In P. Grunwald and P. Spirtes (eds.), *Proc. the Twenty-Sixth Conference on Uncertainty in Artificial Intelligence*, pp. 598–605, 2010.

[26] M. Ueno, Robust learning Bayesian networks for prior belief, In A. Preffer and F.G. Cozman (eds.), *Proc. the Twenty-Seventh Conference on Uncertainty in Artificial Intelligence*, pp. 698–707, 2011.

[27] 植野真臣,『ベイジアンネットワーク』, コロナ社, 2013.

[28] C. Yuan and B. Malone, Learning optimal Bayesian networks: A shortest per-

spectives, *Journal of Artificial Intelligence Research*, **48**, pp. 23–65, 2013.

第2章

グラフィカルモデルの構造学習

2.1 はじめに

複数の属性に関する有限個のサンプルから，ベイジアンネットワークやマルコフネットワークといったグラフィカルモデルの構造を学習する問題を考える．各構造に事前確率が与えられていれば，サンプルに基いて事後確率最大の構造を選択することができる．

学術的な研究は，1990年代の前半に始まって2000年くらいまでのうちに基本的な問題は解決したように思われたが，2010年以降でも新たな進展が見られている．また，ビックデータ時代の幕開けということもあって，応用面でも広がりを見せている．

本章では，グラフィカルモデルの構造学習の題材のうち，オーソドックスなことだけを取り上げた．ただ，これらのことを系統立てて平易に書かれているものは，論文でも単行本でも，英語でも日本語でも皆無であるように思われる．大学院生やビックデータの若手研究者で数学を苦にしない方であれば，一読する意味があるものと思われる．

2.2　ベイジアンネットワークとマルコフネットワーク

有向非巡回グラフ (DAG, Directed Acyclic Grapah), 無向グラフ (undirected graph) を用いて, 確率変数の間の依存関係を表したものを, それぞれベイジアンネットワーク (BN) およびマルコフネットワーク (MN) と呼ぶ.

以下では, $N \geq 2$ として, $X^{(1)}, \cdots, X^{(N)}$ を有限個の値をとる確率変数とする.

まず, BN を分布の因数分解という概念を用いて定義する. 簡単のため, $N = 3$ とし, 3 変数を X, Y, Z とおくと, その分布 $P(XYZ)$ は, 以下の 11 個のいずれかに因数分解される.

$$P(X)P(Y)P(Z)$$
$$P(X)P(YZ), P(Y)P(ZX), P(Z)P(XY)$$
$$\frac{P(ZX)P(XY)}{P(X)}, \frac{P(XY)P(YZ)}{P(Y)}, \frac{P(ZX)P(XY)}{P(Z)}$$
$$\frac{P(Y)P(Z)P(XYZ)}{P(YZ)}, \frac{P(Z)P(X)P(XYZ)}{P(ZX)}, \frac{P(X)P(Y)P(XYZ)}{P(XY)},$$
$$P(XYZ)$$

これらは図 2.1 のように, ループをもたない有向グラフ, すなわち DAG で表される.

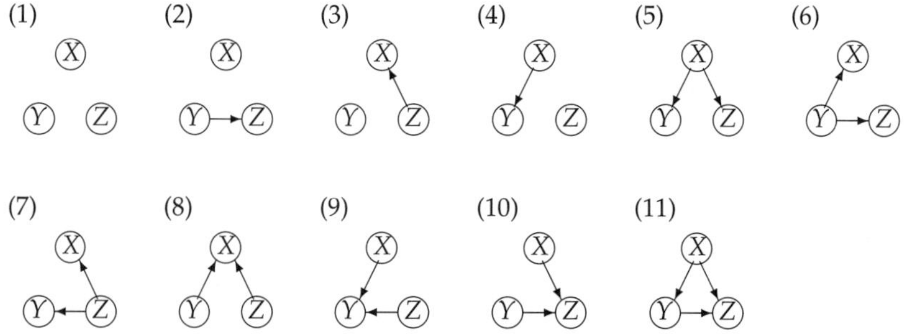

図 2.1　ベイジアンネットワーク

他方，DAG は，$N=3$ であれば，25 個ある（3^3 個の有向グラフのうち，時計回り，反時計回りのループを除外する）．しかし，$P(X)P(Y|X)P(Z|X)$, $P(Y)P(X|Y)P(Z|X)$, $P(Z)P(X|Z)P(Y|X)$ は最終的に $\dfrac{P(XY)P(XZ)}{P(X)}$, $P(Y)P(Z)P(X|YZ)$ は最終的に $\dfrac{P(X)P(Z)P(XYZ)}{P(ZX)}$ に因数分解されるというように，本来は 25 種類あった因数分解のあるものどうしが同一視され，11 個のクラスに分類される（図 2.1）．以下では，これら 11 個の式を (1)-(11) と書くものとする．

他方，MN は以下のように定義される (Hammersley-Clifford)．$V_1,\cdots,V_M$ をそれぞれ，確率変数 $X^{(1)},\cdots,X^{(N)}$ の部分集合で互いに包含関係をもたないものとして，$f_1,\cdots,f_M$ をそれぞれ $V_1,\cdots,V_M$ の各値に対応して，正の値を返す関数とする．そして，$P(X^{(1)},\cdots,X^{(N)})$ がこれらを用いて，$\dfrac{1}{K}\displaystyle\prod_{k=1}^{M} f_k(V_k)$ の形で書けるとき，各 V_k の中の変数のすべての対を無向辺で結んだものをクリークと呼び，それらの和集合を辺集合にもつ無向グラフを MN と呼ぶ．ただし，K は正規化定数である．たとえば，$N=3$ 変数がそれぞれ $\{0,1\}$ の値を取り，$V_1=\{X,Y\}, V_2=\{X,Z\}, M=2$ であれば，

$$P(X=x,Y=y,Z=z)=\frac{f_1(x,y)f_2(x,z)}{K}\ ,\ x,y,z\in\{0,1\}$$

$$\begin{aligned}K = {} & f_1(0,0)f_2(0,0)+f_1(0,0)f_2(0,1)+f_1(0,1)f_2(0,0)+f_1(0,1)f_2(0,1)\\ & +f_1(1,0)f_2(1,0)+f_1(1,0)f_2(1,1)+f_1(1,1)f_2(1,0)+f_1(1,1)f_2(1,1)\end{aligned}$$

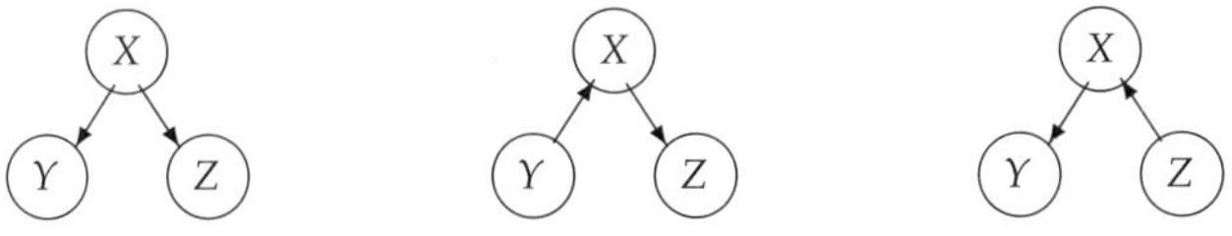

$$\underbrace{P(X)P(Y|X)P(Z|X)=P(Y)P(X|Y)P(Z|X)=P(Z)P(X|Z)P(Y|X)}=\frac{P(XY)P(XZ)}{P(X)} \qquad (5)$$

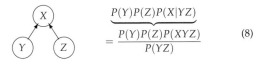

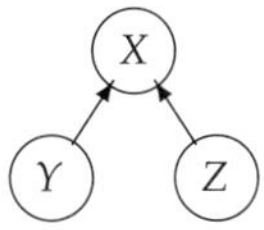

$$\underbrace{P(Y)P(Z)P(X|YZ)}=\frac{P(Y)P(Z)P(XYZ)}{P(YZ)} \qquad (8)$$

図 2.2 複数の因数分解が同一視されるケース：(5) 式と (8) 式

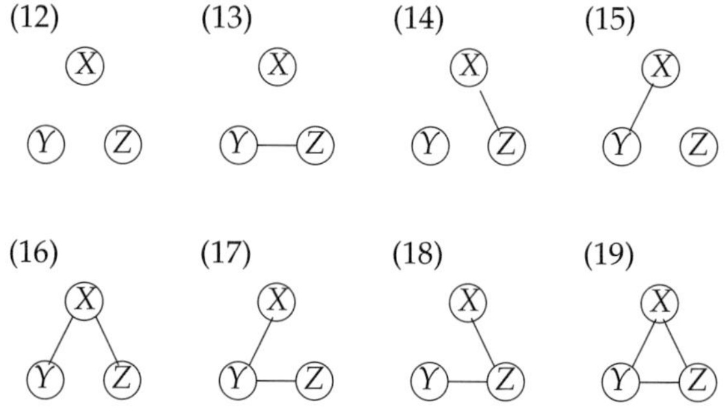

図 2.3　マルコフネットワーク

となる．この場合，$\{X,Y\},\{X,Z\}$ がクリークである．$N = 3$ であれば，クリークが $\{X\}$ と $\{Y\}$ と $\{Z\}$，$\{Y,Z\}$，$\{Z,X\}$，$\{X,Y\}$，$\{Z,X\}$ と $\{X,Y\}$，$\{X,Y\}$ と $\{Y,Z\}$，$\{Y,Z\}$ と $\{Z,X\}$，$\{X,Y,Z\}$ となる分布をそれぞれ(12)–(19)と書くと，それぞれのMNは図2.3のように書ける．

ここで，確率変数 X,Y について，$P(XY) = P(X)P(Y)$ であれば，X,Y が独立であるといい，$X \perp\!\!\!\perp Y$ と書く．この概念を一般化して，確率変数 X,Y,Z について，$P(Z = z) \neq 0$ なる各 z について，

$$P(XY|Z = z) = P(X|Z = z)P(Y|Z = z)$$

が成立するとき，X,Y が Z の下で条件付き独立であるといい，$X \perp\!\!\!\perp Y|Z$ と書く（一般の確率変数の集合 $\mathbf{X},\mathbf{Y},\mathbf{Z}$ については，$\mathbf{X} \perp\!\!\!\perp \mathbf{Y}|\mathbf{Z}$ と書く）．ただし，要素が1個しかない場合は，たとえば，$\{X\} \perp\!\!\!\perp \{Y\}$ や $\{X\} \perp\!\!\!\perp \{Y,Z\}|\{W\}$ ではなく $X \perp\!\!\!\perp Y$ や $X \perp\!\!\!\perp \{Y,Z\}|W$ と記述することが多い．たとえば，(1)–(19)の各式で成立する条件付き独立性は，表2.1のようになる．

本章の冒頭では，確率変数の間の依存関係という曖昧な表現を用いたが，BNもMNも本来は条件付き独立性を表すグラフィカルモデルとして定義される（第1章「ベイジアンネットワークの基礎」参照）．BNの因数分解による定義，MNのHammersley-Cliffordによる定義も，条件付き独立性による定義と同値であることが証明されている[8]．

(8)–(10)の表現する条件付き独立性は，BNで表現できてもMNでは表現できない．たとえば，(10)では，$X \perp\!\!\!\perp Y$ は成立するが，$Y \perp\!\!\!\perp Z$ および $Z \perp\!\!\!\perp X$ が成立しない．これは衝突といって，有向辺の先を2個以上含む頂点(Z)で，

表 2.1　(1)–(19) で成立する条件付き独立性

分布	成立している条件付き独立性
(1)(12)	$Y \perp\!\!\!\perp Z, Z \perp\!\!\!\perp X, X \perp\!\!\!\perp Y, \{YZ\} \perp\!\!\!\perp X, \{ZX\} \perp\!\!\!\perp Y, \{XY\} \perp\!\!\!\perp Z$
(2)(13)	$X \perp\!\!\!\perp Y, X \perp\!\!\!\perp Z, \{YZ\} \perp\!\!\!\perp X$
(3)(14)	$Y \perp\!\!\!\perp Z, Y \perp\!\!\!\perp X, \{ZX\} \perp\!\!\!\perp Y$
(4)(15)	$Z \perp\!\!\!\perp X, Z \perp\!\!\!\perp Y, \{XY\} \perp\!\!\!\perp Z$
(5)(16)	$Y \perp\!\!\!\perp Z \mid X$
(6)(17)	$Z \perp\!\!\!\perp X \mid Y$
(7)(18)	$X \perp\!\!\!\perp Y \mid Z$
(8)	$Y \perp\!\!\!\perp Z$
(9)	$Z \perp\!\!\!\perp X$
(10)	$X \perp\!\!\!\perp Y$
(11)(19)	

それらの元 (X, Y) どうしが結ばれていないものが存在していることに起因する．(11) も (10) と同様，X から Z，Y から Z の 2 個の有向辺が Z に向かっているが，X, Y が結ばれているので，衝突ではない．

N が 4 以上であれば，逆に MN で表現できて，BN で表現できない条件付き独立性が存在する．MN で書いたときに，弧を含まない大きさ 4 以上のループが存在する場合がそれにあたる．たとえば，$V = \{X, Y, Z, W\}$, $V_1 = \{X, Y\}, V_2 = \{Y, Z\}, V_3 = \{Z, W\}, V_4 = \{W, X\}$ のように，K を正規化定数として，分布

$$P(X, Y, Z, W) = f_1(X, Y) f_2(Y, Z) f_3(Z, W) f_4(W, X) / K$$

が表現する条件付き独立性 $X \perp\!\!\!\perp Z \mid \{Y, W\}, Y \perp\!\!\!\perp W \mid \{X, Z\}$ は，BN では表現できない（図 2.4）．

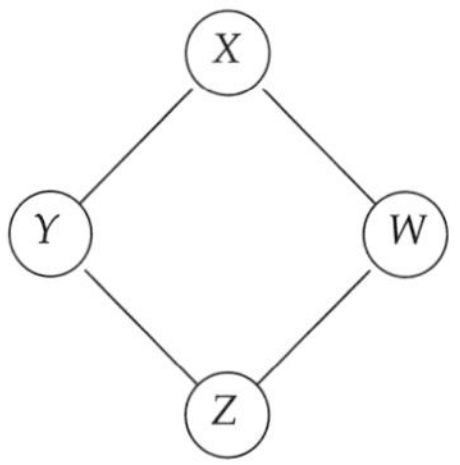

図 2.4　MN で表現できても BN で表現できない条件付き独立性の例

2.3　事後確率最大の森の構造学習

統計学では，条件付き独立性を検定する方法はいくつも提案されていて，サンプルからグラフィカルモデルを学習する際によく用いられている．

ここでは，条件付き独立性の事前確率が与えられた場合に，サンプルから，事後確率を最大にする検定方法を考えてみよう．

2.3.1　局所スコア

未知の 2 変数 X, Y に従って発生した n 対のサンプル $x^n = (x_1, \cdots, x_n)$, $y^n = (y_1, \cdots, y_n)$ から，X, Y が独立であるか否かを検定する．以下では，X, Y はそれぞれ $\{0, 1\}$ の値を取るものとする．独立であることの事前確率を p とおき，系列 $x^n, y^n, (x^n, y^n)$ の確率の代わりをする何らかの $Q^n(X), Q^n(Y), Q^n(X, Y)$ を用意し，

$$pQ^n(X)Q^n(Y) \geq (1-p)Q^n(X, Y) \tag{2.20}$$

が成立すれば X, Y が独立，成立しなければ独立でないという判定をしたい．

そのために，$X = 1$ の生起する確率を $0 \leq \theta \leq 1$，x^n における $X = 1$ の頻度を $0 \leq c \leq n$ とすれば，系列 $X^n = x^n$ の生起する確率は $\theta^c(1-\theta)^{n-c}$ と書ける．このとき，θ に関する事前分布（確率密度関数）$w(\theta)$ が存在すると仮定すると，$\theta^c(1-\theta)^{n-c}w(\theta)$ を $0 \leq \theta \leq 1$ について積分すれば，特定の θ を仮定しない $X^n = x^n$ の生起する確率が計算できる．これを

$$Q^n(X) = \int_0^1 \theta^c (1-\theta)^{n-c} w(\theta) d\theta$$

とすれば，独立である事前確率 p，$X=1$ の確率 θ の事前確率という 2 段階の事前確率をおく必要があるが，それらの下での事後確率最大の判定がなされる．

たとえば，$0 \le \theta \le 1$ が一様に分布すると仮定すると，$w(\theta) = 1$ であるので，

$$Q^n(X) = \int_0^1 \theta^c (1-\theta)^{n-c} d\theta = \frac{c!(n-c)!}{(n+1)!}$$

となる．右側の等号は，部分積分から求まる．

$$J_0 = \int_0^1 (1-\theta)^n d\theta = \frac{1}{n+1}[t^{n+1}]_0^1 = \frac{1}{n+1}$$

$$\begin{aligned}
J_c &= \int_0^1 \theta^c (1-\theta)^{n-c} d\theta = \int_0^1 \theta^c \left\{ -\frac{(1-\theta)^{n-c+1}}{n-c+1} \right\}' d\theta \\
&= \left[-\theta^c \frac{(1-\theta)^{n-c+1}}{n-c+1} \right]_0^1 + \frac{c}{n-c+1} \int_0^1 \theta^{c-1} (1-\theta)^{n-c+1} d\theta \\
&= \frac{c}{n-c+1} J_{c-1} = \frac{c}{n-c+1} \cdot \frac{c-1}{n-c+2} \cdots \frac{1}{n} \cdot J_0 = \frac{c!(n-c)!}{(n+1)!}
\end{aligned}$$

この値は，系列 x^n を前から順に見ていき，$i-1$ 番目まででで $X=0,1$ がそれぞれ $c_{i-1}(0), c_{i-1}(1)$ 回であれば，$X=0$ のとき $\frac{c_{i-1}(0)+1}{i+1}$，$X=1$ のとき $\frac{c_{i-1}(1)+1}{i+1}$ を掛けていくと求まる量である．たとえば，$x^5 = (1,0,1,1,0)$ であれば，

$$\frac{1}{2} \cdot \frac{1}{3} \cdot \frac{2}{4} \cdot \frac{3}{5} \cdot \frac{2}{6} = \frac{1}{60}$$

となる．

証明は省略するが，一般には，X が $0,1,\cdots,\alpha-1$ のいずれかの値をとるとき，最初に加える値を $1,\cdots,1$ とせず，$a(0),\cdots,a(\alpha-1)$ とすれば，$X=x_i$ の確率を

$$\frac{c_{i-1}(x_i) + a(x_i)}{i - 1 + \sum_x a(x)}$$

で予測でき，$Q^n(X)$ および $w(\theta), \theta = (\theta_0, \cdots, \theta_{\alpha-1})$ が以下のようになることが知られている [5].

$$Q^n(X) = \frac{\Gamma(\sum_x a(x))\prod_x \Gamma(c_n(x) + a(x))}{\prod_x \Gamma(a(x)) \cdot \Gamma(n + \sum_x a(x))} \tag{2.21}$$

$$w(\theta) = K\prod_x \theta_x^{a(x)-1}$$

ただし, K は正規化定数である．また, $\Gamma(\cdot)$ はGamma関数 $\Gamma(z) = \int_0^\infty t^{z-1}e^{-t}dt$ で，$z\Gamma(z) = \Gamma(z+1)$ などが成立する（自然数 n に対し，$\Gamma(n+1) = n!$）.

2.3.2　独立性の検定

$Q^n(Y), Q^n(X, Y)$ の構成も同様である．たとえば，$X = x$ の頻度 $c_n(x)$ を $c_n(x, y)$ に，$X = x$ の定数 $a(x)$ を $a(x, y)$ に変えれば，$Q^n(X, Y)$ が得られる．このように $Q^n(\cdot)$ を構成すると，十分大きな n に対して，

$$(2.20) \Longleftrightarrow X \perp\!\!\!\perp Y \tag{2.22}$$

が確率1で成立する [12]．また，$p = 0.5$ としたときの式 (2.20) の両辺の比についての関数

$$J^n(X, Y) := \frac{1}{n}\log\frac{Q^n(X, Y)}{Q^n(X)Q^n(Y)} \tag{2.23}$$

は，相互情報量

$$\begin{aligned} I(X, Y) &:= H(X) + H(Y) - H(X, Y) \\ &= \sum_x\sum_y P(X = x, Y = y)\log\frac{P(X = x, Y = y)}{P(X = x)P(Y = y)} \end{aligned}$$

の推定量とみなすこともできる．ただし，

$$H(X) := \sum_x -P(X = x)\log P(X = x)$$

$$H(Y) := \sum_y -P(Y = y)\log P(Y = y)$$

$$H(X, Y) := \sum_x\sum_y -P(X = x, Y = y)\log P(X = x, Y = y)$$

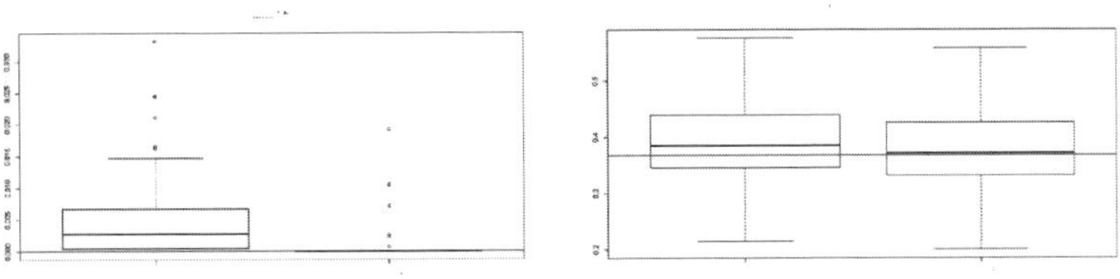

図 2.5 相互情報量の推定．左 2 個が独立な場合，右 2 個が独立でない場合．それぞれで左が $I^n(X,Y)$（最尤法），右が $J^n(X,Y)$（ベイズ）．いずれも，最尤法は大きな値をとる傾向がある

は，それぞれ $X, Y, (X,Y)$ のエントロピーである．すなわち，十分大きな n に対して，

$$J^n(X,Y) \leq 0 \Longleftrightarrow X \perp\!\!\!\perp Y \tag{2.24}$$

が確率 1 で成立する推定量になっている [12].

無論，

$$I^n(X,Y) := \sum_x \sum_y \frac{c_n(x,y)}{n} \log \frac{c_n(x,y)/n}{c_n(x)/n \cdot c_n(x,y)/n} \tag{2.25}$$

も，大きな n で真の相互情報量 $I(X,Y)$ に収束するが，式 (2.24) が成立しない．実際，X, Y が独立であっても，正の確率で $I^n(X,Y) > 0$ となる．$\alpha = 2$ で独立の X, Y，非独立の X, Y で実験してみると，相互情報量の推定量として，$I^n(X,Y)$ は $J^n(X,Y)$ より大きめな値をとっている（図 2.5）．これは，$I^n(X,Y)$ が最尤法によって推定しているので，過学習を起こしているためと考えられる．

2.3.3 Chow-Liu アルゴリズム

以下では，相互情報量の推定に基づいて，N 変数 $X^{(1)}, \cdots, X^{(N)}$ についてのループをもたない無向グラフ，すなわち森 (forest) の構造を学習する問題について考えてみたい．

まず，頂点集合 $V = \{1, \cdots, N\}$，辺集合 $E = \{\{i,j\} | i,j \in V, i \neq j\}$ をもつ森 (V,E) に，分布の因数分解を対応付ける．

$$P'(X^{(1)}, \cdots, X^{(N)}) := \prod_{i \in V} P(X^{(i)}) \prod_{\{i,j\} \in E} \frac{P(X^{(i)}, X^{(j)})}{P(X^{(i)})P(X^{(j)})} \tag{2.26}$$

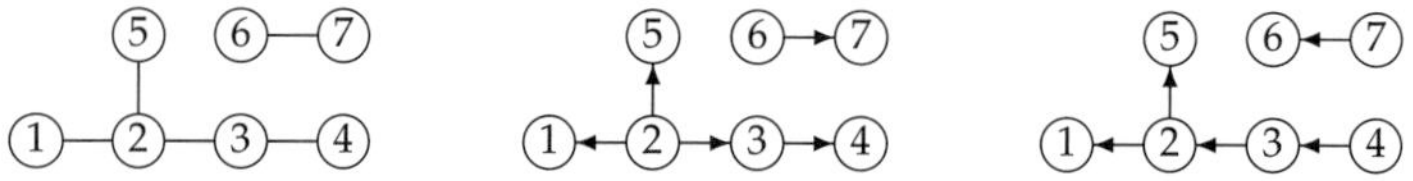

図 2.6 森 (V, E), $V = \{1,2,3,4,5,6,7\}$, $E = \{\{1,2\},\{2,3\},\{2,5\},\{3,4\},\{6,7\}\}$（左）を，2と6を根に選んだ場合（中）と4と7を根に選んだ場合（右）

たとえば，森が図2.6左のように与えられれば，

$$P(X^{(1)})P(X^{(2)})P(X^{(3)})P(X^{(4)})P(X^{(5)})P(X^{(6)})P(X^{(7)}) \cdot \frac{P(X^{(1)}, X^{(2)})}{P(X^{(1)})P(X^{(2)})}$$
$$\cdot \frac{P(X^{(2)}, X^{(3)})}{P(X^{(2)})P(X^{(3)})} \cdot \cdot \frac{P(X^{(2)}, X^{(5)})}{P(X^{(2)})P(X^{(5)})} \cdot \frac{P(X^{(3)}, X^{(4)})}{P(X^{(3)})P(X^{(4)})} \cdot \frac{P(X^{(6)}, X^{(7)})}{P(X^{(6)})P(X^{(7)})}$$

となるが，これは，たとえば2と6を根として選べば（図2.6中），

$$P(X^{(2)})P(X^{(1)}|X^{(2)})P(X^{(3)}|X^{(2)})P(X^{(5)}|X^{(2)})P(X^{(4)}|X^{(3)})P(X^{(6)})P(X^{(7)}|X^{(6)})$$

と一致し，4と7を根として選べば（図2.6右），

$$P(X^{(4)})P(X^{(3)}|X^{(4)})P(X^{(2)}|X^{(3)})P(X^{(5)}|X^{(2)})P(X^{(1)}|X^{(2)})P(X^{(7)})P(X^{(6)}|X^{(7)})$$

と一致する．

そして，分布 $P(X^{(1)}, \cdots, X^{(N)})$ が任意に与えられたときに，それを (2.26) の形の分布に近似することを考える．まず，分布 P, P' の間の Kullback-Leibler 情報量 $D(P||P')$ が

$$\begin{aligned} D(P||P') &= \sum_{x^{(1)},\cdots,x^{(N)}} P(x^{(1)}, \cdots, x^{(N)}) \log \frac{P(x^{(1)}, \cdots, x^{(N)})}{P'(x^{(1)}, \cdots, x^{(N)})} \\ &= -H(1, \cdots, N) + \sum_{i \in V} H(i) - \sum_{\{i,j\} \in E} I(i,j) \end{aligned}$$

と書けることに注意する．ここで，

$$\begin{aligned} H(1, \cdots, N) := \sum_{x^{(1)},\cdots,x^{(N)}} & -P(X^{(1)} = x^{(1)}, \cdots, X^{(N)} = x^{(N)}) \\ & \log P(X^{(1)} = x^{(1)}, \cdots, X^{(N)} = x^{(N)}) \end{aligned}$$

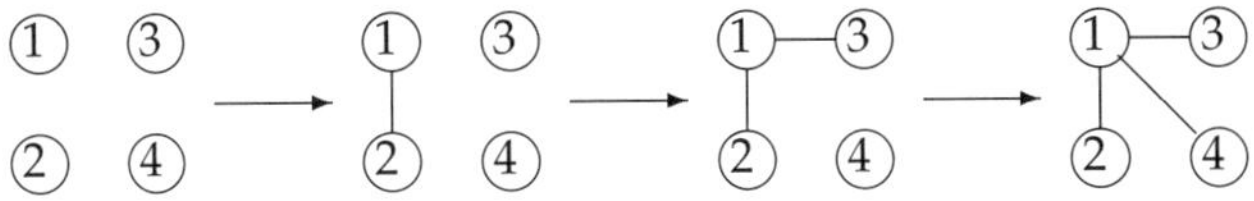

図 2.7 The Chow-Liu アルゴリズム: $I(1,2) > I(1,3) > I(2,3) > I(1,4) > I(3,4) > I(2,4) > 0$

$$H(i) := \sum_{x^{(i)}} -P(X^{(i)} = x^{(i)}) \log P(X^{(i)} = x^{(i)})$$

$$I(i,j) := \sum_{x^{(i)},x^{(j)}} P(X^{(i)} = x^{(i)}, X^{(j)} = x^{(j)}) \log \frac{P(X^{(i)} = x^{(i)}, X^{(j)} = x^{(j)})}{P(X^{(i)} = x^{(i)})P(X^{(j)} = x^{(j)})}$$

は，$X^{(1)},\cdots,X^{(N)}$ のエントロピー，$X^{(i)}$ のエントロピー，$X^{(i)},X^{(j)}$ の相互情報量である．したがって，$D(P||P')$ を最小にするには，相互情報量の和 $\sum_{\{i,j\}\in E} I(i,j)$ を最大にすればよい．そのために，$i,j \in V, i \neq j$ に非負の重み $w(i,j) = w(j,i))$ に対して，その重みの和を最大にする木（すべての頂点が連結された森）を求める方法（Kruskal のアルゴリズム）を適用する．すなわち，重みが最大の 2 辺を結ぶことによってループができないかぎり結合し，ループができる場合その 2 頂点は結合しない．最終的に，$N(N-1)/2$ 個のすべての頂点の対に関してこの操作を行う．

この重みとして，相互情報量 $I(i,j)$ を適用して，$D(P||P')$ を最小にする木を見出したのが，Chow-Liu アルゴリズム (1968) [4] である．図 2.7 において，$I(1,2) > I(1,3) > I(2,3) > I(1,4) > I(3,4) > I(2,4) > 0$ であれば，$\{1,2\}$，$\{1,3\}$ と辺を結ぶが，3 番目に相互情報量の大きな $\{2,3\}$ は結ぶとループを生成するので，結ばない．さらに，$\{1,4\}$ は結んでもループが生成されないので，結ぶ．また，それ以上結ぶとループが生成されるので，ここで森の生成は完了する．

それでは，分布が与えられてなく，サンプルとして，変数 $X^{(1)}\cdots,X^{(N)}$ の実現値の n 組

$$X^{(1)} = x_{1,1} \ ,\cdots, \ X^{(N)} = x_{1,N}$$

$$\cdots, \ \cdots, \ \cdots$$

$$X^{(1)} = x_{n,1} \ ,\cdots, \ X^{(N)} = x_{n,N}$$

が得られたとする．ただし，サンプルに欠損は含まれていないものとする．この場合に，どのようにして，同様の木を生成すればよいだろうか．(2.25)で，相互情報量を推定して，その値に基づいて木を生成することは可能である．しかしながら，たとえば，$N = 2$ で $V = \{1,2\}$ として，(2.25) を用いると，その2変数が独立であってもなくても2頂点を結んだ木ができる．

1993年にSuzuki [11] は以下の方法を提案している．Kruskalの方法は，重み $w(i,j)$ が負であっても問題なく動作する（重みが正の辺だけを結合する）．そして，(2.25) ではなく (2.23) に基いて相互情報量を推定して，それを相互情報量として，Chow-Liu アルゴリズムを適用すると，(2.23) は負の値を取り，ループができなくても結合しないことがあるが，その場合 (2.23) より，それはその2変数が独立であることを意味する．すなわち，大きなサンプル数 n で，ある2頂点が結合されることとその2変数が独立でないことが必要十分の関係になる．もっと本質的には，(2.23) を最大にする辺を逐次選択するということは，(2.26) に対応して，

$$R^n(E) := \prod_{i \in V} Q^n(X^{(i)}) \prod_{\{i,j\} \in E} \frac{Q^n(X^{(i)}, X^{(j)})}{Q^n(X^{(i)}) Q^n(X^{(j)})}$$

を最大にする森 (V, E) を選択していることにほかならない．実際，

$$-\frac{1}{n} \log R^n(E) = \sum_{i \in V} -\frac{1}{n} \log Q^n(X^{(i)}) - \sum_{\{i,j\} \in E} J^n(X^{(i)}, X^{(j)})$$

の右辺第1項は E によらず一定で，$-\frac{1}{n} \log R^n(E)$ の最小化と $J^n(X^{(i)}, X^{(j)})$ の和の最大化は一致している．したがって，各森が等確率で生起するという事前確率をおけば，サンプルの下で事後確率を最大にする森を選択していると言える．

$I^n(X^{(i)}, X^{(j)})$ の和を最小化（最尤法）するのと $J^n(X^{(i)}, X^{(j)})$ の和を最小化（事後確率最大）するのとでは，

1. 後者で生成された森は，必ずしも木でない
2. 後者の辺集合が，必ずしも前者の辺集合の部分集合にはなっていない

という特徴がある．Rパッケージ bnlearn [9] のデータセット Asia を適用した最尤，事後確率最大で得られた森を図2.8に示す．

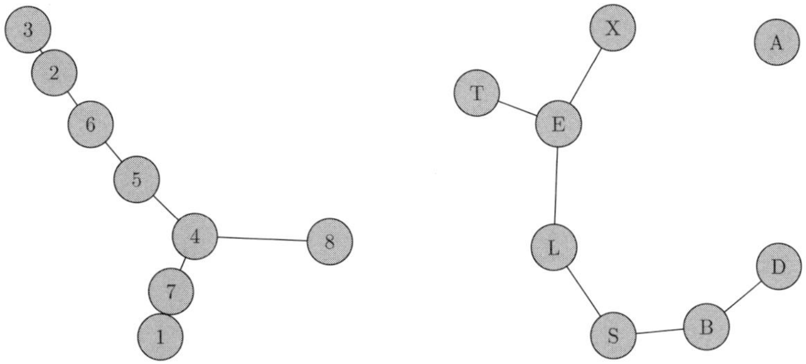

図 2.8 R パッケージ bnlearn のデータセット Asia を適用．左が最尤，右が事後確率最大で得られた森．最尤法を適用した場合，過学習を検知できないので必ず木になる．

2.3.4 条件付き独立性の検定

同様のことは，未知の 3 変数 X, Y, Z に従って発生した n 対のサンプル $x^n = (x_1, \cdots, x_n)$, $y^n = (y_1, \cdots, y_n)$, $z^n = (z_1, \cdots, z_n)$ から，X, Y が Z の下で条件付き独立であるか否かを検定する場合にも一般化できる．以下では，X, Y, Z はそれぞれ α, β, γ 通りの値を取るものとする．条件付き独立であることの事前確率を p とおき，$Q^n(Z), Q^n(X,Z), Q^n(Y,Z), Q^n(X,Y,Z)$ を前述のように構成し，

$$pQ^n(X,Z)Q^n(Y,Z) \geq (1-p)Q^n(X,Y,Z)Q^n(Z) \tag{2.27}$$

が成立すれば X, Y が Z の下で条件付き独立であるという判定をするようにする．すると，十分大きな n に対して，

$$(2.27) \Longleftrightarrow X \perp\!\!\!\perp Y|Z$$

が確率 1 で成立する [13]．

また，

$$J^n(X,Y|Z) := \frac{1}{n} \log \frac{Q^n(X,Y,Z)Q(Z)}{Q^n(X,Z)Q^n(Y,Z)}$$

は，条件付き相互情報量

$$I(X,Y|Z) := H(X,Z) + H(Y,Z) - H(X,Y,Z) - H(Z)$$

$$= \sum_x \sum_y P(X=x, Y=y, Z=z)$$
$$\log \frac{P(X=x, Y=y, Z\, z)P(Z=z)}{P(X=x, Z=z)P(Y=y, Z=z)}$$

の推定量とみなすこともできる．ただし，

$$H(X,Z) := \sum_x \sum_z -P(X=x, Z=z) \log P(X=x, Z=z)$$
$$H(Y,Z) := \sum_y \sum_z -P(Y=y, Z=z) \log P(Y=y, Z=z)$$
$$H(X,Y,Z) := \sum_x \sum_y \sum_z -P(X=x, Y=y, Z=z) \log P(X=x, Y=y, Z=z)$$

は，それぞれ $(X,Z), (Y,Z), (X,Y,Z)$ のエントロピーである．すなわち，十分大きな n に対して，

$$J^n(X,Y|Z) \leq 0 \Longleftrightarrow X \perp\!\!\!\perp Y|Z$$

が確率1で成立する推定量になっている [12].

2.4　事後確率最大のBNの構造学習

N 変数 $X^{(1)}, \cdots, X^{(N)}$ に関する n 組のサンプルから，最も事後確率の高いBNを求めることを考える．ただし，以下では簡単のため，断らないかぎり，すべての構造に等しい事前確率が割り振られているものとする．

まずサンプルとして，変数 $X^{(1)} \cdots, X^{(N)}$ の実現値の n 組

$$\begin{array}{l} X^{(1)} = x_{1,1}\ , \cdots,\ X^{(N)} = x_{1,N} \\ \qquad \cdots,\ \cdots,\ \cdots \\ X^{(1)} = x_{n,1}\ , \cdots,\ X^{(N)} = x_{n,N} \end{array}$$

が得られたとする．ただし，サンプルに欠損は含まれていないものとする．

2.4.1　大域スコア

まず，前節で定義した $Q^n(X), Q^n(Y,Z)$ などの局所スコア (local score) を計算する．記法が煩雑になるのを防ぐため，混乱のない限り，$Q^n(\{X\})$ や $Q^n(\{Y,Z\})$ と書かず，$Q^n(X), Q^n(Y,Z)$ のように書くものとする．N 変数であれば，局所スコアは 2^N-1 個存在する．そして，$N=3$ であれば，(1)–(11) に対応して，

$$Q^n(X)Q^n(Y)Q^n(Z)$$
$$Q^n(X)Q^n(Y,Z), Q^n(Y)Q^n(Z,X), Q^n(Z)Q^n(X,Y)$$
$$\frac{Q^n(Z,X)Q^n(X,Y)}{Q^n(X)}, \frac{Q^n(X,Y)Q^n(Y,Z)}{Q^n(Y)}, \frac{Q^n(Z,X)Q^n(X,Y)}{Q^n(Z)}$$
$$\frac{Q^n(Y)Q^n(Z)Q^n(X,Y,Z)}{Q^n(Y,Z)}, \frac{Q^n(Z)Q^n(X)Q^n(X,Y,Z)}{Q^n(Z,X)}, \frac{Q^n(X)Q^n(Y)Q^n(X,Y,Z)}{Q^n(X,Y)}$$
$$Q^n(X,Y,Z)$$

の各値を求め，その値（事後確率に比例する）を最大にする構造を選択する．これら 11 個のような値を大域スコア (global score) という．各 N で，2^N を超える個数の大域スコアが存在する．

以下では，局所スコアから大域スコアを求める方法を述べる [7].

BN の構造を学習するには，各変数が依存する他の変数の集合（親集合）を求める必要がある．図 2.1 で，(2) の Z の親集合は $\{Y\}$，(5) の Y の親集合は $\{X\}$，(8) の X の親集合は $\{Y,Z\}$ になる．そして，親集合は，条件付き独立性の検定によって求めることができる．親集合は，狭義にはその変数が依存する他の変数すべてであるが，実際にはある範囲の親集合の中で，その変数が依存する変数の集合を求めるという処理が必要となる．すなわち，$X \notin U \subseteq V$ なる各 (U,V) について，条件付き局所スコア

$$Q^n(X|U) := \frac{Q^n(X,U)}{Q^n(U)}$$

が定義できる．そして，$X \in S \subseteq V$ なるすべての (X,S) について，$Q^n(X|U)$ を最大にする $U \subseteq S\backslash\{X\}$ を，X の S に制限した親集合といい，$\pi_S(X)$ と書くものとする．記法が煩雑になるのを防ぐため，混乱のない限り，$\pi_{\{Y\}}(Y)$

や $\pi_{\{Y,Z\}}(Z)$ と書かず，$\pi_Y(Y), \pi_{YZ}(Z)$ のように書くものとする．たとえば，$V = \{X, Y, Z, W\}$，$S = \{X, Y, Z\}$ であれば，

$$Q^n(X), Q^n(X|\{Y\}), Q^n(X|\{Z\}), Q^n(X|\{Y, Z\})$$

のどれが最適であるかによって，$\pi_{XYZ}(X) = \{\}, \{Y\}, \{Z\}, \{Y, Z\}$ が定まる．

2.4.2　動的計画法としての定式化

最初に，順序グラフという概念を説明しておきたい．N 個の変数の集合を V とし，その 2^N 個の部分集合をラベルにもつ有向グラフで，$X \notin U \subseteq V$ なる各 (X, U) に対して，ラベル U の頂点からラベル $S = U \cup \{X\}$ に向けて有向辺を引いたものを，その N 変数の順序グラフ (ordred graph) と呼ぶ．$V = \{X, Y, Z, W\}$ に対する順序グラフは，図2.11のようになる．

X の S に制限した親集合をすべて効率よく求める方法を，図2.9を例として説明する．各頂点には，$S \backslash \{X\}$ の値が記載されていて，最下段の $\{\}$ から最上段の $\{Y, Z, W\}$ に向かって上方に進んでいくものとする．

まず，$\pi_{\{X\}}(X) = \{\}$ とする．次に $Q^n(X|\{Y\})$ と $Q^n(X|\{\})(= Q^n(X))$ を比較して，前者が大きければ $\pi_{XY}(X) = \{Y\}$，後者が大きければ $\pi_{XY} = \{\}$ となる．同様にして，$\pi_{XZ}(X)$，$\pi_{XW}(X)$ が求まる．そして，$Q^n(X|Y, Z)$,

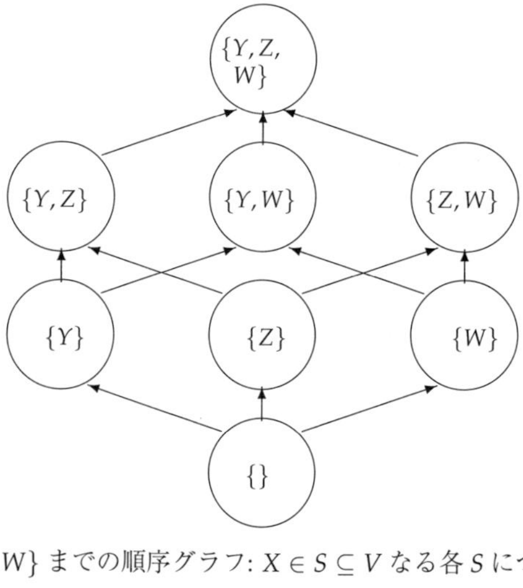

図 2.9　$\{\}$ から $\{Y, Z, W\}$ までの順序グラフ: $X \in S \subseteq V$ なる各 S について，$\pi_S(X)$ を求める

$Q^n(X|\pi_{XY}(X))$, $Q^n(X|\pi_{XZ}(X))$ の3者を比較して，$\pi_{XYZ}(X) = \{Y, Z\}, \pi_{XY}(X)$, $\pi_{XZ}(X)$ のいずれであるかが決まる．同様にして，$\pi_{XYW}(X)$, $\pi_{XZW}(X)$ が求まる．最後に，$Q^n(X|Y,Z,W)$, $Q^n(X|\pi_{XYZ}(X))$, $Q^n(X|\pi_{XYW}(X))$, $Q^n(X|\pi_{XZW}(X))$ の4者を比較して，$\pi_{XYZW}(X) = \{Y, Z, W\}, \pi_{XYZ}(X), \pi_{XYW}(X), \pi_{XZW}(X)$ のいずれであるかが決まる．

再帰的に書くと，$X \in S, U \cup \{X\} = S$ として，

$$Q^n(X|\pi_S(X)) = \max\{Q^n(X|U)\,,\ \max_{Y \in U} Q^n(X|\pi_{S\setminus\{Y\}}(X))\}$$

となる．同様にして，$\pi_S(Y), Y \in S$，$\pi_S(Z), Z \in S$，$\pi_S(W), W \in S$ を求めることができる．

順序グラフで，j 個の要素からなる V の部分集合 $U = S\setminus\{X\}$ をラベルとする頂点では，$Q^n(X|U)$ を $Q^n(X|\pi_{S\setminus\{Y\}}(X))$ と比較する（後者は j 個ある）．したがって，比較回数は

$$\sum_{j=1}^{N-1} j \begin{pmatrix} N-1 \\ j \end{pmatrix} = \sum_{j=1}^{N-1} (N-1) \begin{pmatrix} N-2 \\ j-1 \end{pmatrix} = (N-1)2^{N-2}$$

と評価される．これをすべての $X \in V$ に対して行うので，$O(N^2 2^N)$ の計算が必要である．順序グラフの頂点は 2^{N-1} あるので，局所スコアが長期記憶に格納されていて，X 以外の Y, Z, W に関して $\pi_S(Y), \pi_S(Z), \pi_S(W)$ を求める前に，結果を長期記憶に退避させることを前提にすると，$O(2^N)$ のメモリを必要とする．

次に，大域スコアを最大値とする因数分解を求めたい．ここで，$\pi_V(X)$, $\pi_V(Y)$, $\pi_V(Z)$, $\pi_V(W)$ を求めて，それぞれ X, Y, Z, W から有向辺を結ぶと，ループができる可能性がある．

しかし，たとえば，X, Y, Z, W が $X \to Y \to Z \to W$ の順序である（順序の後のものから前のものに有向辺がない）ことがわかっていれば，

$$Q^n(X|\pi_X(X))Q^n(Y|\pi_{X,Y}(Y))Q^n(Z|\pi_{X,Y,Z}(Z))Q^n(W|\pi_{X,Y,Z,W}(W))$$

が，$Y \to W \to X \to Z$ の順序であることがわかっていれば，

$$Q^n(Y|\pi_Y(Y))Q^n(W|\pi_{YW}(W))Q^n(X|\pi_{XYW}(X))Q^n(Z|\pi_{XYZW}(Z))$$

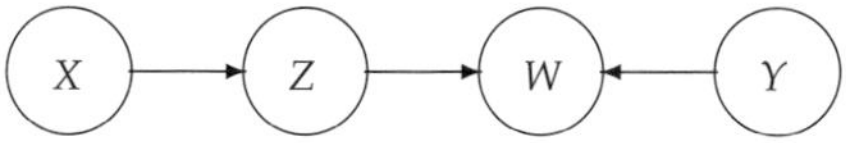

図 2.10　$\pi_{XY}(Y) = \{\}, \pi_{XYZ}(Z) = \{X\}, \pi_{XYZW}(W) = \{Y, Z\}$ であって，$X \to Y \to Z \to W$ の順序のときの BN

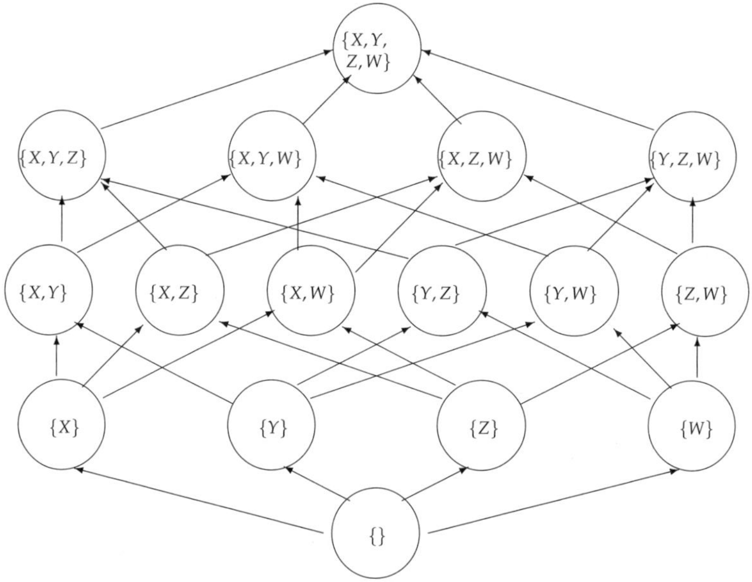

図 2.11　$\{\}$ から $\{X, Y, Z, W\}$ までの順序グラフ

がループをもたない有向グラフ (DAG) の中で，大域スコアが最大値となることがわかる．そして，たとえば，$X \to Y \to Z \to W$ であって，$\pi_{XY}(Y) = \{\}$, $\pi_{XYZ}(Z) = \{X\}, \pi_{XYZW}(W) = \{Y, Z\}$ であれば，図 2.10 のような BN が得られる．

しかし，N 個の変数の順序は $N!$ 個だけあるので，実際には，図 2.11 にあるような順序グラフを用いる．以下では，V の部分集合 S に対する大域スコアを $R^n(S)$ と書くものとする．また，記法が煩雑になるのを防ぐため，$R^n(\{X\})$ や $R^n(\{Y, Z\})$ と書かず，$R^n(X), R^n(Y, Z)$ のように書くものとする．

$V = \{X, Y, Z, W\}$ では以下のようになる．最初に $R^n(X) = Q^n(X), R^n(Y) = Q^n(Y)$, $R^n(Z) = Q^n(Z)$, $R^n(W) = Q^n(W)$ とおく．そして，$Q^n(X, Y)$, $Q^n(X|\pi_{XY}(X))R^n(Y)$, $Q^n(Y|\pi_{XY}(Y))R^n(X)$ の 3 者の最大値を求め，それを $R^n(X, Y)$ とおく．同様にして, $R^n(X, Z), R^n(X, W), R^n(Y, Z), R^n(Y, W), R^n(Z, W)$

を求める．次に，$Q^n(X,Y,Z)$，$Q^n(X|\pi_{XYZ}(X))R^n(Y,Z)$，$Q^n(Y|\pi_{XYZ}(Y))R^n(X,Z)$, $Q^n(Z|\pi_{XYZ}(Z))R^n(X,Y)$ の4者の最大値を求め，それを $R^n(X,Y,Z)$ とおく．同様にして，$R^n(X,Y,W)$, $R^n(X,Z,W)$, $R^n(Y,Z,W)$ を求める．最後に，$Q^n(X,Y,Z,W)$, $Q^n(X|\pi_{XYZW}(X))R^n(Y,Z,W)$,
$Q^n(Y|\pi_{XYZW}(Y))R^n(X,Z,W)$, $Q^n(Z|\pi_{XYZW}(Z))R^n(X,Y,W)$,
$Q^n(W|\pi_{XYZW}(W))R^n(X,Y,Z)$, の5者の最大値を求め，その値 $R^n(X,Y,Z,W)$ が大域スコアの最大値となる．そして，$\{\}$ から $\{X,Y,Z,W\}$ に至る経路が，変数 X,Y,Z,W の順序を与える．

一般には，$S \subseteq V$ に対して，$R^n(X) = Q^n(X), X \in V$ として，大域スコアの最大値は再帰的に以下のようにして求まる．

$$R^n(S) := \max\{Q^n(S), \max_{X\in S} Q^n(X|\pi_S(X))R^n(U)\}\ ,\ U \cup \{X\} = S$$

$X^{(1)},\cdots,X^{(N)}$ のそれぞれが $\{\}$ から V に向かって，$X_1,\cdots,X_N$ と順序付けられたとし，$V_j := V\backslash\{X_{j+1},\cdots,X_N\}$,

$$\pi_N := \pi_{V_N}(X_N)\ ,\ \pi_{N-1} := \pi_{V_{N-1}}(X_{N-1})\ ,\cdots,\ \pi_1 := \pi_{V_1}(X_1) = \{\}$$

とおくとき，各 $j = 1,2,\cdots,N$ で，π_j の各ノードから X_j に有向辺を引いて，大域スコア最大

$$R^n(V) = Q^n(X_N|\pi_N)\cdot Q^n(X_{N-1}|\pi_{N-1})\cdots Q^n(X_2|\pi_2)Q^n(X_1)$$

のBNが得られる．そして，このときの因数分解は，

$$P(X_N|\pi_N)P(X_{N-1}|\pi_{N-1})\cdots P(X_2|\pi_2)P(X_1)$$

したがって，比較回数は

$$\sum_{j=1}^{N} j\begin{pmatrix} N \\ j \end{pmatrix} = \sum_{j=1}^{N} N\begin{pmatrix} N-1 \\ j-1 \end{pmatrix} = N2^{N-1}$$

と計算でき，$O(N2^N)$ の計算が必要である．順序グラフの頂点は 2^N あるので，$O(2^N)$ のメモリを必要とする．

2.4.3　最短経路問題としての定式化

後半の処理は，$X \notin U \subseteq V, U \cup \{X\} = S$ なる各 (U,S) について，

$$d(U,S) = -\log Q^n(X|\pi_S(X)) \tag{2.28}$$

の合計を最小にする経路を求める問題であったが，順序グラフの有向辺 (U,S) の間の距離をそのようにおいた最短経路問題として定式化できる．

以下では，$g(S)$ を $\{\}$ から S に至る経路での $d(\cdot,\cdot)$ の和の最小値，$h(S)$ を S から V に至る経路での $d(\cdot,\cdot)$ の和の下界（ヒューリスティック）とする．下界を計算する情報がない場合，$h(S)=0$ とおくものとする．最初，順序グラフにおいて $\{\}$ に OPEN，他の頂点には CLOSE のラベルが貼られているものとする．次に，頂点 $\{\}$ を CLOSE とし，N 個の頂点 $\{X\}, X \in V$ を OPEN とする．それ以降は，OPEN となっている頂点の中で $f(U)$ の最も小さな頂点 U を選択し，それを CLOSE，U から有向辺 (U,S) として出ている各頂点 S を OPEN とし，$g(U)+d(U,S)$ を $g(S)$ の値とする．しかし，OPEN しようとした頂点がすでに OPEN となっている場合には，すでにもっている $g(S)$ の値と，$g(U)+d(U,S)$ のうちで小さい方の値を $g(S)$ とする．各 $S \subseteq V$ は，$g(S)=g(U)+d(U,S)$ となった U の値を保持する．複数の U が同じ $g(S)$ の最小値を保つ場合には，どちらの U の値を保持してもよい．このようにして，最終的に頂点 V が OPEN から CLOSE になった時点で，処理が終了する．$h(S)$ が S から V に至る経路での $d(U,S)$ の和の最小値の下界であるので，OPEN から CLOSE になる頂点は $g(V)$ 以下の値をもつ（図 2.12）．

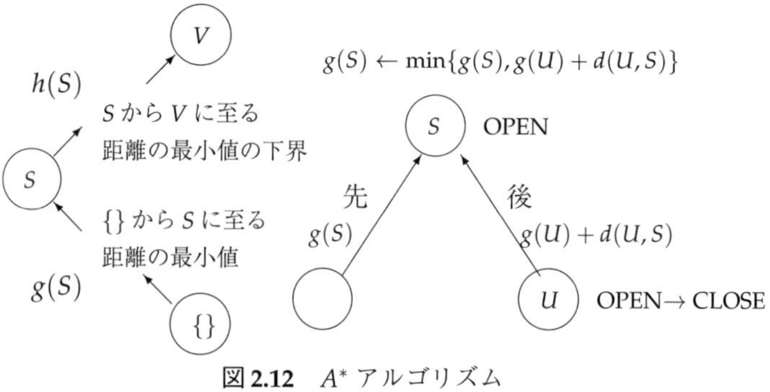

図 2.12　A^* アルゴリズム

このような方法はA* アルゴリズムと呼ばれ，不要な頂点のコストを計算しないので，計算やメモリが節約される．特に，下界 $h(S)$ が実際の値に近ければ，不要な頂点をOPENすることが少なくなるので，処理時間が短くなる．

しかし，ヒューリスティック $h(S)$ を計算するため，計算のオーバーヘッドに時間がかかり，データセットによっては，全体の実行時間が多くなる場合もある．ヒューリスティックの例として，まだ選択されていない変数 X の

$$h(S) = \sum_{X \notin S} -\log Q^n(X|\pi_V(X))$$

の値を計算するなど（単純ヒューリスティック）がある．実際，S から V への $d(\cdot,\cdot)$ の合計の最小値 $h^*(S)$ は，$S = \{X_1, \cdots, X_m\}$ として，

$$-\log Q^n(X_{m+1}|\pi_{S\cup\{X_{m+1}\}}(X_{m+1})) - \log Q^n(X_{m+2}|\pi_{S\cup\{X_{m+1},X_{m+2}\}}(X_{m+2}))\cdots$$
$$-\log Q^n(X_{N-1}|\pi_{V\backslash\{X_N\}}(X_{N-1})) - \log Q^n(X_N|\pi_V(X_N))$$

の形になるが，任意の $X \in T \subseteq V$ について，$Q^n(X|\pi_T(X)) \leq Q^n(X\pi_V(X))$ となり，単純ヒューリスティックは $h^*(S)$ の下界となる．

2.4.4 条件付き独立性とBNの構造推定

他方，各 $X \in S \subseteq V$ について，

$$K^n(X,S) := \frac{Q^n(X|\pi_S(X))}{Q^n(X|S\backslash\{X\})}$$

とおくと，

$$\begin{aligned}
R^n(V) &= Q^n(X_N|\pi_N)\cdots Q^n(X_1|\pi_1) \\
&= Q^n(V)\cdot\frac{Q^n(X_N|\pi_N)Q^n(V\backslash\{X_N\})}{Q^n(V)}\cdot\frac{Q^n(X_{N-1}|\pi_{N-1})Q^n(V\backslash\{X_{N-1},X_N\})}{Q^n(V\backslash\{X_N\})} \\
&\quad \cdots\frac{Q^n(X_2|\pi_2)Q^n(X_1)}{Q^n(X_1,X_2)}\cdot\frac{Q^n(X_1|\pi_1)}{Q^n(X_1)} \\
&= Q^n(V)\cdot K^n(X_N,V_N)\cdots K^n(X_1,V_1)
\end{aligned}$$

と書ける．したがって，$U\cup\{X\} = S$ なる各 (U,S) について定義される (2.28) の和を最小化することと，$K^n(X,S)$ の和を最小化することは等価

であり，前節で定義した条件付き情報量の推定量 $J^n(\cdot,\cdot|\cdot)$ を用いると，$J^n(X, S\backslash(\{X\}\cup\pi_S(X))|\pi_S(X),)$ の和を最大化することと等価である．このことは，S を $\{\}$ から V まで変化させ，X の S における親集合 $\pi_S(X)$ を求め，その条件付き相互情報量の推定量の和を最大化していることにほかならない．そして，そのようにして得られた $\{(Y,X)|Y\in\pi_S(X)\}$ の和を辺集合とする BN が求まるのである．

たとえば，事前確率はすべて等しいとして，(1) と (4)，もしくは (10) と (11) で事後確率を比較することは，(2.20) の独立性の検定に帰着される．また，(7) と (11) で事後確率を比較することは，(2.27) の条件付き独立性の検定に帰着される．

2.5　MDL 原理の適用

MDL(Minimum Description Length, [6]) は，サンプルが与えられると，それをある規則とその例外という 2 段階で記述し，その記述の長さが最も短くなる規則を，真の規則とする学習の原理である．AIC (Akaike Information Criterion) などと同様，モデルを選択するための情報量規準の 1 つである [1)]．

BN の構造学習は，大域スコアに事前確率をかけた値を最大にするが，ここでは，事前確率を等しいとしたときに，大域スコアに対数を施し，その値を記述長として，その値を最小にする方法 [11] を紹介する．

2.5.1　スコアの導出

$-\log Q^n(X)$ は，$a = 0.5$ とおいて，Stirling の公式を用いると，

$$L^n(X) = nH^n(X) + \frac{k(X)}{2}\log n$$

にある定数を加えたかたちで書ける．ただし，第 1 項は経験的エントロピーと呼ばれる量で，

1) BIC(Bayesian Information Criterion) や事後確率最大と本質的な差異はないと見る場合もある．

$$\sum_x -\frac{c_n(x)}{n}\log\frac{c_n(x)}{n}$$

で定義される．第 2 項の $k(X)$ は，独立な確率パラメータの個数と解釈され，$X=0,1,\cdots,\alpha-1$ の各確率の値の和が 1 であるために，α 個の中の $\alpha-1$ 個の値を指定すればよく，$k(X)=\alpha-1$ となる．

実際，(2.21) で $\alpha=2, a(x)=0.5$ のとき，$(x_1,\cdots,x_n)$ における 1 の頻度を c とすれば，

$$Q^n(X)=\frac{\Gamma(n-c+0.5)\Gamma(c+0.5)}{\Gamma(0.5)^2\Gamma(n+1)}$$

これに，Stirling の公式:

$$n!=\sqrt{2\pi n}\left(\frac{n}{e}\right)^n e^{\lambda_n}$$

なる $(12n+1)^{-1}<\lambda_n<(12n)^{-1}$ が存在すること，およびその変種 [2]

$$\sqrt{2e}\left(\frac{c}{e}\right)^c \le \Gamma(c+0.5)\le\sqrt{2\pi}\left(\frac{c}{e}\right)^c$$
$$\sqrt{2e}\left(\frac{n-c}{e}\right)^{n-c} \le \Gamma(n-c+0.5)\le\sqrt{2\pi}\left(\frac{n-c}{e}\right)^{n-c}$$

を用いると，

$$\frac{1}{12n+1}\le -\log Q^n(X)-nH^n(X)-\frac{1}{2}\log n\le\log\frac{\pi}{e}+\frac{1}{12n}$$

となり，上からも下からも定数でおさえられることがわかる．同様に，一般の α についても，

$$|-\log Q^n(X)-nH^n(X)-\frac{\alpha-1}{2}\log n| \tag{2.29}$$

が n によらないある定数以下になることが示される．

また，たとえば，

$$L^n(X)$$
$$L^n(X|Y)=L^n(X,Y)-L^n(Y)$$
$$L^n(X|Z)=L^n(X,Z)-L^n(Z)$$

$$L^n(Z|X,Y) = L^n(X,Y,Z) - L^n(Y,Z)$$

の4個の記述長（の差）を計算することで，親集合が $\pi(X) = \{\}, \{Y\}, \{Z\}$, $\{Y,Z\}$ のいずれかであるかの結論が得られる．その場合，それぞれの記述長は，

$$\sum_s n_s H_s^n(X) + \sum_s \frac{k(X)}{2} \log n_s$$

となる．ただし，$H_s^n(X)$ は $\pi(X) = s$ となるサンプルについての経験的エントロピー，n_s は $\pi(X) = s$ となるサンプルの個数である．しかし，この値を評価するのに，その上界

$$L^n(X|\pi(X)) = nH^n(X|\pi(X)) + \frac{k(X|\pi(X))}{2} \log n$$

が用いられることが多い [11]．ただし，$H^n(X|\pi(X)) := \sum_s \frac{n_s}{n} H_s^n(X)$，$k(X)$ にその $\pi(X)$ の取りうる値を乗じた整数を $k(X|\pi(X))$ とおいた．たとえば，X, Y, Z が α, β, γ 個の値を取る場合，

$$k(X|\{Y\}) = (\alpha - 1)\beta \,,\, k(X|\{Y,Z\}) = (\alpha - 1)\beta\gamma$$

となる．この近似誤差は，特にサンプル数 n と比較して，$k(X|\pi(X))$ が大きい場合に大きくなる．

2.5.2　計算量の削減

しかし，それでもなお，BN の構造選択で MDL 原理を用いるメリットがある．その1つは，MDL に替えて，AIC（$\log n$ を2に置き換える）や他の情報量基準を用いることができる点である．そのようにして，サンプルの規則性とその例外（雑音とみなされる）のバランスを変えることができる．

もう1つのメリットは，最適な構造を求めるための計算量が削減されることである．変数 X の親集合を探す場合に，$\pi(X)$ に $Z \notin \{X\} \cup \pi(X)$ を加えたときに，

$$nH^n(X|\pi(X)) + \frac{k(X|\pi(X))}{2} \log n \leq \frac{k(X|\pi(X) \cup \{Z\})}{2} \log n$$

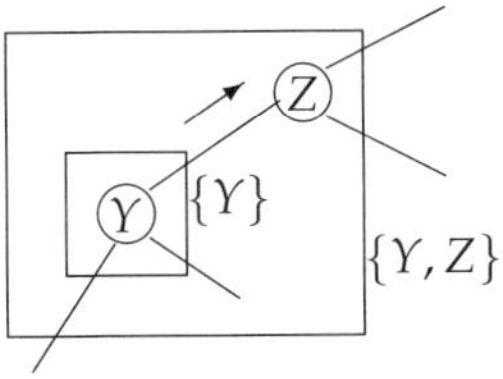

図 2.13 分枝限定法：X の親集合として，$\{Y\}, \{Y,Z\}$ もしくは，それらを含む集合を選択するのか

すなわち，

$$nH^n(X|\pi(X)) \quad \le \frac{k(X|\pi(X)\cup\{Z\}) - k(X|\pi(X))}{2}\log n \tag{2.30}$$

であれば，

$$nH^n(X|\pi(X)) + \frac{k(X|\pi(X))}{2}\log n \le nH^n(X|\pi(X)\cup\{Z\}) + \frac{k(X|\pi(X)\cup\{Z\})}{2}\log n$$

の右辺を計算しなくてもその不等式が成立することがわかるが，$\pi(X) \cup \{Y\} \subseteq T \subseteq V$ なる T に対しても，$k(X|\pi(X)\cup\{Z\}) \le k(X|T)$ と (2.30) より，

$$nH^n(X|\pi(X)) + \frac{k(X|\pi(X))}{2}\log n \le nH^n(X|T) + \frac{k(X|T)}{2}\log n$$

が成立することがわかる．

Suzuki [10] は，その事実を用いて，分枝限定法（図 2.13）で探索の計算を削減できることを示した．たとえば，$\pi(X) = \{Y\}$ で，探索の途中であらたに Z を親集合に含めるかどうか判断する場合に，

$$nH^n(X|\pi(X)) \le \frac{(\alpha-1)\beta(\gamma-1)}{2}\log n \tag{2.31}$$

であれば，$\{Y,Z\}$ を含む V の部分集合は，X の最適な親集合にはなれず，深さ優先の探索で，それ以上深い探索は削減することができる．

他方，$H^n(X) \le \log\alpha$ と同様に，$H^n(X|\pi(X)) \le \log\alpha$ が成立する．また，$\gamma \ge 2$ であるので，$\beta \ge \dfrac{2n}{\log n}$ であれば，

$$\beta \ge \frac{2n\log\alpha}{(\alpha-1)\log n}$$

が言えて，(2.31) が成立する．さらに，Y が1変数ではなく，複数（L 変数）の集合で，それらが β 通りの値を取れば，$\beta \geq 2^L$ が成立する．したがって，$L \geq \log\left(\dfrac{2n}{\log n}\right)$ であれば，(2.31) が成立する．このことから，$\log\left(\dfrac{2n}{\log n}\right)$ を越える個数の親集合は，MDL 原理の意味で最適にはならず，深さ優先探索の途中で棄却される．

したがって, MDL 原理を適用した場合, 最適な親集合の候補は, $\displaystyle\sum_{j=0}^{L}\binom{N}{j} \leq N^L+1$ 個に絞られる．特に，スパースな仮定をおくなど，n が定数であれば L も定数になり，親集合を求める計算は N の多項式時間で完了し，順序グラフ（たとえば図 2.11）の深さが L までのノードで情報を保持すればよく，メモリも N の多項式でおさえることができる．

2.5.3　相互情報量推定への応用

最後に，もう1つ MDL 原理を適用するメリットとして，見通しのよい解析が得られるということがあげられる．たとえば，(2.29) と同様に，

$$|-\log Q^n(Y) - nH^n(Y) - \frac{\beta-1}{2}\log n|$$
$$|-\log Q^n(X,Y) - nH^n(X,Y) - \frac{\alpha\beta-1}{2}\log n|$$

がそれぞれ定数でおさえられることと，

$$I^n(X,Y) = H^n(X) + H^n(Y) - H^n(X,Y)$$
$$J^n(X,Y) = \frac{1}{n}\log\frac{Q^n(X,Y)}{Q^n(X)Q^n(Y)}$$

を用いると，

$$J^n(X,Y) = I^n(X,Y) - \frac{(\alpha-1)(\beta-1)}{2n}\log n$$

が得られる．すなわち，$I^n(X,Y)$ は，上式の第2項の分だけ大きな値を推定していて，X,Y のそれぞれの取りうる値 α,β が大きいほど，データがモデルに適合しやすく，ペナルティが大きくなっているという解釈が得られる [11].

2.6 おわりに

以上，ベイジアンネットワークとマルコフネットワーク，事後確率最大の森の構造学習，事後確率最大の BN の構造学習，MDL 原理の適用に関して基本的なことを説明した．

このほか，条件付き独立性の検定結果を用いる方法，離散と連続の変数が混在する場合，マルコフネットワークの構造学習など，紙面の都合で説明できなかったこともたくさんある．

ただ，ベイズによる構造学習に関しては，この章を理解しただけで十分すぎるくらいのレベルになっているものと思われる．

参考文献

[1] H. Akaike, Information theory and an extension of the maximum likelihood principle, *2nd International Symposium on Information Theory*, Budapest, Hungary, 1973.

[2] N. Batir, Inequalities for the Gamma function, *Archiv Der Mathematik*, **91**(6):554–563, Dec., 2008.

[3] C. P. de Campos, Q. Ji, Efficient Structure Learning of Bayesian Networks using Constraints, *Journal of Machine Learning Research*, Vol. 12, No. Mar, pp. 663–689, 2011.

[4] C. K. Chow and C. N. Liu, Approximating discrete probability distributions with dependence trees, *IEEE Transactions on Information Theory*, Vol. IT-14, No.3, pp. 462–467, 1968.

[5] R.E. Krichevsky and V.K. Trofimov, The Performance of Universal Encoding, *IEEE Trans. Information Theory*, Vol. IT-27, No.2, pp. 199–207, 1981.

[6] J.Rissanen, Modeling by shortest data description, *Automatica*, 14, pp. 465–471, 1978.

[7] T. Silander, P. Myllymaki, A Simple Approach for Finding the Globally Optimal Bayesian Network Structure, *Uncertainty in Artificial Intelligence*, 2006.

[8] J. Pearl, *"Probabilistic Reasoning in Intelligent Systems: Networks of Plausible Inference" (Representation and Reasoning)*, 2nd edition, Morgan Kaufmann, 1988.

[9] Marco Scutari, *Package 'bnlearn'*,
https://cran.r-project.org/web/packages/bnlearn/bnlearn.pdf, 2015.

[10] J. Suzuki, Learning Bayesian Belief Networks Based on the Minimum Description Length Principle: An Efficient Algorithm Using the B & B Technique, *International Conference on Machine Learning*, pp. 462–470, 1996.

[11] J. Suzuki, A Construction of Bayesian Networks from Databases on an MDL Principle, *The Ninth Conference on Uncertainty in Artificial Intelligence*, Wash-

ington D. C., pp. 266–273, 1993.

[12] J. Suzuki, The Bayesian Chow-Liu Algorithm, in the proceedings of *The Sixth European Workshop on Probabilistic Graphical Models*, Granada, Spain, 2012.

[13] J. Suzuki, Consistency of Learning Bayesian Network Structures with Continuous Variables: An Information Theoretic Approach, *Entropy*, Vol. 17, No. 8, pp. 5752–5770, 2015.

[14] C. Yuan and B. Malone, Learning Optimal Bayesian Networks: A Shortest Path Perspective, *Journal of Machine Learning Research*, Vol. 48, pp. 23–65, 2013.

第 II 部

因果推論

第3章

グラフィカルモデルを用いた因果的効果の識別可能性問題

3.1　はじめに

本章では，因果ダイアグラムの理論に基づいて，統計的因果推論における主要課題の1つである因果的効果の識別可能性問題を概説する．パス解析は遺伝学の分野でWright [40,41] において開発され，その後，構造方程式モデル [3,39] として主に社会科学分野を中心に発展した．パス解析は次のような特徴をもつ [3].

(1) 有向グラフ（パスダイアグラム）による定性的因果仮説の表現.

(2) パス係数による変数間の相関係数の分解.

(3) 直接効果と総合効果の区別.

構造方程式モデルそれ自身は複数の変数間の従属関係を誤差の付随した線形あるいは非線形方程式によって表現した統計モデルにすぎない．この統計モデルを定性的因果仮説を表現した有向グラフと結びつけ，因果関係の統計解析を行おうとしたのは，筆者が知る限り，パス解析がはじめてであろう．パス解析は，1980年代にベイジアンネットワークをはじめとするグラフィカルモデルの理論が大きく発展したことにより，近年ではグラフィカルモデルに基づく統計的因果推論として理論整備が進んでいる [28,43]．一般に，グラフィカルモデルは，ある知識によって得られた命題あるいは変数間の関連性を非巡回的有向グラフによって記述するとともに，その妥当性を条件付き確率によって定量化した確率モデルであり，因果関係を記述した確率モデルというわけではない．しかし，グラフィカルモデルのフレームワークに基づいて，「外的操作」や「因果的効果」などといった統計的因果推論の重要な概念が数学的に定義され，因果的効果の識別可能性が視覚的に判断できるようになるなど，グラフィカルモデルが統計的因果推論の発展に大きく貢献していることは疑いない．

このような状況を踏まえて，本章の目的は，グラフィカルモデルを用いた因果的効果の識別可能性問題について，その基本的事項にしぼってできる限り平易に解説することである．したがって，統計的因果推論のもう1つのストリームである反事実モデル [18,28] については議論の対象としない（詳しくは，[18,28] を参照されたい）．本章の前半では，因果ダイアグラムと因果的効果を数学的に定義した上で，因果的効果と条件付き分布との相違点を明らかにする．次に，ノンパラメトリック構造方程式モデルに基づく因果的効果の識別可能条件として，バックドア基準とフロントドア基準を紹介する．これらの識別可能条件を導出するにあたっては，推論規則 [28] を用いると便利であるが，本章ではできる限り統計的因果推論固有の概念を利用するのを避け，d 分離と条件付き独立性の関係を利用した識別可能条件の導出法を紹介する．本章の後半では，構造方程式モデルのフレームワークにおいて最も基本的でかつ重要な役割を果たしている線形構造方程式モデルに着目し，総合効果の実質科学的解釈を考察する．また，操作変数法，潜在的操作変数法，潜在変数モデルに基づくグラフィカル識別可能条件といった，ノンパラメトリック構造方程式モデルや反事実モデルに捕らわれていては思いつくのが難しい，線形構造方程式モデルの特徴を利用した因果効果の識別可能条件について，その基本的なアイデアを紹介する．

3.2　因果ダイアグラムと条件付き独立性

本章では，確率変数間の因果関係（データ生成過程）を非巡回的有向グラフにより表現し，これを因果ダイアグラムと呼ぶ．以下にその数学的定義を与える．なお，本章で用いるグラフ用語については，たとえば，[28,43] を参照されたい．

定義 3.1（**因果ダイアグラム**） 非巡回的有向グラフ G とその頂点に対応する確率変数の集合 $\boldsymbol{V} = \{X_1, \cdots, X_p\}$ が与えられている．グラフ G が確率変数間の関数関係を構造方程式モデル

$$X_i = g_i(\mathrm{pa}(X_i), \epsilon_i), \qquad i = 1, \cdots, p \tag{3.1}$$

なる形に規定し，確率変数がこの関数関係に従って自律的に生成されるとき，G を因果ダイアグラムという．ここに，ϵ_i は X_i の変動のなかで $\mathrm{pa}(X_i)$ では説明できない部分を表した錯乱項であり，本章では互いに独立であるものとする $(i = 1, \cdots, p)$．また，$\mathrm{pa}(X_i)$ は G における X_i の親全体からなる集合であり，G における X_i の直接的原因として解釈される． □

定義 3.1 は，$g_1(\mathrm{pa}(X_1), \epsilon_1), \cdots, g_p(\mathrm{pa}(X_p), \epsilon_p)$ について特別な関数形を指定しないノンパラメトリック構造方程式モデルの形式で記述されているが，パラメトリック構造方程式モデルで与えられていてもかまわない．実際，第 3.4 節ではノンパラメトリック構造方程式モデルに基づいて因果的効果の識別可能性問題を議論するが，第 3.5 節以降では線形構造方程式モデルに基づいてこの問題を考察する．

さて，確率変数間の関係が (3.1) 式によって規定されたとき，その同時分布 $\mathrm{pr}(x_1, x_2, \cdots, x_p)$ は

$$\mathrm{pr}(x_1, x_2, \cdots, x_p) = \prod_{i=1}^{p} \mathrm{pr}(x_i | \mathrm{pa}(x_i)) \tag{3.2}$$

と逐次的に因数分解された形で表現することができる [28]．ここに，$\mathrm{pr}(x_i | \mathrm{pa}(x_i))$ は $\mathrm{pa}(x_i)$ を与えたときの $X_i = x_i$ の条件付き分布であり，$\mathrm{pa}(x_i)$ が空集合である場合には $X_i = x_i$ の周辺分布 $\mathrm{pr}(x_i)$ を意味する．

例として，図 3.1 の因果ダイアグラムを考えよう．図 3.1 では，X_1 は X_2 および X_4 の直接的原因，X_2 は X_3 および X_4 の直接的原因，X_3 は X_4 の直接的原因として解釈される．このとき，図 3.1 が規定する構造方程式モデルは

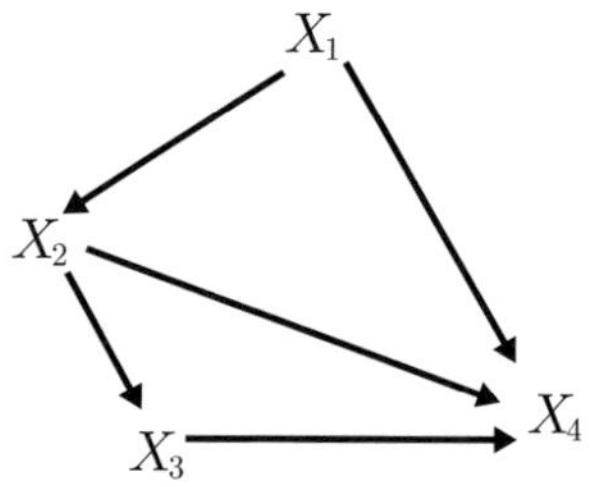

図 3.1　因果ダイアグラム (1)

$$\left.\begin{aligned} X_4 &= g_4(X_1, X_2, X_3, \epsilon_4) \\ X_3 &= g_3(X_2, \epsilon_3) \\ X_2 &= g_2(X_1, \epsilon_2) \\ X_1 &= g_1(\epsilon_1) \end{aligned}\right\} \tag{3.3}$$

であり，対応する同時分布の逐次的因数分解は

$$\mathrm{pr}(x_1, x_2, x_3, x_4) = \mathrm{pr}(x_1)\mathrm{pr}(x_2|x_1)\mathrm{pr}(x_3|x_2)\mathrm{pr}(x_4|x_1, x_2, x_3) \tag{3.4}$$

で与えられる．

さて，同時分布が因果ダイアグラムに従って逐次的に因数分解されているとき，いくつかの条件付き独立関係が成り立っている．これを記述するために，本章ではd分離の概念を用いる [27].

定義 3.2（d 分離）　非巡回的有向グラフ G において，X と Y を結ぶすべての道のそれぞれについて，$\{X, Y\}$ と排反な頂点の集合 $\mathbf{Z}$ が，次の条件のいずれかを満たすとき，$\mathbf{Z}$ は X と Y を d 分離するという．

(1) X と Y を結ぶ道に合流点で，その合流点とその子孫が $\mathbf{Z}$ に含まれないようなものがある．

(2) X と Y を結ぶ道に非合流点で，$\mathbf{Z}$ に含まれるものがある．

特に，X と Y を結ぶ道が存在しないとき，空集合は X と Y を d 分離するという．　□

このd分離について，次の定理が知られている．

定理 3.1　因果ダイアグラム G において $\mathbf{Z}$ が X と Y を d 分離するならば，頂点に対応する確率変数において，$\mathbf{Z}$ を与えたとき，X と Y は条件付き独立である．この関係を

$$X \perp\!\!\!\perp Y | \mathbf{Z}$$

と表記する．□

定理 3.1 より，因果ダイアグラム G において 2 つの変数が d 分離されるならば，それらの間に何らかの条件付き独立関係が成り立っていることがわかる．一方，d 分離されない場合にはグラフ構造に基づいて条件付き独立関係に関する判断を下だすことは難しく，むしろ条件付き独立ではないと判断することのほうが多い．このような判断を合理なものにするためには，忠実性という概念を導入する必要がある．すなわち，同時確率分布 $\mathrm{pr}(x_1, ..., x_p)$ において，非巡回的有向グラフにより導かれる d 分離関係に対応する条件付き独立関係以外のいかなる条件付き独立性も付加的に成り立っていないとき，同時確率分布 $\mathrm{pr}(x_1, ..., x_p)$ は非巡回的有向グラフに忠実であるという [34]．忠実性はデータに基づく因果構造探索問題を議論するうえで重要な役割を果たす概念であるが，後述する操作変数法などのように，暗黙ながら，因果的効果の識別可能性問題においてもしばしば（局所的に）仮定されていることがある．

定理 3.1 の例として，図 3.1 の因果ダイアグラムを考えよう．図 3.1 において，X_1 と X_3 を結ぶ道は

$$X_1 \to X_2 \to X_3,\quad X_1 \to X_4 \leftarrow X_2 \to X_3$$

$$X_1 \to X_4 \leftarrow X_3,\quad X_1 \to X_2 \to X_4 \leftarrow X_3$$

の 4 本ある．このうち，

$$X_1 \to X_2 \to X_3$$

以外の道では，いずれも X_4 が合流点となっている．したがって，定義 3.2 において $X = X_1, Y = X_3, \mathbf{Z} = \{X_2\}$ とすれば，この $\mathbf{Z}$ は，それぞれの道に対

して，定義3.2の(1)と(2)のいずれかの要件を満たす．すなわち，X_2はX_1とX_3をd分離しているので，定理3.1より

$$X_1 \perp\!\!\!\perp X_3 | X_2$$

が導かれる．一方，X_4や$\{X_2, X_4\}$は，定義3.2の要件を満たさないため，X_1とX_3をd分離しない．したがって，d分離と概念を用いてX_4や$\{X_2, X_4\}$を与えたときにX_1とX_3が条件付き独立であるかどうかを判断することはできない．

ここで，注意点を述べよう．第一に，条件付き独立関係の視覚的表現であるベイジアンネットワークとデータ生成過程の視覚的表現である因果ダイアグラムではグラフに対する考え方が根本的に異なる．ベイジアンネットワークにおいて2つの頂点間に「矢線がない」ことは，それらに対応する変数間に何らかの条件付き独立関係が成り立っていることを意味している．これに対して，因果ダイアグラムにおいて2つの頂点間に「矢線がない」ことは，それらに対応する変数間に直接的な因果関係が存在しないという強い意味を持つ．すなわち,「矢線がない」ことは，特別な因果的問題を扱っているのではない限り，実質科学における先験的知識に基づいた因果的仮定である．一方，ベイジアン・ネットワークにおいて2つの頂点間に「矢線が存在している」ことは，それらに対応する変数間に統計的従属関係が存在する可能性があることを意味している．これに対して，因果ダイアグラムにおいて2つの頂点間に「矢線が存在している」ことは，（特別な仮定を置かない限り）それらに直接的な因果関係が存在する可能性があることを示しているに過ぎない[28]．それゆえに，因果ダイアグラムにおいて矢線が存在する場合，それに対応する因果関係の大きさはデータに基づいて評価される．これらのことは，因果ダイアグラムを構築する段階においては「因果関係がある」ことよりもむしろ「因果関係がない」ことのほうが重要な因果情報であり，「因果関係がない」ことを主張するためには強い根拠が必要であることを示唆している．

第二に，確率変数が自律的に生成されるとは，(3.1)式に含まれる構造方程式それぞれがモジュール，すなわち，(3.1)式を構成する構成要素であり，かつこれらの構成要素どうしに従属関係はないことを意味している（確率変数の値の受け渡しが行われているので，当たり前のことであるが，その意味で

は確率変数がとる値には依存する）．たとえば，興味ある構造方程式に対して外的操作が行われたり，自然発生的な変化が起こるなどして，その構造方程式の形式そのものが直接的に変化してしまったとしよう．自律性は，そのような変化が起こったからといって，直接的には外的操作や自然発生的変化の対象となっていない構造方程式の形式までもが変化することはないことを示している．また，モジュールには，(3.1) 式を構成する構成要素のそれぞれについて，必要があれば興味ある構造方程式に交換することができるという意味も含まれている．これは，外的操作によるデータ生成過程の変化を調べるのに，外的操作の対象となっている変数に対応する構造方程式を興味ある外的操作方式に置き換えさえすれば，直接的な変化のなかった構造方程式に関する情報についてはそのまま利用できることを意味している．この意味で，自律性は，因果関係を記述する数理モデルに柔軟性を与える仮定であるといえる．なお，この自律性に関する例は，次節で与える外的操作を考えるとわかりやすい．

第三に，定義 3.1 に基づく同時分布 (3.2) 式と標準的な確率論・統計学に見られる同時分布とでは，その背後の考え方が若干異なる．標準的な確率論・統計学に見られる条件付き確率分布の定義は同時分布に基づいて定式化されている．これに対して，因果ダイアグラムはデータ生成過程を視覚的に表現したものであり，条件付き確率分布に基づいて同時分布が定式化，すなわち，個々の構造方程式と比較可能な形で同時分布が表現される．このことは，ベイジアンネットワークと因果ダイアグラムの考え方の違いにも反映されている．データ生成過程が与えられたとしても，そこから生成される同時分布の逐次的因数分解は任意の変数順序に対して行うことができる．したがって，同時分布の近似という点でベイジアンネットワークをとらえた場合，統計的独立関係に関する表現能力・近似の良さを問わなければ，逐次的因数分解それぞれに対して有向グラフを構築することができる．その意味において，ベイジアンネットワークの場合には，同時分布に対応する有向グラフの表現に一意性がない．これに対して，データ生成過程が与えられた場合には因果ダイアグラムは一意に定まるし，因果ダイアグラムが与えられれば，（構造方程式モデルの詳細はわからないが）定性的なデータ生成過程も一意に定まる．

第四に，定義 3.1 にある生成とは，構造方程式モデルが単なる数学的等式表現ではなく，右辺に配された確率変数が左辺に配された確率変数を生成するのであって，構造方程式モデルとして与えられていない限りその逆は起こらないことを示している．このことは，「生成」という言葉のなかに数学的等式表現を超えた意味が含まれていることを意味する．たとえば，変数 X, Y, Z に対して方程式

$$Y = X + Z$$

を考えるとき，単なる数学的等式表現としてみれば $Y - Z$ は X と等価であるが，これをデータ生成過程，すなわち，右辺にある変数を入力とし左辺にある変数を出力とした物理的システムとみなした場合には，Y は X を生成しないため，X と $Y - Z$ は等価ではない．もし，Y が X を生成しうるとすれば，（結果として $X = Y - Z$ と等しくなるかもしれないが）それは $Y = X + Z$ とは異なる構造方程式が存在していることを意味する．

3.3　因果的効果

3.3.1　定義

Pearl [28] は，因果ダイアグラムと対応する構造方程式モデルが与えられたとき，ある変数に対応する構造方程式を別の構造方程式に置き換える行為を外的操作と定義した．その上で，変数 X に対する外的操作により $X = x$ とした際の変数 Y の分布を因果的効果と呼び，その定義を次のように与えた．ここに，本章では，外的操作の対象となっている変数を処理変数，興味ある結果を表す変数を反応変数，処理変数の影響を受けない変数を共変量，処理変数の影響を受けてかつ反応変数に影響を与える変数を中間変数と呼ぶことにする．また，X に対して外的操作を行っていることを強調するために，$\mathrm{pr}(x, y, z)$ や $\mathrm{pr}(x|\mathrm{pa}(x))$ ではなく，$\mathrm{pr}(X = x, y, z)$ や $\mathrm{pr}(X = x|\mathrm{pa}(x))$ と表記する．

定義 3.3（因果的効果） 因果ダイアグラム G における頂点集合を $\boldsymbol{V} = \{X, Y\} \cup \mathbf{Z}$ とする．このとき

$$\mathrm{pr}(y|\mathrm{do}(X = x)) = \sum_{z} \frac{\mathrm{pr}(X = x, y, z)}{\mathrm{pr}(X = x|\mathrm{pa}(x))} \tag{3.5}$$

を X から Y への因果的効果という．ここに，$\mathrm{do}(X = x)$ は X に対応する構造方程式を定数関数 $X = x$ に置き換えることを意味する．□

この定義をグラフとして解釈すると，因果ダイアグラム G から X へ入る矢線をすべて取り除いたグラフを考え，そこで X の値を x に固定したときの Y の分布ということになる．なお，有向グラフを用いた統計的因果推論のフレームワークにおける外的操作の表現方法として，set 記号を用いて $\mathrm{set}(X = x)$ と表記したり，チェック記号を用いて $\check{x}$ と表記することもあるが，筆者が知る限り，近年では $\mathrm{do}(X = x)$ と表記されることが多いので，本書でも do 記号を用いることにする．

例として，図 3.1 において X_3 から X_4 への因果的効果を考えることにしよう．X_3 に対する外的操作を行うことによって，図 3.1 に対応する構造方程式モデルは (3.3) 式から

$$\left.\begin{aligned}
X_4 &= g_4(X_1, X_2, X_3, \epsilon_4) \\
X_3 &= x \\
X_2 &= g_2(X_1, \epsilon_2) \\
X_1 &= g_1(\epsilon_1)
\end{aligned}\right\}$$

となり，構造方程式モデルにおいては X_3 に対応する構造方程式のみが $X_3 = x$ に置き換わっていることがわかる．また，これに対応して同時分布の逐次的因数分解も (3.4) 式から

$$\begin{aligned}
\mathrm{pr}(x_1, x_2, x_4|\mathrm{do}(X_3 = x)) &= \frac{\mathrm{pr}(x_1, x_2, X_3 = x, x_4)}{\mathrm{pr}(X_3 = x|x_2)} \\
&= \frac{\mathrm{pr}(x_1)\mathrm{pr}(x_2|x_1)\mathrm{pr}(X_3 = x|x_2)\mathrm{pr}(x_4|x_1, x_2, X_3 = x)}{\mathrm{pr}(X_3 = x|x_2)} \\
&= \mathrm{pr}(x_1)\mathrm{pr}(x_2|x_1)\mathrm{pr}(x_4|x_1, x_2, X_3 = x) \qquad (3.6)
\end{aligned}$$

へと変化する．(3.6) 式より，逐次的因数分解においては $\mathrm{pr}(X_3 = x \mid x_2)$ が 1 に置き換えられていることがわかる．このように，外的操作の対象となった

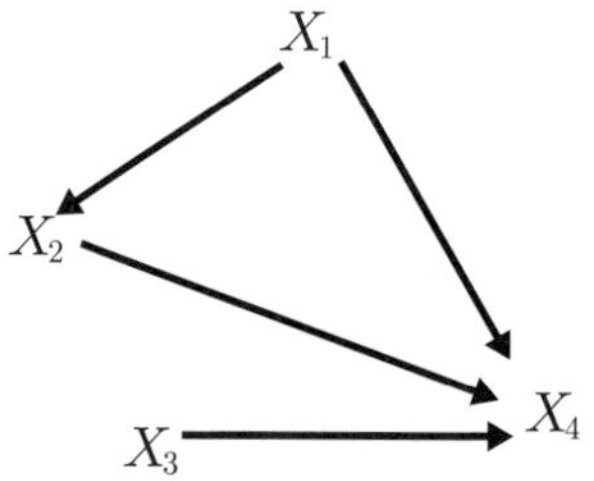

図 3.2　外的操作後のグラフ

X_3 に関する構造方程式は $X_3 = x$ に置き換えられているものの，X_1, X_2, X_4 に関する構造方程式については変化がないため，確率情報もそのまま利用されている．これが自律性を仮定することのメリットである．

ここで，図 3.1 において X_2 が X_1 と X_3 を d 分離していることから

$$X_1 \perp\!\!\!\perp X_3 \mid X_2$$

であることに注意すると，(3.6) 式より，X_3 から X_4 への因果的効果は

$$\begin{aligned}
\mathrm{pr}(x_4|\mathrm{do}(X_3 = x)) &= \sum_{x_1,x_2} \mathrm{pr}(x_1, x_2, x_4|\mathrm{do}(X_3 = x)) \\
&= \sum_{x_1,x_2} \mathrm{pr}(x_1, x_2)\mathrm{pr}(x_4|x_1, x_2, X_3 = x) \\
&= \sum_{x_1,x_2} \mathrm{pr}(x_2)\mathrm{pr}(x_1|x_2, X_3 = x)\mathrm{pr}(x_4|x_1, x_2, X_3 = x) \\
&= \sum_{x_2} \mathrm{pr}(x_2)\mathrm{pr}(x_4|x_2, X_3 = x) \qquad (3.7)
\end{aligned}$$

と表現できる．ここに，(3.7) 式に X_1 が現れていないことに注意しよう．このことは，図 3.1 の因果ダイアグラムにおいて X_3 から X_4 への因果的効果を定量的に評価するのに，X_2 を観測すれば十分であることを意味している．

さて，外的操作を行った後の因果ダイアグラムは図 3.1 から X_3 に入る矢線を取り除いた図 3.2 のグラフで表現される．このグラフは，X_3 に対するランダム割り付けを表現する因果ダイアグラムと同じ構造であることから，因果的効果はランダム化試験における要因効果に対応する因果的連関指標と解釈することができる．

3.3.2　因果的効果と条件付き分布の違い

本項では，条件付き分布と因果的効果の違いを明らかにするために，図3.3に与える6つの因果ダイアグラムにおいて X_2 から X_3 への因果的効果の表現を考えよう．

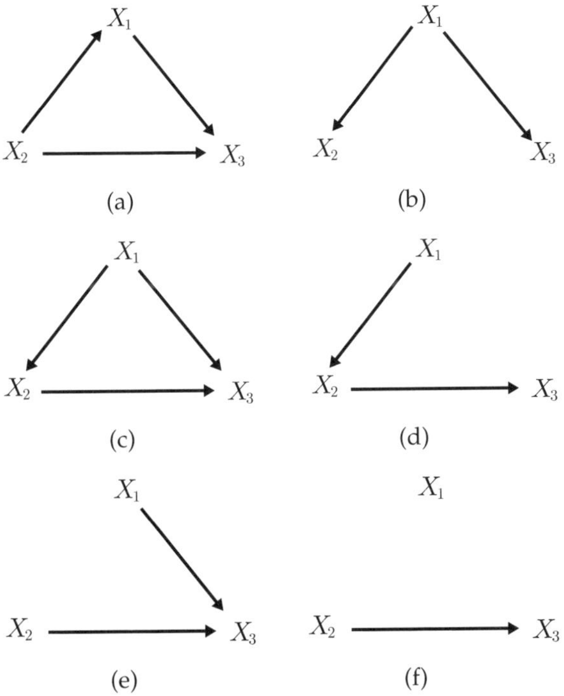

図3.3　因果ダイアグラム (2)

図3.3(a) は X_2 から X_3 への有向道上に X_1 が存在している場合である．このときの因果的効果は，全確率の公式より

$$\begin{aligned}\mathrm{pr}(x_3|\mathrm{do}(X_2 = x)) &= \sum_{x_1} \mathrm{pr}(x_1|X_2 = x)\mathrm{pr}(x_3|x_1, X_2 = x) \\ &= \mathrm{pr}(x_3|X_2 = x)\end{aligned}$$

となり，$X_2 = x$ を与えたときの X_3 の条件付き分布と一致している．図3.3(b) は X_1 が X_2 と X_3 の親となっているが，X_2 と X_3 の間に有向道が存在しない

場合である．このときの因果的効果は

$$\mathrm{pr}(x_3|\mathrm{do}(X_2 = x)) = \sum_{x_1} \mathrm{pr}(x_1)\mathrm{pr}(x_3|x_1) = \mathrm{pr}(x_3)$$

となり，X_3 の周辺分布と一致しているものの，$X_2 = x$ を与えたときの X_3 の条件付き分布とは異なる．図 3.3(c) は X_1 が X_2 と X_3 の親であり，かつ X_2 から X_3 への有向道が存在する場合である．このときの因果的効果は

$$\mathrm{pr}(x_3|\mathrm{do}(X_2 = x)) = \sum_{x_1} \mathrm{pr}(x_1)\mathrm{pr}(x_3|x_1, X_2 = x)$$

となり，$X_2 = x$ を与えたときの X_3 の条件付き分布とも，X_3 の周辺分布とも異なっていることがわかる．図 3.3(d) は X_1 から X_3 への連鎖経路上に X_2 が存在しており，X_1 から X_3 への矢線が存在しない場合である．このときの因果的効果は

$$\mathrm{pr}(x_3|\mathrm{do}(X_2 = x)) = \sum_{x_1} \mathrm{pr}(x_3|x_1, X_2 = x)\mathrm{pr}(x_1) = \mathrm{pr}(x_3|X_2 = x) \tag{3.8}$$

となり，$X_2 = x$ を与えたときの X_3 の条件付き確率分布と一致している．図 3.3(e) は X_1 と X_2 の両方から X_3 へ矢線が引かれており，X_1 と X_2 の間には何の因果関係もない，いわゆるランダム化試験が行われているような状況である．このとき，空集合が X_1 と X_2 を d 分離していることから

$$X_1 \perp\!\!\!\perp X_2$$

であることに注意すると，因果的効果は

$$\begin{aligned}\mathrm{pr}(x_3|\mathrm{do}(X_2 = x)) &= \sum_{x_1} \mathrm{pr}(x_3|x_1, X_2 = x)\mathrm{pr}(x_1) \\ &= \sum_{x_1} \mathrm{pr}(x_3|x_1, X_2 = x)\mathrm{pr}(x_1|X_2 = x) \\ &= \mathrm{pr}(x_3|X_2 = x)\end{aligned} \tag{3.9}$$

となり，$X_2 = x$ を与えたときの X_3 の条件付き確率分布と一致している．最後に，図 3.3 (f) は X_1 が X_2 と X_3 のいずれとも関係をもたない状況を示して

いるが，これについても同様な計算を行うことにより，因果的効果は $X_2 = x$ を与えたときの X_3 の条件付き確率分布と一致することがわかる．X および Y に対して，それら両方の親である変数が存在しない場合には，X から Y への因果的効果は X を与えたときの Y の条件付き確率分布と一致するが，両方の親となる変数が存在する場合には条件付き確率分布と一致しないことが考察できる．

3.4　ノンパラメトリック構造方程式モデルに基づく識別可能条件

3.4.1　バックドア基準

前節で与えた例からわかるように，因果的効果 $\mathrm{pr}(y|\mathrm{do}(X = x))$ を定量的に評価するためには，一般に X と Y 以外の変数の観測が必要になる．ある変数への外的操作を念頭に置いて解析を進めるとき，その因果的効果を推定するのに必要な観測すべき変数集合を認識することは重要である．Pearl [28] は，因果的効果の識別可能条件として以下の定義と定理を与えた．ここに，因果的効果が識別可能であるとは，因果的効果が観測変数の同時分布によって記述されることをいう．

定義 3.4（バックドア基準）　非巡回的有向グラフ G において，X は Y の非子孫であるとする．このとき，次の 2 条件を満たす変数集合 $\mathbf{Z}$ は (X, Y) についてバックドア基準を満たすという．

(1) X から $\mathbf{Z}$ の任意の要素へ有向道がない．
(2) G より X から出る矢線をすべて除いたグラフにおいて，$\mathbf{Z}$ が X と Y を d 分離する．　□

X から出る矢線をすべて除いたグラフにおいて，X と Y が共通の先祖をもたないとき，空集合がバックドア基準を満たすことに注意する．また，$\mathbf{Z}$ を $\mathrm{pa}(X)$ を含む X の非子孫からなる頂点集合とするとき，因果ダイアグラムを完全に記述しなくても，$\mathbf{Z}$ は (X, Y) についてバックドア基準を満たすことが

わかる [15]. ここに，pa(X) 以外にもバックドア基準を満たす変数集合が存在しうることに注意する．

定理 3.2　[28]　因果ダイアグラム G において X は Y の非子孫であるとする．このとき，(X, Y) についてバックドア基準を満たす変数集合 $\mathbf{Z}$ が X, Y とともに観測されていれば，X から Y への因果的効果は識別可能であり

$$\mathrm{pr}(y|\mathrm{do}(X=x)) = \sum_{\mathbf{z}} \mathrm{pr}(y|X=x, \mathbf{z})\mathrm{pr}(\mathbf{z}) \tag{3.10}$$

で与えられる．　□

なお，$\mathbf{Z}$ が (X, Y) についてバックドア基準を満たすとき，X の子孫からなる部分集合 $\mathbf{W}$ が

$$Y \perp\!\!\!\perp \mathbf{W} | \mathbf{Z} \cup \{X\}$$

を満たすならば，$\mathbf{Z} \cup \mathbf{W}$ を用いても X から Y への因果的効果は識別可能となることが知られている．この識別可能条件は拡張バックドア基準と呼ばれている [30].

図 3.1 の因果ダイアグラムにおいて，バックドア基準に基づいて X_3 から X_4 への因果的効果を定式化してみよう．その第一ステップとして，図 3.1 より X_1 や X_2 が X_3 の非子孫であることが確認できる．第二ステップとして，X_3 から出る矢線を取り除いた図 3.4(a) のグラフを考える．このとき，図 3.4(a) からわかるように，X_2 と $\{X_1, X_2\}$ はともに X_3 と X_4 を d 分離している．このことから，X_2 と $\{X_1, X_2\}$ はそれぞれ (X_3, X_4) についてバックドア基準を満たすことがわかる．したがって，X_2 あるいは $\{X_1, X_2\}$ を観測することにより X_3 から X_4 への因果的効果は識別可能となり，その表現は (3.7) 式で与えられることがわかる．

次に，図 3.1 の因果ダイアグラムにおいて，バックドア基準に基づいて X_2 から X_4 への因果的効果を定式化することを考えよう．(X_2, X_4) についてバックドア基準を満たす変数集合を見つけるためには，上記と同様に，図 3.1 において X_2 の非子孫に注目しながら，X_2 から出る矢線を取り除いた図 3.4(b) のグラフを考えればよい．このグラフにおいて，X_1 は (X_2, X_4) につい

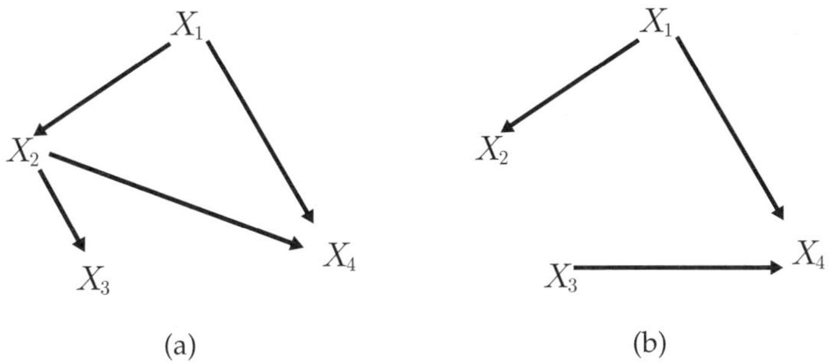

図 3.4 バックドア基準

てバックドア基準を満たしている．したがって，X_1 を観測することにより X_2 から X_4 への因果的効果は識別可能となり，

$$\mathrm{pr}(x_4|\mathrm{do}(X_2 = x)) = \sum_{x_1} \mathrm{pr}(x_4|x_1, X_2 = x)\mathrm{pr}(x_1) \tag{3.11}$$

で与えられる．しかし，X_3 は X_2 の子孫であるため，$\{X_1, X_3\}$ は (X_2, X_4) についてバックドア基準を満たさない．

このように，解析に先立って背後にある因果構造を有向グラフによって記述することができれば，データを採取する以前に因果的効果を推定する上で観測すべき変数集合を明らかにすることができる．これが有向グラフを用いた因果推論の魅力でもある．

3.4.2 フロントドア基準

Pearl [28] は，因果的効果が識別可能であるためのもう 1 つの十分条件としてフロントドア基準を与えた．

定義 3.5（フロントドア基準） 非巡回的有向グラフ G において X は Y の非子孫であるとする．このとき，次の 3 条件を満たす変数集合 $\mathbf{Z}$ は (X, Y) についてフロントドア基準を満たすという．

(1) X から Y への任意の有向道上に $\mathbf{Z}$ の要素が存在する．

(2) G より X から出る矢線をすべて除いたグラフにおいて，空集合は X と $\mathbf{Z}$ の任意の要素を d 分離する．

(3) G より $\mathbf{Z}$ の任意の要素から出る矢線をすべて除いたグラフにおいて，X は $\mathbf{Z}$ の任意の要素と Y を d 分離する．□

$\mathbf{Z}$ が1つの頂点 Z からなる集合の場合には，定義3.5の要件 (2) と (3) はそれぞれ

(2′) G において，空集合は (X, Z) についてバックドア基準を満たす．
(3′) G において，X は (Z, Y) についてバックドア基準を満たす．

と書き直すことができる．したがって，フロントドア基準による因果的効果の評価方法は，バックドア基準の2段階適用に帰着されることが想像できるであろう．

定理 3.3　[28]　因果ダイアグラム G において，X は Y の非子孫であるとする．このとき，(X, Y) についてフロントドア基準を満たす変数集合 $\mathbf{Z}$ が X, Y とともに観測されていれば，X から Y への因果的効果は識別可能であり，

$$\mathrm{pr}(y|\mathrm{do}(X = x)) = \sum_{x', z} \mathrm{pr}(y|x', z)\mathrm{pr}(z|X = x)\mathrm{pr}(x') \tag{3.12}$$

で与えられる．ここに，x は X の取りうる値を意味している．□

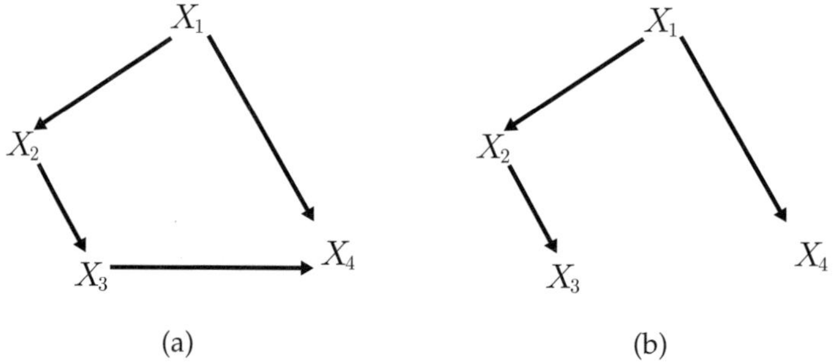

図 3.5　フロントドア基準

例として，図3.5(a) の因果ダイアグラムにおいて，フロントドア基準に基づいて X_2 から X_4 への因果的効果を定式化することを考えよう．第一ステップとして，図3.5(a) より X_3 が X_2 から X_4 への有向道上にある中間変数であることは明らかである．したがって，X_3 はフロントドア基準の要件 (1) を満

たす．次に，第二ステップとして，図 3.5(a) より X_2 から出る矢線を除いたグラフを考える．このグラフは図 3.4(b) と一致し，空集合が (X_2, X_3) についてバックドア基準を満たしている，すなわち，フロントドア基準の要件 (2)（あるいは要件 (2′)）を満たすことがわかる．最後に，第 3 ステップとして，図 3.5(a) より X_3 から出る矢線を除いた図 3.5(b) を考えることにしよう．このとき，図 3.5(b) より X_2 は (X_3, X_4) についてバックドア基準を満たしている，空集合が (X_2, X_3) についてバックドア基準を満たしている，すなわち，フロントドア基準の要件 (3)（あるいは要件 (3′)）を満たすことがわかる．以上のステップから，X_3 は (X_2, X_4) についてフロントドア基準を満たすことがわかる．したがって，X_3 を観測することにより X_2 から X_4 への因果的効果は識別可能となり，

$$\mathrm{pr}(x_4|\mathrm{do}(X_2 = x)) = \sum_{x'_2, x_3} \mathrm{pr}(x_4|x_3, x'_2)\mathrm{pr}(x_3|X_2 = x)\mathrm{pr}(x'_2) \qquad (3.13)$$

で与えられることがわかる．

さて，この式の導出は以下のとおりである．まず，X_2 から X_4 への因果的効果は，その定義から

$$\mathrm{pr}(x_4|\mathrm{do}(X_2 = x)) = \sum_{x_1, x_3} \mathrm{pr}(x_4|x_1, x_3)\mathrm{pr}(x_3|X_2 = x)\mathrm{pr}(x_1)$$

である．ここで，

$$\mathrm{pr}(x_1) = \sum_{x_2} \mathrm{pr}(x_1|x_2)\mathrm{pr}(x_2)$$

が成り立つことから，

$$\mathrm{pr}(x_4|\mathrm{do}(X_2 = x)) = \sum_{x_1, x_3} \mathrm{pr}(x_4|x_1, x_3)\mathrm{pr}(x_3|X_2 = x)\left\{\sum_{x'_2} \mathrm{pr}(x_1|x'_2)\mathrm{pr}(x'_2)\right\}$$

を得る．ここに，x'_2 は X_2 の取りうる値を意味している．さらに，図 3.5(a) より

$$X_2 \perp\!\!\!\perp X_4 \mid \{X_1, X_3\},\ \ X_1 \perp\!\!\!\perp X_3 \mid X_2$$

が成り立つことから，

$$\mathrm{pr}(x_4|\mathrm{do}(X_2 = x)) = \sum_{x_1, x'_2, x_3} \mathrm{pr}(x_4|x_1, x'_2, x_3)\mathrm{pr}(x_3|X_2 = x)\mathrm{pr}(x_1|x'_2, x_3)\mathrm{pr}(x'_2)$$

$$= \sum_{x_2', x_3} \mathrm{pr}(x_3|X_2 = x)\mathrm{pr}(x_2') \left\{ \sum_{x_1} \mathrm{pr}(x_4|x_1, x_2', x_3)\mathrm{pr}(x_1|x_2', x_3) \right\}$$

を得る．ここで，

$$\sum_{x_1} \mathrm{pr}(x_4|x_1, x_2', x_3)\mathrm{pr}(x_1|x_2', x_3) = \mathrm{pr}(x_4|x_2', x_3)$$

であることから (3.13) 式を得る．

ところで，図 3.5(a) の因果ダイアグラムにおいては，X_1 は (X_2, X_4) についてバックドア基準を満たしているので，X_1 を観測できればバックドア基準に基づいて因果効果を識別することができる．また，X_1 と X_2 の両方が観測可能であれば，これらを用いても因果的効果は識別可能となる．このことは，X_1 および X_3 の両方を観察できる場合においては，X_1 のみを用いて推定すべきか，X_3 のみを用いて推定すべきか，それとも X_1 と X_3 の両方を用いて推定すべきか，といった識別可能条件の選択問題が生じることを意味する．線形構造方程式モデルのフレームワークにおいて，因果的効果の推定精度に基づく識別可能条件の選択問題が Cox [11], Hui and Zhongguo [17], Kuroki and Cai [20], 黒木・林 [42], Kuroki and Hayashi [23], Kuroki and Miyakawa [25], Pearl [29], Ramsahai [31] によって議論されており，離散型確率変数の場合についても Kuroki and Hayashi [23] と Pearl [29] によって考察されている．一方，因果仮説に対する識別可能条件の頑健性という観点からバックドア基準とフロントドア基準のどちらを選択すべきかといった問題も生じるであろう．この問題について，バックドア基準を用いた場合には処理変数から反応変数への直接効果があってもなくても因果的効果は識別可能であるのに対して，処理変数から反応変数への直接効果がある場合にはフロントドア基準を適用して因果的効果を識別することはできない．すなわち，直接効果がある場合に，あえて (3.12) 式を用いて因果的効果を推定しようとするバイアスが生じてしまう可能性がある．グラフィカルモデルを用いた統計的因果推論において「直接効果がない」と主張するためには強い根拠が必要であることを踏まえると，因果仮説に対する識別可能条件の頑健性という観点ではバックドア基準を用いたほうがよいということになるであろう [23].

3.5 線形構造方程式モデル

本節以降では，定義3.1の特別なケースとして，因果ダイアグラム G が確率変数間の関数関係を線形構造方程式モデル

$$X_i = \alpha_{x_i} + \sum_{X_j \in \mathrm{pa}(X_i)} \alpha_{x_i x_j} X_j + \epsilon_{x_i} \qquad i = 1, 2, \cdots, p \tag{3.14}$$

なる形に規定しているものとしよう．ここに，α_{x_i} は定数項であり，本章では $\epsilon_{x_1}, \ldots, \epsilon_{x_p}$ は独立に平均0の正規分布に従うものとする．また，$\alpha_{x_i x_j}$ は X_j から X_i への矢線に対応する係数で，パス係数あるいは直接効果と呼ばれるものであり，$X_j \in \mathrm{pa}(X_i)$ に対して $\alpha_{x_i x_j} \neq 0$ とする．ただし，矢線に対する解釈を踏まえると，$X_j \in \mathrm{pa}(X_i)$ に対して「$\alpha_{x_i x_j} \neq 0$」という仮定は「$\alpha_{x_i x_j}$ は0を除いた値を取る」のではなく「$\alpha_{x_i x_j}$ は0を含めた値を取る」と解釈するのが適切である．さらに，X_j から X_i への有向道のそれぞれについてパス係数すべての積を考えるとき，その総和を X_j から X_i への総合効果と呼び，$\tau_{x_i x_j}$ と記す．加えて，X_j から X_i への有向道のそれぞれについてパス係数すべての積を考えるとき，直接の矢線に対応する値を除いた総和を X_j から X_i への総合間接効果と呼び，特定の有向道に着目した場合には特定間接効果と呼ぶ．なお，本節では，総合間接効果を単に間接効果ということにし，特定間接効果については扱わないこととする．また，データ生成過程として線形構造方程式モデルを仮定したときの因果ダイアグラムをパスダイアグラムと呼ぶことが多いが，本章では因果ダイアグラムで統一する．

例として，図3.1の因果ダイアグラムを考えよう．このとき，図3.1が規定する線形構造方程式モデルは

$$\left.\begin{aligned}
X_4 &= \alpha_{x_4} + \alpha_{x_4 x_3} X_3 + \alpha_{x_4 x_2} X_2 + \alpha_{x_4 x_1} X_1 + \epsilon_{x_4} \\
X_3 &= \alpha_{x_3} + \alpha_{x_3 x_2} X_2 + \epsilon_{x_3} \\
X_2 &= \alpha_{x_2} + \alpha_{x_2 x_1} X_1 + \epsilon_{x_2} \\
X_1 &= \alpha_{x_1} + \epsilon_{x_1}
\end{aligned}\right\} \tag{3.15}$$

で与えられる．

さて，データ生成過程として線形構造方程式モデルが仮定できるとき，総合効果は処理変数 X_i を外的操作により1単位変化させたときの反応変数 X_j の期待値の変化量を意味する [28,43]. このことを考察するために，図3.1の因果ダイアグラムにおいて，X_3 に対する外的操作を施して $X_3 = x$ と固定したときの X_4 の期待値を考えよう．まず，図3.1より X_3 から X_4 への総合効果は $\alpha_{x_4x_3}$ であり，X_3 から X_4 への直接効果 $\alpha_{x_4x_3}$ と一致することは明らかである．一方，図3.1が規定する線形構造方程式モデルは，X_3 に対する外的操作によって

$$\left.\begin{aligned} X_4 &= \alpha_{x_4} + \alpha_{x_4x_3}X_3 + \alpha_{x_4x_2}X_2 + \alpha_{x_4x_1}X_1 + \epsilon_{x_4} \\ X_3 &= x \\ X_2 &= \alpha_{x_2} + \alpha_{x_2x_1}X_1 + \epsilon_{x_2} \\ X_1 &= \alpha_{x_1} + \epsilon_{x_1} \end{aligned}\right\} \tag{3.16}$$

のように，X_3 に関する線形構造方程式が定数関数 $X_3 = x$ に置き換えられた形式で与えられる．外的操作を行う前の X_3 の線形構造方程式は X_2 の関数であったが，外的操作によって X_2 に依存しない定数関数 $X_3 = x$ に置き換わっていることに注意すると，これに対応して，図3.1の因果ダイアグラムも X_2 から X_3 への矢線が取り除かれた図3.2に変わる．この $X_2 = x$ とした線形構造方程式モデルにおいて，X_4 について期待値をとることによって

$$E(X_4|\mathrm{do}(X_3 = x)) = \alpha_{x_4} + \alpha_{x_4x_3}x + \alpha_{x_4x_2}\alpha_{x_2} + (\alpha_{x_4x_2}\alpha_{x_2x_1} + \alpha_{x_4x_1})\alpha_{x_1}$$

が得られる．したがって，X_3 を外的操作により1単位変化させたときの X_4 の期待値の変化量は $\alpha_{x_4x_3}$ となり，総合効果 $\tau_{x_4x_3} = \alpha_{x_4x_3}$ によって評価されることがわかる．一方，X_2 から X_4 への総合効果は，同様な手続きを行うことにより，

$$\tau_{x_4x_2} = \alpha_{x_4x_2} + \alpha_{x_4x_3}\alpha_{x_3x_2}$$

と表現することができ，間接効果 $\alpha_{x_4x_3}\alpha_{x_3x_2}$ の分だけ X_2 から X_4 への直接効果 $\alpha_{x_4x_2}$ とは異なっていることがわかる．このことから，一般に総合効果と直接効果は異なる概念であることがわかる．

本節の最後に，図 3.1 の因果ダイアグラムに基づいて，線形構造方程式モデルがもつ重要な特徴である「相関の分解」[40, 41] について概説しよう．(3.15) 式の共分散を計算すると，X_2 と X_4 の共分散 $\sigma_{x_2x_4}$, X_2 と X_3 の共分散 $\sigma_{x_2x_3}$，X_2 と X_4 の共分散 $\sigma_{x_1x_2}$ はそれぞれ

$$\left.\begin{aligned}\sigma_{x_2x_4} &= \alpha_{x_4x_3}\sigma_{x_2x_3} + \alpha_{x_4x_2}\sigma_{x_2x_2} + \alpha_{x_4x_1}\sigma_{x_1x_2}\\ \sigma_{x_2x_3} &= \alpha_{x_3x_2}\sigma_{x_2x_2}\\ \sigma_{x_1x_2} &= \alpha_{x_2x_1}\sigma_{x_1x_1}\end{aligned}\right\} \tag{3.17}$$

と表すことができる．ここで，(3.17) 式の第 1 式に第 2 式と第 3 式を代入して整理すると，X_2 と X_4 の共分散 $\sigma_{x_2x_4}$ は，

$$\sigma_{x_2x_4} = \alpha_{x_4x_2}\sigma_{x_2x_2} + \alpha_{x_4x_3}\alpha_{x_3x_2}\sigma_{x_2x_2} + \alpha_{x_4x_1}\alpha_{x_2x_1}\sigma_{x_1x_1}$$

と表現することができる．ここで，因果ダイアグラム上のすべての変数の分散が 1 であると仮定すると，X_2 と X_4 の相関係数 $\rho_{x_2x_4}$ は，

$$\rho_{x_2x_4} = \alpha_{x_4x_2} + \alpha_{x_4x_3}\alpha_{x_3x_2} + \alpha_{x_4x_1}\alpha_{x_2x_1} \tag{3.18}$$

とかける．これを相関の分解という．(3.18) 式の第 1 項は X_2 から X_4 への直接効果であり，第 2 項は X_2 から X_4 への有向道のうち X_3 を経由する道によって生成される関連性の強さを意味する間接効果である．$\alpha_{x_4x_1}\alpha_{x_2x_1}$ は有向道によって生じることのない関連性の強さを意味しており，疑似相関と呼ばれる．このことから，相関係数は直接効果，間接効果，疑似相関に分解することができることがわかる．

一般に，相関係数は直接効果，間接効果，疑似相関によって記述することができ，合流点を含む道からは生成されないことが知られている．

3.6　総合効果の識別可能条件

3.6.1　バックドア基準・フロントドア基準

確率変数の集合を $\boldsymbol{V} = \{X_1, \cdots, X_p\}$ とするとき，X_i，$X_j \in \boldsymbol{V}$ に対して，X_i の分散を $\sigma_{x_ix_i}$ とし，X_i と X_j の共分散を $\sigma_{x_ix_j}$ とおく $(i, j = 1, \cdots, p; \neq j)$．こ

こで，$\{X, Y\} \cup \boldsymbol{T} \cup \boldsymbol{W} \cup \boldsymbol{Z} \subset \boldsymbol{V}$ とするとき，$\boldsymbol{Z}$ の共分散行列を Σ_{zz}，$\boldsymbol{W}$ と $\boldsymbol{Z}$ の共分散行列を Σ_{wz} と記す．また，$\boldsymbol{T}$ を与えたときの $\boldsymbol{W}$ の条件付き共分散行列を $\Sigma_{ww \cdot t}$，$\boldsymbol{T}$ を与えたときの $\boldsymbol{Z}$ と $\boldsymbol{W}$ の条件付き共分散行列を $\Sigma_{zw \cdot t}$ と記す．さらに，$B_{zw} = \Sigma_{zw}\Sigma_{ww}^{-1}$，$B_{zw \cdot t} = \Sigma_{zw \cdot t}\Sigma_{ww \cdot t}^{-1}$ と記す．ここに，B_{zw}，$B_{zw \cdot t}$，Σ_{wz}，$\Sigma_{zw \cdot t}$ については $\boldsymbol{W}$ と $\boldsymbol{Z}$ のうちのいずれか1つが単一変数からなる集合である場合にも同じ記号を用いるものとする．$\boldsymbol{W}$ を与えたときの X の条件付き分散を $\sigma_{xx \cdot w}$，$\boldsymbol{W}$ を与えたときの X と Y の条件付き共分散を $\sigma_{xy \cdot w}$ と記す．また，Y を目的変数，X を説明変数とした回帰モデルでの X の単回帰係数を $\beta_{yx} = \sigma_{xy}/\sigma_{xx}$ と記し，Y を目的変数，X と $\boldsymbol{W}$ を説明変数とした回帰モデルでの X の偏回帰係数を $\beta_{yx \cdot w} = \sigma_{xy \cdot w}/\sigma_{xx \cdot w}$ と記す．他の分散，共分散，回帰係数などについても同様に記す．

以上の準備の下で，本節では，代表的な総合効果の識別可能条件であるバックドア基準とフロントドア基準を紹介することにしよう．

定理 3.4　因果ダイアグラム G において，X は Y の非子孫であるとする．このとき，(X, Y) についてバックドア基準を満たす変数集合 $\boldsymbol{Z}$ が X, Y とともに観測されていれば，X から Y への総合効果 τ_{yx} は識別可能であり，

$$\tau_{yx} = \beta_{yx \cdot z}$$

で与えられる．□

たとえば，図 3.1 の因果ダイアグラムにおいて，X_2 を含む変数集合は (X_3, X_4) についてバックドア基準を満たしている．したがって，X_2 を含む変数集合が観測できるとき，X_3 から X_4 への総合効果は識別可能であり，X_2 のみを用いる場合には

$$\tau_{x_4x_3} = \beta_{x_4x_3 \cdot x_2}$$

により，$\{X_1, X_2\}$ を用いる場合には

$$\tau_{x_4x_3} = \beta_{x_4x_3 \cdot x_1x_2}$$

により与えられる．同様に，X_2 から X_4 への総合効果を識別することを考えた場合，X_1 は (X_2, X_4) についてバックドア基準を満たしている．したがっ

て，X_1 が観測できるとき X_2 から X_4 への総合効果は識別可能であり，

$$\tau_{x_4x_2} = \beta_{x_4x_2\cdot x_1}$$

により与えられる．

定理 3.5　因果ダイアグラム G において，X は Y の非子孫であるとする．このとき，(X,Y) についてフロントドア基準を満たす変数集合 $\mathbf{Z}$ が X,Y とともに観測されていれば，総合効果 τ_{yx} は識別可能であり，

$$\tau_{yx} = B_{yx\cdot z}B_{zx}$$

で与えられる．□

第 3.4.2 項では，フロントドア基準はバックドア基準を 2 段階で適用したものと解釈できるとの考察を与えた．このことを確認するために，図 3.5(a) の因果ダイアグラムにおいて，X_2 から X_4 への総合効果の識別可能性問題を考えよう．このとき，(X_2,X_3) と (X_3,X_4) のそれぞれについて，空集合と X_2 がバックドア基準を満たしていることに注意すれば，$\alpha_{x_3x_2}$ と $\alpha_{x_4x_3}$ はそれぞれ

$$\alpha_{x_3x_2} = \beta_{x_3x_2},\quad \alpha_{x_4x_3} = \beta_{x_3x_2\cdot x_1}$$

で与えられることがわかる．したがって，X_2 から X_4 への総合効果が

$$\tau_{x_4x_2} = \alpha_{x_4x_3}\alpha_{x_3x_2}$$

で与えられることに注意すれば，

$$\tau_{x_4x_2} = \beta_{x_3x_2\cdot x_1}\beta_{x_2x_1}$$

により与えられることがわかる．これらの手続きを見ればわかるように，第 1 ステップとしてバックドア基準に基づいて X_2 から X_3 への総合効果を，第 2 ステップも同様にバックドア基準に基づいて X_3 から X_4 への総合効果を推定した上で，それらをかけあわせることによって X_2 から X_4 への総合効果を識別している．この意味においても，フロントドア基準はバックドア基準を 2 段階で適用したものであることが理解できるであろう．

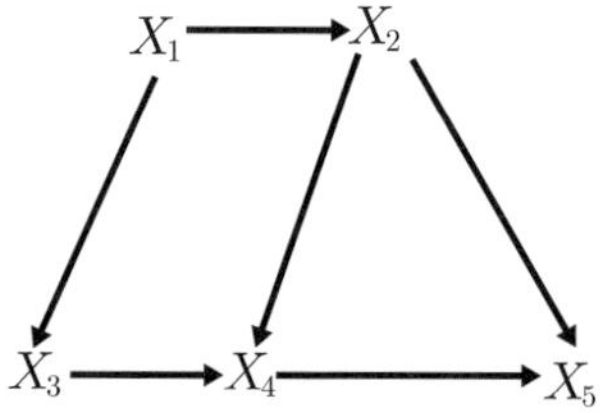

図 3.6　条件付き操作変数法

3.6.2　操作変数法

一般に，ノンパラメトリック構造方程式モデルのフレームワークでは，X から Y への有向道上にある X の子と X の両方に影響を与える共変量が存在する場合には，X から Y への因果的効果は識別可能ではないことが知られている [28]. このような状況に対応する方策の1つとして，因果的効果を識別するのではなく，因果的効果がとりうる値の範囲を観測データから推測する場合がある [2,7,8,21,22,37]．その一方で，因果推論に関する議論を線形構造方程式モデルに限定した場合，このような状況でさえ，X から Y への因果的効果は識別可能となる場合がある．この場合の識別可能条件として，以下に操作変数法 [4,5] を紹介する．

定義 3.6（条件付き操作変数）　因果ダイアグラム G において，X は Y の非子孫であるとする．このとき，次の2条件を満たす変数 Z は変数集合 $\boldsymbol{W}$ を与えたときの (X,Y) に対する条件付き操作変数であるという．

(1)　Z と $\boldsymbol{W}$ に含まれる任意の頂点は X および Y の子孫でない．

(2)　G より X から出る矢線を除いたグラフにおいて，$\boldsymbol{W}$ は Z と Y を d 分離するが，Z と X を d 分離しない．　□

$\boldsymbol{W}$ を与えたときの条件付き操作変数 Z が観測できるとき，総合効果 τ_{yx} は識別可能であり，

$$\tau_{yx} = \frac{\sigma_{yz\cdot w}}{\sigma_{xz\cdot w}} \tag{3.19}$$

により与えられる [5]．特に，$\boldsymbol{W}$ が空集合である場合には，定義 3.6 は操作変数法 [4] のグラフィカル表現を与えたものであると解釈できる．なお，(3.19)

式からわかるように，定義3.6を満たしていても，

$$X \perp\!\!\!\perp Z|\boldsymbol{W}$$

が成り立っている場合には，総合効果は識別可能とはならない．この意味で，条件付き操作変数法に基づく総合効果の識別可能条件では，暗黙ながら局所的に忠実性が仮定されていることがわかる．

3.6.3 潜在変数モデルの新たな見方

本項では，条件付き操作変数法を用いて総合効果を識別できない状況として，図3.7の因果ダイアグラムにおいて X_4 から X_5 への総合効果を推定する問題を考えよう．ここに，X_2 は非観測変数，$\{X_1, X_3, X_4, X_5\}$ は観測変数集合であるものとする．

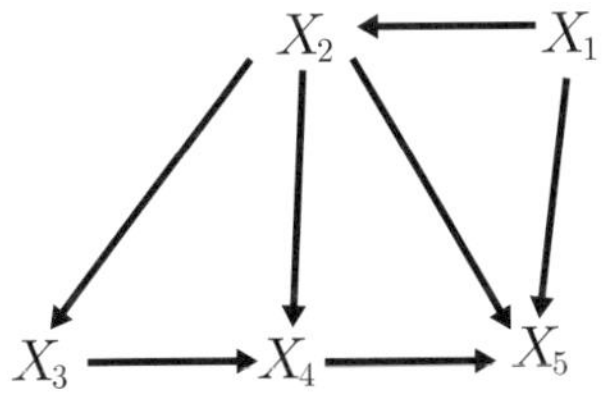

図 3.7 潜在変数モデルに基づく基準

図3.7の因果ダイアグラムでは，X_2 が非観測変数であるため，バックドア基準を満たす変数集合を観測することはできない．また，X_4 と X_5 の間には中間変数が存在しないため，フロントドア基準を満たす変数集合も存在しない．さらに，X_2 から観測変数のそれぞれへの矢線が存在しているため，操作変数法を用いて総合効果を推定することもできない．

図3.7の因果ダイアグラムより X_1 から X_5 への矢線を取り除いたグラフを考えた場合には，対応する共分散構造は識別可能な1因子モデルのそれと一致する．したがって，このときの線形構造方程式モデルに含まれるパス係数は正負といった符号を除いて識別可能であり，X_4 から X_5 へのパス係数 $\alpha_{x_5x_4}$ は符号を含めて識別可能である [35]．しかし，図3.7では X_1 から X_5 への矢線が存在しているため，観測共分散の個数（6個）よりもパス係数の個数（7個）のほうが多くなる．このため，符号を考慮しても因果モデル全体を識別

することはできない．しかし，パス係数 $\alpha_{x_5x_4}$ は識別可能である．このことを以下に示そう．

まず，図 3.7 の因果ダイアグラムにおいて，(X_4, X_5) に対しては X_2 がバックドア基準を満たしていることから

$$\tau_{x_5x_4} = \beta_{x_5x_4.x_2}$$

であり，これは

$$\sigma_{x_4x_5} - \frac{\sigma_{x_2x_4}\sigma_{x_2x_5}}{\sigma_{x_2x_2}} = \tau_{x_5x_4}\left(\sigma_{x_4x_4} - \frac{\sigma^2_{x_2x_4}}{\sigma_{x_2x_2}}\right)$$

と変形できる．また，X_3 は X_2 を与えたときの条件付き操作変数となっていることから，

$$\tau_{x_5x_4} = \frac{\sigma_{x_3x_5.x_2}}{\sigma_{x_3x_4.x_2}}$$

であり，これは

$$\sigma_{x_3x_5} - \frac{\sigma_{x_2x_3}\sigma_{x_2x_5}}{\sigma_{x_2x_2}} = \tau_{x_5x_4}\left(\sigma_{x_3x_4} - \frac{\sigma_{x_2x_3}\sigma_{x_2x_4}}{\sigma_{x_2x_2}}\right)$$

と変形できる．これら 2 つをあわせて $\tau_{x_5x_4}$ の方程式とみなして解くと

$$\tau_{x_5x_4} = \frac{\sigma_{x_4x_5} - \sigma_{x_3x_5}\dfrac{\sigma_{x_2x_4}}{\sigma_{x_2x_3}}}{\sigma_{x_4x_4} - \sigma_{x_3x_4}\dfrac{\sigma_{x_2x_4}}{\sigma_{x_2x_3}}} \tag{3.20}$$

を得ることができる．ここで，X_2 が X_1 と $\{X_3, X_4\}$ を d 分離していることから，

$$\sigma_{x_1x_3.x_2} = \sigma_{x_1x_3} - \frac{\sigma_{x_1x_2}\sigma_{x_2x_3}}{\sigma_{x_2x_2}} = 0,\ \sigma_{x_1x_4.x_2} = \sigma_{x_1x_4} - \frac{\sigma_{x_1x_2}\sigma_{x_2x_4}}{\sigma_{x_2x_2}} = 0$$

であることから，

$$\frac{\sigma_{x_1x_3}}{\sigma_{x_1x_4}} = \frac{\sigma_{x_2x_3}}{\sigma_{x_2x_4}}$$

を得ることができるので，これを (3.20) 式に代入することにより，

$$\tau_{x_5x_4} = \frac{\sigma_{x_4x_5}\sigma_{x_1x_3} - \sigma_{x_3x_5}\sigma_{x_1x_4}}{\sigma_{x_4x_4}\sigma_{x_1x_3} - \sigma_{x_3x_4}\sigma_{x_1x_4}}$$

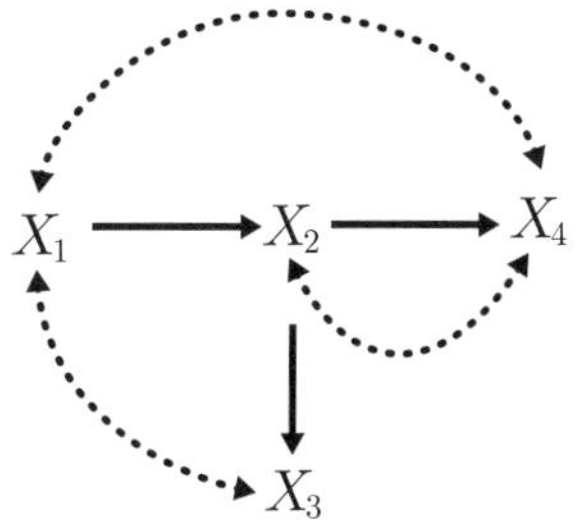

図 3.8 潜在的操作変数法

を得ることができる．

この根底にあるアイデアは，総合効果の識別可能条件の2段階適用であり，(i) 第1ステップとしてバックドア基準を用いて総合効果の形式的表現を導出し，(ii) 第2ステップとして条件付き操作変数法を用いて総合効果の形式的表現を導出し，(iii) それらを総合効果について解くことで総合効果の統一的な定式化を試みる，というものである．また一般に，未観測共変量の個数がわからない場合には，このような連立方程式をうまく構築することができない．そのため，上記の導出方法では，潜在変数モデルの識別可能性問題にヒントを得て，未観測共変量の個数を既知（1つ）とし，かつ3つの観測変数に代替的な役割を担わせている．なお，上述の考察は Kuroki and Pearl [26] によって拡張されているので，興味ある読者は参照されたい．

3.6.4 潜在的操作変数法

次に，第3.6.1項で与えた識別可能条件が成り立たないもう1つの例として，図3.8の因果ダイアグラムにおいて X_2 から X_4 への総合効果を推定する問題を考えよう．ここに，$\{X_1, X_2, X_3, X_4\}$ は観測変数集合であり，破線で表された双方向矢線は，その両側にある変数に影響を与える未観測共変量が存在することを示している．

図3.8の因果ダイアグラムでは，X_2 と X_4 の間に双方向矢線が存在するため，バックドア基準を満たす変数集合を用いて X_2 から X_4 への総合効果を推定することはできない．また，X_2 と X_4 の間には中間変数が存在しないため，フロントドア基準を満たす変数集合も存在しない．さらに，X_3 は X_2 の子であり，X_1 と X_4 の間には双方向矢線が存在しているため，条件付き操作

変数法を適用して $\alpha_{x_4x_2}$ を推定することもできない．もちろん，双方向矢線上にある未観測変数の数もわかっていないのだから，潜在変数モデルの識別可能条件を利用して総合効果を推定することもできない．それにもかかわらず，X_2 から X_4 への総合効果は識別可能である．このことを以下に示そう．

まず，図3.8の因果ダイアグラムにおいては，(X_1, X_2) に対しては空集合が，(X_2, X_3) に対しては X_1 がバックドア基準を満たす．このことから $\alpha_{x_2x_1}$ と $\alpha_{x_3x_2}$ は識別可能であり，

$$\alpha_{x_2x_1} = \beta_{x_2x_1}, \quad \alpha_{x_3x_2} = \beta_{x_3x_2\cdot x_1}$$

が得られることがわかる．また，第3.5節で議論した相関の分解を行うことにより，X_3 と X_4 の共分散は

$$\sigma_{x_3x_4} = \sigma_{x_2x_4}\alpha_{x_3x_2} + (\sigma_{x_1x_3} - \alpha_{x_3x_2}\alpha_{x_2x_1}\sigma_{x_1x_1})\alpha_{x_4x_2}\alpha_{x_2x_1}$$

と書き換えることができることから，

$$\alpha_{x_4x_2} = \frac{\sigma_{x_3x_4} - \sigma_{x_2x_4}\beta_{x_3x_2\cdot x_1}}{(\sigma_{x_1x_3} - \beta_{x_3x_2\cdot x_1}\sigma_{x_1x_2})\beta_{x_2x_1}} = \frac{\sigma_{x_3x_4} - \sigma_{x_2x_4}\beta_{x_3x_2\cdot x_1}}{\sigma_{x_2x_3} - \beta_{x_3x_2\cdot x_1}\sigma_{x_2x_2}} \qquad (3.21)$$

を得ることができる．このことから，$\alpha_{x_4x_2}$ が識別可能であることがわかる．

この根底にあるアイデアは，X_3 に関する観測情報を用いて，(i) X_1 と X_3 の両側矢線上に存在する非観測変数を顕在化させ，(ii) その非観測変数を操作変数として用いる，というものである．もちろん，X_3 に関する観測情報を用いても「見えないものは見えない」わけであるから，その代わりとして X_3 を代替的な操作変数とみなす．本章では，この X_3 を潜在的操作変数と呼ぶことにする．実際，分子は，X_3 と X_4 の間にある合流点のない道によって生じる相関 $(\sigma_{x_3x_4})$ から，X_2 から X_3 への矢線を経由して生じる相関 $(\sigma_{x_2x_4}\beta_{x_3x_2\cdot x_1})$ を除いたものであり，それは $\alpha_{x_4x_2}\alpha_{x_2x_1}\gamma_{x_1x_3}$ と表現することができる．ここに，$\gamma_{x_1x_3}$ は X_1 と X_3 の間の疑似相関である．一方，分母は X_2 と X_3 の間にある合流点のない道によって生じる相関 $(\sigma_{x_2x_3})$ から，X_2 から X_3 への矢線によって生じる相関 $(\beta_{x_3x_2\cdot x_1}\sigma_{x_2x_2})$ を除いたものであり，それは $\alpha_{x_2x_1}\gamma_{x_1x_3}$ と表現することができる．$\alpha_{x_4x_2}$ が $\alpha_{x_4x_2}\alpha_{x_2x_1}\gamma_{x_1x_3}$ を $\alpha_{x_2x_1}\gamma_{x_1x_3}$ で除すことによって $\alpha_{x_4x_2}$ を得ることができるが，このことを示したのが (3.21) 式であるといえ

る．また，この手続きは操作変数法のそれと類似していることから，X_3 が操作変数の代替的な役割を果たしていることが考察できる．

なお，上述の考察は Chan and Kuroki [9, 10] を簡略化したものである．詳細な議論も行われているので，興味ある読者は参照されたい．

3.7 おわりに

本章では，因果ダイアグラムの理論に基づいて開発された因果的効果の識別可能条件のうち，基本的なものを紹介するとともに，それらを満たすときの因果的効果の明示表現を導出する過程を例を用いて説明した．ノンパラメトリック構造方程式モデルに基づく因果的効果のグラフィカル識別可能問題は，Galles and Pearl [12], Tian and Pearl [38], Pearl [28], Kuroki and Miyakawa [24], 宮川 [43] 等の多くの研究者によって議論されてきたが，Shpitser and Pearl [32, 33] と Huang and Valtorta [16] によって基本的なフレームワークは完成されたといってよいであろう．それに対して，分類誤差・測定誤差や選択バイアスを含んだデータを利用した因果的効果の定量的評価問題や線形構造方程式モデルに基づく因果的効果の識別可能性問題は，代数統計学の発展にともなって，近年になってようやく本格的な研究が始まったばかりの“古くて新しい問題”である [1, 6, 13, 19, 26, 36]．今後は代数統計学に立脚したグラフィカルモデルの理論が整備されていくものと思われるが，それにあわせて因果的効果の識別可能性問題や推定効率の問題がどういった形で整備されていくのかを楽しみにしているところである．

参考文献

[1] E.S. Allman, J.A. Rhodes, E. Stanghellini and M. Valtorta, Parameter identifiability of discrete Bayesian networks with hidden variables, *Journal of Causal Inference*, In Press, 2015.

[2] A. Balke and J. Pearl, Bounds on treatment effects from studies with imperfect compliance, *Journal of the American Statistical Association*, Vol. 92, pp. 1171–1176, 1997.

[3] K.A. Bollen, *"Structural Equations with Latent Variables"*, John Wiley & Sons, 1989.

[4] R.J. Bowden and D.A. Turkington, *"Instrumental Variables"*, Cambridge University Press, 1984.

[5] C. Brito and J. Pearl, Generalized instrumental variables, *Uncertainty in Artificial Intelligence*, Vol. 18, pp. 85–93, 2002.

[6] Z. Cai and M. Kuroki, On identifying total effects in the presence of latent variables and selection bias, *Uncertainty in Artificial Intelligence*, Vol. 24, pp. 62–69, 2008.

[7] Z. Cai, M. Kuroki, J. Pearl, and J. Tian, Bounds on direct effects in the presence of confounded intermediate variables, *Biometrics*, Vol. 64, pp. 695–701, 2008.

[8] Z. Cai, M. Kuroki, and T. Sato, Nonparametric bounds on treatment effects with noncompliance by covariate adjustment, *Statistics in Medicine*, Vol. 26, pp. 3188–3204, 2007.

[9] H. Chan and M. Kuroki, Using descendants as instrumental variables for the identification of direct causal effects in linear SEMs, *Artificial Intelligence and Statistics*, Vol. 13, pp. 73–80, 2010.

[10] H. Chan and M. Kuroki, Identification of causal effects in linear SEMs using the instrumental variable function, *Proceedings of the 12th International Symposium on Artificial Intelligence and Mathematics*, `http://www.cs.uic.edu/bin/view/`

`Isaim2012/WebHome`, 2012.

[11] D. Cox, Regression analysis when there is prior information about supplementary variables, *Journal of the Royal Statistical Society, Series B*, Vol. 22, pp. 172–176, 1960.

[12] D. Galles and J. Pearl, Testing identifiability of causal effects, *Uncertainty in Artificial Intelligence*, Vol. 11, pp. 185–195, 1995.

[13] L.D. Garcia-puente, S. Spielvogel, and S. Sullivant, Identifying causal effects with computer algebra, *Uncertainty in Artificial Intelligence*, Vol. 26, AUAI Press, 2010.

[14] D. Geiger, T. Verma, and J. Pearl, Identifying independence in Bayesian networks, *Networks*, Vol. 20, pp. 507–534, 1990.

[15] Z. Geng and G. Li, Conditions for non-confounding and collapsibility without knowledge of completely constructed causal diagram, *Scandinavian Journal of Statistics*, Vol. 29, pp. 169–182, 2002.

[16] Y. Huang and M. Valtorta, Pearl's calculus of intervention is complete, *Uncertainty in Artificial Intelligence*, Vol. 22, pp. 437–444, 2006.

[17] Z. Hui and Z. Zhongguo, Comparing identifiability criteria for causal effects in gaussian causal models, *Acta Mathematica Scientia*, Vol. 28, pp. 808–817, 2008.

[18] G.W. Imbens and D.B. Rubin, *"Causal inference in statistics, and in the social and biomedical sciences"*, Cambridge University Press, 2015.

[19] M. Kuroki, Graphical identifiability criteria for average causal effects in studies with an unobserved treatment/response variable, *Biometrika*, Vol. 94, pp. 37–47, 2007.

[20] M. Kuroki and Z. Cai, Selection of identifiability criteria for total effects by using path diagrams, *Uncertainty in Artificial Intelligence*, Vol. 20, pp. 333–340, 2004.

[21] M. Kuroki and Z. Cai, Formulating tightest bounds on causal effects in studies with unmeasured confounders, *Statistics in Medicine*, Vol. 27, pp. 6597–6611, 2008.

[22] M. Kuroki, Z. Cai, and Z. Geng, Sharp bounds on causal effects in case-control/cohort studies, *Biometrika*, Vol. 97, pp. 123–132, 2010.

[23] M. Kuroki and T. Hayashi, Estimation accuracies of causal effets using supplementary variables, *Scandinavian Journal of Statistics*, Accepted, 2015.

[24] M. Kuroki and M. Miyakawa, Identifiability criteria for causal effects of joint interventions, *Journal of the Japanese Statistical Society*, Vol. 29, pp. 105–117, 1999.

[25] M. Kuroki and M. Miyakawa, Covariate selection for estimating the causal effect of control plans using causal diagrams, *Journal of the Royal Statistical Society*, Series B, Vol. 66, pp. 209–222, 2003.

[26] M. Kuroki and J. Pearl, Measurement bias and effect restoration in causal in-

ference, *Biometrika*, Vol. 101, pp. 423–437, 2014.

[27] J. Pearl, *"Probabilistic reasoning in intelligence systems"*, Morgan Kaufmann, 1988.

[28] J. Pearl, *"Causality: Models, reasoning, and inference, 2nd Edition"*, Cambridge University Press, 2009.（黒木学訳,『統計的因果推論—モデル・推論・推測—』, 共立出版, 2009.）

[29] J. Pearl, Some thoughts concerning transfer learning, with applications to meta-analysis and data-sharing estimation, UCLA Cognitive Systems Laboratory, Technical Report (R-387), 2012.

[30] J. Pearl and A. Paz, Confounding equivalence in causal inference, *Journal of Causal Inference*, Vol. 2, pp. 75–93, 2014.

[31] R.R.Ramsahai, Supplementary variables for causal estimation, *"Causality: Statistical Perspectives and Applications"*, C. Berzuini, P. Dawid and L. Bernardinelli eds), Chapter 16, John Wiley & Sons, 2012.

[32] I. Shpitser and J. Pearl, Identification of conditional interventional distributions, *Uncertainty in Artificial Intelligence*, Vol. 22, pp. 437–444, 2006.

[33] I. Shpitser and J. Pearl, Identification of joint interventional distributions in recursive semi-Markovian causal models, *National Conference on Artificial Intelligence*, Vol. 21, pp. 1219–1226, 2006.

[34] P. Spirtes, C.N. Glymour, and R. Scheines, *"Causation, prediction, and search, the 2nd Edition"*, MIT press, 2000.

[35] E. Stanghellini, Instrumental variables in Gaussian directed acyclic graph models with an unobserved confounder, *Environmetrics*, Vol. 15, pp. 463–469, 2004.

[36] E. Stanghellini and E. Pakpahan, Identification of causal effects in linear models: beyond instrumental variables, *TEST*, In press, 2015.

[37] J. Tian and J. Pearl: Probabilities of causation: Bounds and identification, *Annals of Mathematics and Artificial Intelligence*, Vol. 28, pp. 287–313, 2000.

[38] J. Tian and J. Pearl, A general identification condition for causal effects, *National Conference on Artificial Intelligence*, Vol. 18, pp. 567–573, 2002.

[39] H.O. Wold, Causality and econometrics, *Econometrica*, Vol. 22, pp. 162–177,1954.

[40] S. Wright, The theory of path coefficients:a Reply to Niles' criticism, *Genetics*, Vol. 8, pp. 239–255, 1923.

[41] S. Wright, The method of path coefficients, *Annals of Mathematical Statististics*, Vol. 5, pp. 161–215, 1934.

[42] 黒木学・林崇弘, 中間特性を用いた場合の総合効果の推定精度について, 品質, Vol. 44, pp. 429–440, 2014.

[43] 宮川雅巳,『統計的因果推論—回帰分析の新しい枠組み—』, 朝倉書店, 2004.

第4章
構造方程式モデルによる因果探索と非ガウス性

4.1 はじめに

この章では，統計的因果探索について議論する．特に，データの非ガウス性を利用する方法を紹介する．大まかに言えば，因果探索とは，介入のないデータから因果グラフを推定することである．因果グラフとは，図4.1のような因果関係のグラフィカルな表現を指す．矢印の元が原因の変数で，矢印の先が結果の変数である．

大きな技術的課題は2つある．1つは，時間情報がないときに，いかに因果方向を推定するかである．もう1つは，潜在共通原因による疑似相関をいかに見抜くかである．これら2つの課題を一般に解くことは非常に難しいことが知られている．しかし，これらの課題を解くことができる場合があることがわかってきた．それは，因果関係を表す関数形には仮定をおく一方，分布にはガウス分布ではないということ以外は仮定をおかないセミパラメトリックアプローチである．このアプローチの特徴は，関数形に関する「適度な」仮定の下，データ分布の情報をすべて利用する点にある．

想定される用途としてはまず，因果方向に関する仮説の比較である．たとえば，抑うつ気分と睡眠障害の間の因果方向の比較がある [16]. 抑うつ気分が原因で睡眠障害が結果なのか，あるいは，睡眠障害が原因で抑うつ気分が結果なのか，はたまた，抑うつ気分と睡眠障害は因果関係にないのかとい

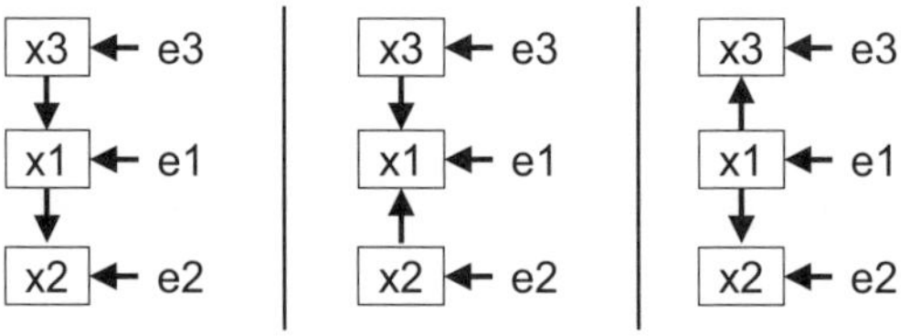

図 4.1　因果グラフの例．四角形で囲まれた変数は観測変数

う3つの仮説を，同時点で測定したデータを用いて比較したい（図4.2）．実際に介入することが難しい場合に，もしも介入したらどうなるかを予測したい．

この使い方の場合，どの2変数を取り上げるべきかが背景知識からある程度決まっている必要がある．より探索的な使い方としては，3変数以上の多変数の因果関係を推定することが考えられる．ただし，背景知識が十分にない場合が多いため，複数の実験条件や複数の集団の間で因果グラフを比較して，結果の解釈の助けとすることがよく行われている．たとえば，fMRIによる脳活動計測データを用いて，複数の実験条件における脳領域間の因果関係を推定し，どの脳領域に関する因果関係が異なるか（図4.3）を調べることが行われている [13]．ここでは，因果関係は，脳内の情報処理の流れとして解釈される．

もう1つ別の使い方は，原因変数の探索である．あるターゲット変数の原因となる変数群を探したいとしよう．ターゲット変数と原因変数候補の変数群をまとめて，因果探索をする．そして，原因候補の変数群を，ターゲット

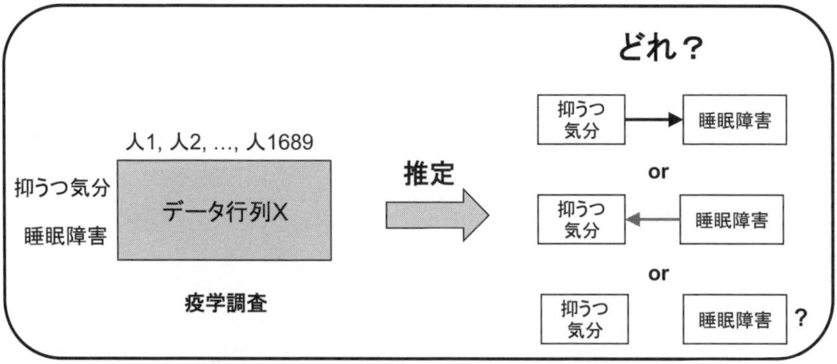

図 4.2　因果方向に関する仮説を比較．誤差変数は省略している

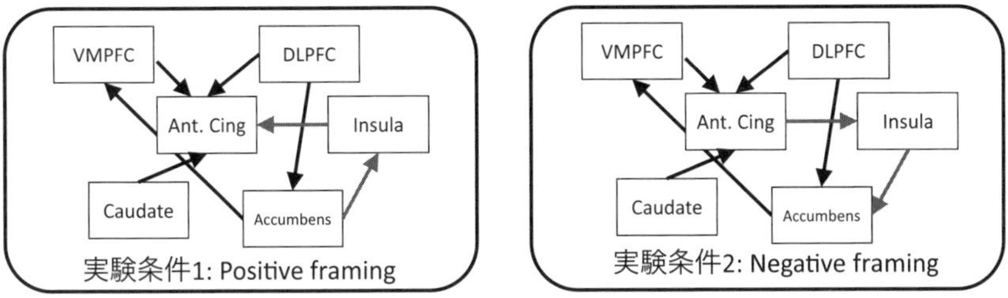

図 4.3 異なる条件で，因果構造は異なるか? どこが異なるか? [13]. 誤差変数は省略している

変数に対する原因系の変数群と，結果系の変数群と，因果関係にない変数群の3つに分ける．回帰分析は，このような分類を行うことはできない．たとえば，ターゲット変数を目的変数にし，原因変数候補群を説明変数にしたとしよう．回帰分析は原因と結果を区別しないので，説明変数に結果系の変数が紛れていてもそれに気づくことはできない．また，分析に含まれていない変数による疑似相関を区別することもできない．

4.2 因果探索では何を問題にしているか？

因果探索が何を問題にしているかを例を挙げて説明する．チョコレート消費量とノーベル賞受賞者数には正の相関があるという報告がある [12]. ノルウェーや米国，日本を含む23カ国についての調査である．1人当たりの年間チョコレート消費量と人口1000万人当たりのノーベル賞受賞者数が用いられている．相関係数は0.791であり，p 値は0.0001未満であった．チョコレートを食べる国ほどノーベル賞受賞者が多く，ノーベル賞受賞者が多い国ほどチョコレートを多く食べている傾向があったという．

この結果だけから，チョコレートをより多く食べさせればノーベル賞受賞者が増えると予測するのは無理がある．このような相関関係を与えるような因果関係は複数あるからだ．たとえば，図4.4のような3つのまったく異なる因果関係が成り立っていたとしても，チョコレート消費量とノーベル賞受賞者数に同じ相関関係が成り立ちうる [11]. 図4.4の最も左の因果グラフのよ

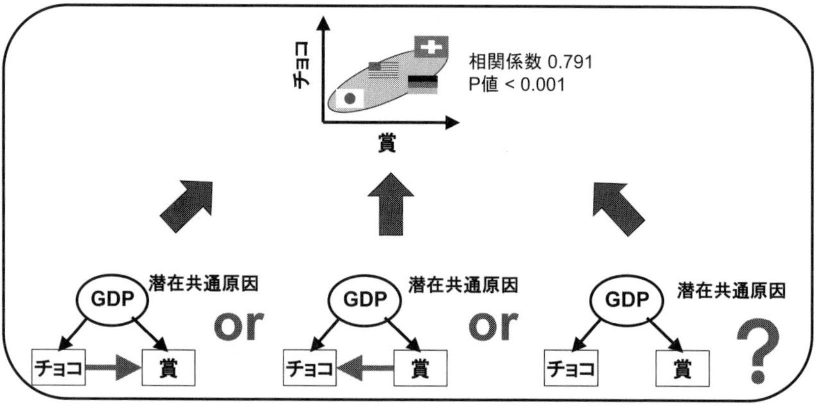

図 4.4　複数の因果関係が同じ相関関係を与えうる

うに，チョコレート消費量が原因でノーベル賞受賞者数が結果の場合もあるだろう．しかし中央の因果グラフのように，逆にノーベル賞受賞者数が原因でチョコレート消費量が結果であったとしても，同じ相関係数を与えうる．また，右の因果グラフのように，ノーベル賞受賞者数とチョコレート消費量は因果関係にない場合でも，第三の変数として，たとえば国民総生産 (GDP) が潜在共通原因となり，ノーベル賞受賞者数とチョコレート消費量に同じ相関係数を与えうる．このように，データが示している相関関係と，調べたい因果関係の間には大きなギャップがある．

では，このギャップが埋まる場合はあるだろうか．言い換えれば，上述の 3 つの因果関係のうちどれが最もよいかをデータから言えることはあるのだろうか．もし言えるとすれば，どんな仮定が必要か．このような疑問に答えようと取り組まれてきたのが統計的因果探索の理論である．現状，これらの疑問に完全に答えられるほどには研究は進んでいない．しかし，少しずつ糸口が見つかりつつある．たとえば，上述の 3 つの因果関係が与える相関係数の値は同じかもしれないが，それ以外の違いがデータ分布に現われる場合があることがわかってきた．以下では，それらの研究を紹介する．

4.3 因果探索のフレームワーク

前述のギャップが埋まるのはどのような仮定が成り立つ場合かを考えるためのフレームワークとして，構造方程式モデルに基づくフレームワークがある [1,14]. 構造方程式モデルにはさまざまな使い方があるが，ここでは，構造方程式モデルをデータ生成過程を記述する道具として用いる．図 4.5 の左の因果グラフを考えよう．この因果グラフは次のようなデータ生成過程を表してもいる．観測変数 x の値は，潜在変数 f の値と誤差変数 e_x の値から決まり，観測変数 y の値は，潜在変数 f の値，誤差変数 e_y の値，そして観測変数 x の値から決まる，というデータ生成過程である．これを数式で表したのが，次の構造方程式モデルである．

$$x = g_x(f, e_x) \tag{4.1}$$

$$y = g_y(x, f, e_x) \tag{4.2}$$

ここで，モデル内で定義されない f, e_x, e_y を外生変数と呼ぶ．そして，外生変数の確率分布を $p(f, e_x, e_y)$ と表そう．すると，この構造方程式モデルは，まず外生変数 f, e_x, e_y が確率分布 $p(f, e_x, e_y)$ から生成され，関数 g_x, g_y を通

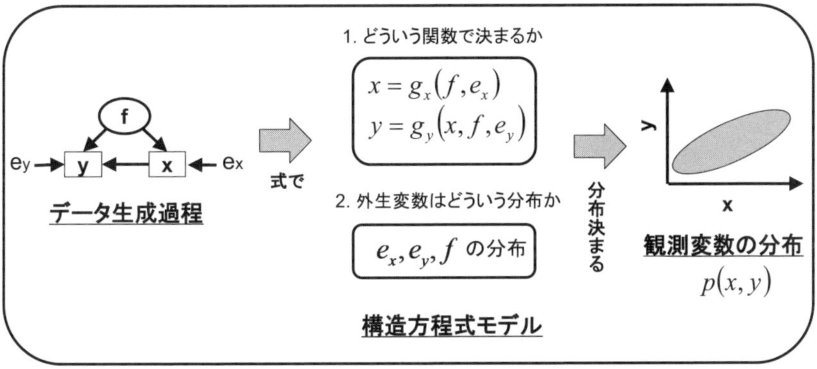

図 4.5 構造方程式モデルでデータ生成過程を記述

じて変数 x, y が生成され観測されるというデータ生成過程を表している．この因果グラフでは，f, e_x, e_y は独立なので，$p(f, e_x, e_y) = p(f)p(e_x)p(e_y)$ が成り立つ．

構造方程式モデルには2つの重要な要素があることが見てとれるだろう．1) どういう関数で値が決まるかと，2) 外生変数はどういう分布に従っているかの2つである．この2つが決まると，観測変数 x, y がどういう分布に従うかが決まる．そして，この観測変数の確率分布 $p(x, y)$ から，元のデータ生成過程がどのようなものであったかを推論する．因果探索ではたとえば，関数形と分布にどのような仮定が成り立てば，観測変数の分布から元のデータ生成過程をどの程度復元できるのかを明らかにすることが主要な研究トピックになっている．

この構造方程式モデルを用いて，平均因果効果 [14,17] と呼ばれる量を表現しよう．変数 x から変数 y への平均因果効果とは，x の値を c から d に（外的に）変化させたときに y の値が平均的にどのくらい変化するかを表している．数学的には次のように定義される

$$x\text{ から }y\text{ への平均因果効果} = E(y|\mathrm{do}(x=d)) - E(y|\mathrm{do}(x=c)) \tag{4.3}$$

ここで $\mathrm{do}(x=c)$ は，x の値を強制的に c にする，という介入を表す数学記号である．$\mathrm{do}(x=c)$ という介入は，構造方程式モデルにおいては x に関する構造方程式を $x = c$ に取り換えることに相当する．そして，x に関する構造方程式を $x = c$ に取り換えた構造方程式モデルにおける y の期待値を $E(y|\mathrm{do}(x=c))$ と定義する．たとえば，式 (4.1), (4.2) において関数形が線形の場合は，次の構造方程式モデル

$$x = \lambda_x f + e_x \tag{4.4}$$

$$y = bx + \lambda_y f + e_y \tag{4.5}$$

の x に関する構造方程式を $x = c$ に取り換えて新しくつくった構造方程式モデル

$$x = c \tag{4.6}$$

$$y = bx + \lambda_y f + e_y \tag{4.7}$$

における y の期待値を計算する．すると，

$$
\begin{aligned}
x\text{から}y\text{への平均因果効果} &= E(y|\mathrm{do}(x=d)) - E(y|\mathrm{do}(x=c)) \quad (4.8)\\
&= b(d-c) \quad (4.9)
\end{aligned}
$$

となり，x の変化 $d-c$ に，x の係数 b を掛けたものになる．ここで注意すべきは，潜在共通原因 f を無視して，y を x に単回帰しても，回帰係数は一般に，b と等しくはならないことである．

4.4　因果探索の基本問題

さて，ここで因果探索の基本問題を述べよう．まず次の3つのモデルを考える．

$$
\text{モデル}\ A: \begin{cases} x = g_x(y, f, e_x) \\ y = g_y(f, e_y) \\ p(f, e_x, e_y) = p(f)p(e_x)p(e_y) \end{cases} \quad (4.10)
$$

$$
\text{モデル}\ B: \begin{cases} x = g_x(f, e_x) \\ y = g_y(x, f, e_y) \\ p(f, e_x, e_y) = p(f)p(e_x)p(e_y) \end{cases} \quad (4.11)
$$

$$
\text{モデル}\ C: \begin{cases} x = g_x(f, e_x) \\ y = g_y(f, e_y) \\ p(f, e_x, e_y) = p(f)p(e_x)p(e_y) \end{cases} \quad (4.12)
$$

ここで，e_x, e_y は誤差変数，f は潜在共通原因であり，すべて未観測の外生変数である．この3つのモデルのどれかからデータ行列 $\mathbf{X}$ が生成されたと仮定する．データ行列 $\mathbf{X}$ のサイズは，$2 \times n$ で，n はサンプルサイズとする．もちろん，3つのうち，どのモデルからデータが生成されたかは知らない．このとき，データ行列 $\mathbf{X}$ から，このデータ行列 $\mathbf{X}$ を生成したのが3つのモデルのうちどれかを推定したい．これが，因果探索の基本問題である．図にまとめ

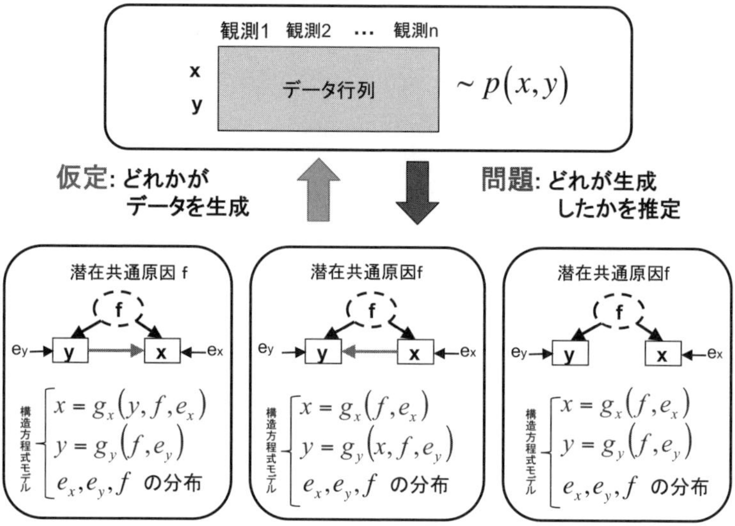

図 **4.6**　因果探索の基本問題

ると，図4.6のようになる．

この問題へのアプローチは，大きく分けて3つある．1つは，関数形にも外生変数の分布にも仮定をおかないノンパラメトリックなアプローチ [14,20] である．このアプローチは仮定はゆるいが，その代わり3つのうち，どのモデルがデータ行列 **X** を生成したかは推定できない．では，関数形や外生変数の分布に仮定をおいたらどうなるだろうか．つまり，パラメトリックなアプローチである．たとえば，連続変数の場合の線形性とガウス分布の仮定が典型的である．かなり強い仮定をおいたため，この設定なら3つのうちどれか推定できそうにも思えるが，実はこれらの仮定をおいてもやはりどれかは推定できない．興味深いことに，このガウス性の仮定の代わりに，外生変数の非ガウス性を仮定すると，データ行列が3つのうちどれから生成されたかが推定できることが明らかになってきた [6,18]. 非ガウス分布を仮定するといっても，ガウス分布ではないと仮定するだけでよいので，これをセミパラメトリックなアプローチと呼ぶことにする．

4.5　因果方向推定の基本アイデア

因果方向推定の基本的なアイデアを説明する．問題を単純化するために，まず潜在共通原因「なし」の場合を例にする．図 4.7 は，2 つの観測変数 x_1 と x_2 の間の因果方向が反対のモデルである．図 4.7 左のモデル 1 では，x_1 が原因であり，x_2 が結果である．誤差変数 e_1 と e_2 は，連続変数である．このモデルの表すデータ生成過程において，まず e_1 が生成され，それがそのまま x_1 として観測される．そして，e_2 が生成され，x_2 が x_1 と e_2 の線形結合として観測される．一方，モデル 2 では，x_2 が原因であり，x_1 が結果となる．

さて，われわれは，データ行列 $\mathbf{X}$ がどちらのモデルから生成されたのかは知らないとしよう．つまり，x_1 と x_2 のどちらかが先に生成されたか知らないし，係数 b_{21} あるいは b_{12} の値も知らない．このとき，データ行列 $\mathbf{X}$ の情報のみを用いて，この $\mathbf{X}$ がモデル 1 とモデル 2 のどちらから生成されたかを推定したい．どういう条件が成り立てば，推定可能なのだろうか．十分条件として，次の条件が知られている [2,19]：

1. e_1 あるいは e_2 が非ガウス分布に従う．
2. e_1 と e_2 が独立である．

2 つめの条件は，x_1 と x_2 の間に潜在共通原因がないことを意味している．

このように，データから元のモデルを推定可能なとき，モデルが識別可能という．言い換えると，識別可能とはモデルが異なればデータ分布が異なる

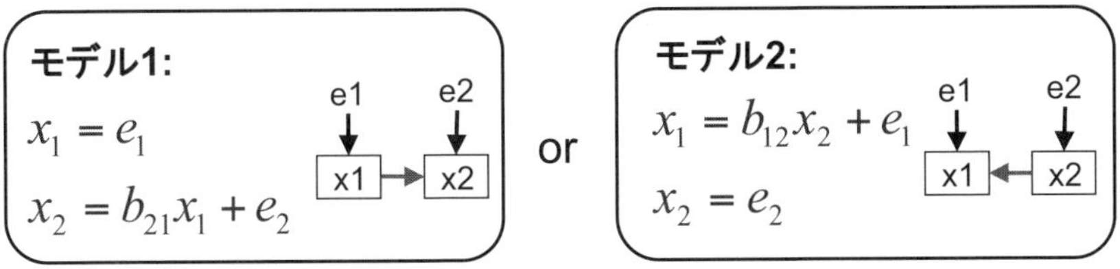

図 4.7　因果方向が反対の構造方程式モデルを比較

ことを意味する．例を挙げよう．図 4.7 のモデル 1 と 2 の例として次の 2 つのモデル 1′ と 2′ を考える．

$$
\text{モデル } 1' : \begin{cases} x_1 = e_1 \\ x_2 = 0.8x_1 + e_2 \end{cases} \tag{4.13}
$$

$$
\text{モデル } 2' : \begin{cases} x_1 = 0.8x_2 + e_1 \\ x_2 = e_2 \end{cases} \tag{4.14}
$$

ここで説明を簡単にするために，x_1 と x_2 の平均がどちらもゼロに，分散がどちらも 1 になるようにそれぞれのモデルの誤差変数 e_1 と e_2 の平均と分散を決めておく．すると，モデル 1′ とモデル 2′ のどちらでも，x_1 と x_2 の相関係数は 0.8 となる．しかし，e_1 と e_2 の分布によっては，x_1 と x_2 の分布が異なってくる．

図 4.8 の 4 つの散布図を見てほしい．左の列の 2 つは，e_1 と e_2 の分布がガウス分布の場合であり，右の列の 2 つは，e_1 と e_2 の分布が一様分布の場合である．左の列の 2 つの散布図から，e_1 と e_2 の分布がガウス分布の場合は，モ

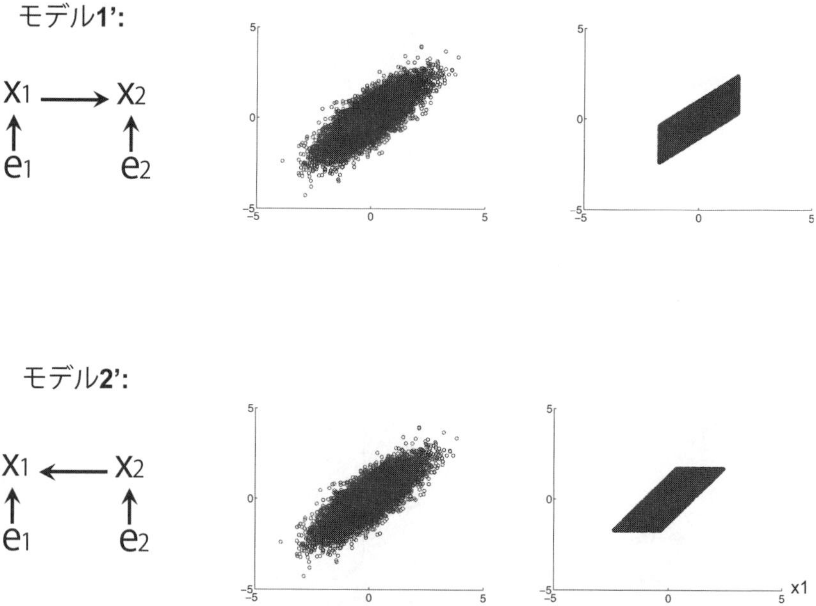

図 4.8　識別可能：因果方向が異なれば，データ分布が異なる

デル 1′ のように x_1 が原因で x_2 が結果の場合も，モデル 2′ のように x_2 が原因で x_1 が結果の場合でも，x_1 と x_2 の分布が同じになってしまうことが見てとれるだろう．これはなぜかというと，ガウス分布の場合は平均と分散共分散が決まると分布が決まってしまうためである．一方，右の列の 2 つの散布図から，e_1 と e_2 の分布が一様分布の場合は，モデル 1′ のように x_1 が原因で x_2 が結果の場合と，モデル 2′ のように x_2 が原因で x_1 が結果の場合とでは，x_1 と x_2 の分布が異なることが見てとれるだろう．この性質は，一様分布以外の非ガウス連続分布においても成り立つことが知られている [19].

4.6 LiNGAM モデル

前節では 2 変数の場合を考えていたが，3 変数以上の場合でも同様のことが成り立つ [19]. 観測変数 $x_1, x_2, \cdots, x_p$ $(p \geq 2)$ について，次の構造方程式モデルを考えよう．

$$x_i = \mu_i + \sum_{j \neq i} b_{ij} x_j + e_i \tag{4.15}$$

ここで μ_i は切片である．各変数 x_i は，それ以外の変数 x_j $(j \neq i)$ と誤差変数 e_i の線形結合で定義されている．

このモデルがデータ行列 $\mathbf{X}$ から識別可能になるための十分条件として，

1. モデルが非巡回である
2. 誤差変数 e_i $(i = 1, \cdots, p)$ は高々 1 つを除いて，非ガウス連続分布に従う
3. 誤差変数 e_i $(i = 1, \cdots, p)$ が，互いに独立

という条件が知られている [19]. 最後の独立性の条件は，どの観測変数の間にも潜在共通原因がないことを仮定している．この 3 つの条件を満たす構造方程式モデルは，LiNGAM モデル (Linear Non-Gaussian Acyclic Model) と呼ばれる．LiNGAM モデルでは，因果方向，係数，切片がデータ行列 $\mathbf{X}$ から識別可能，つまり一意に推定可能である．

4.6.1　推定

LiNGAMモデルを推定するときは，誤差変数 e_i $(i = 1, \cdots, p)$ の非ガウス性と独立性を利用する．たとえば，次のモデルが真だとしよう．

$$\text{モデル } 1'' : \begin{cases} x_1 = e_1 \\ x_2 = b_{21}x_1 + e_2 \quad (b_{21} \neq 0) \end{cases} \tag{4.16}$$

このモデル1″では，x_1 が原因で x_2 が結果である．

いま，結果 x_2 を原因 x_1 に回帰したとしよう．すると，残差 $r_2^{(1)}$ は，

$$r_2^{(1)} = x_2 - \frac{\mathrm{cov}(x_2, x_1)}{\mathrm{var}(x_1)} x_1 \tag{4.17}$$

$$= x_2 - b_{21}x_1 \tag{4.18}$$

$$= e_2 \tag{4.19}$$

となり，x_2 から $x_1 = e_1$ の影響を取り除くことができる．仮定より $x_1 = e_1$ と e_2 は独立であるから，説明変数 x_1 と残差 $r_2^{(1)}$ は独立になる．

一方，原因 x_1 を結果 x_2 に回帰したとしよう．すると，残差 $r_1^{(2)}$ は次のようになる．

$$r_1^{(2)} = x_1 - \frac{\mathrm{cov}(x_1, x_2)}{\mathrm{var}(x_2)} x_2 \tag{4.20}$$

$$= \left\{1 - \frac{b_{21}\mathrm{cov}(x_1, x_2)}{\mathrm{var}(x_2)}\right\} e_1 - \frac{b_{21}\mathrm{var}(x_1)}{\mathrm{var}(x_2)} e_2 \tag{4.21}$$

モデル1″の定義より，係数 b_{21} はゼロでないから e_2 の項が残差 $r_2^{(1)}$ に残る．一方，説明変数 x_2 は $x_2 = b_{21}x_1 + e_2 = b_{21}e_1 + e_2$ であるから，e_2 をやはり含んでいる．そのため，説明変数 x_2 と残差 $r_1^{(2)}$ は共に e_2 を含み従属である．

まとめると，正しい因果方向で回帰を行うと，つまり結果変数を原因変数に回帰すると，説明変数と残差は独立になる．一方，正しくない因果方向で回帰を行うと，つまり原因変数を結果変数に回帰すると，説明変数と残差は従属になる．この性質を利用して正しい因果方向を推定することができる．

ここに非ガウス性が必要な理由がある．回帰分析では，説明変数と残差は必ず無相関になる．ガウス分布では，無相関と独立が同値であるため，説明変数と残差が独立かどうかを基準にして推定を行うことはできない．因果方

向が正しくても間違っていても，ガウス分布の場合は説明変数と残差が無相関つまり独立になるからである．

4.6.2 拡張

LiNGAM モデルの基礎仮定は，線形性，非巡回性，非ガウス性である．これらの仮定が成り立てば，因果方向が識別可能であることが示せる．しかしながら，これらの仮定が成り立つ場合だけ識別可能なわけではない．いくつか例を挙げよう．まず，線形性の仮定を緩める試みが盛んに行われている [5,15,21]. 現状，線形性の仮定は次のようなポスト非線形因果モデル [21] と呼ばれるモデルまで緩められている [15,21]：

$$x_i = f_{i,2}^{-1}(f_{i,1}(x_i\text{の親}) + e_i) \tag{4.22}$$

誤差変数 e_i が和で入っていることがポイントで，$f_{i,1}(x_i\text{の親})$ の項と e_i が独立と仮定する．多くの場合，非線形変換を施した $f_{i,1}(x_i\text{の親})$ は非ガウス分布に従う．これら非ガウス性と独立性をモデル識別に利用する．この識別性に関する結果は，従来から知られている井元らの非線形モデル [9] にも識別性の根拠を与える．

非巡回性の仮定を緩める研究 [7,10] や時系列データを用いた因果解析へ拡張する研究 [8] も行われている．また，ガウス分布に従う変数が混在する場合の方法もある [4].

4.7 潜在共通原因「あり」の場合の因果方向推定

ここまでは潜在共通原因がないと仮定していた．ここからは，潜在共通原因がある場合を考えよう．Q 個の潜在共通原因を $f_1, \cdots, f_Q$ で表すと，潜在共通原因がある場合の LiNGAM モデルは次のように書ける [6].

$$x_i = \mu_i + \sum_{q=1}^{Q} \lambda_{iq} f_q + \sum_{j \neq i} b_{ij} x_j + e_i \tag{4.23}$$

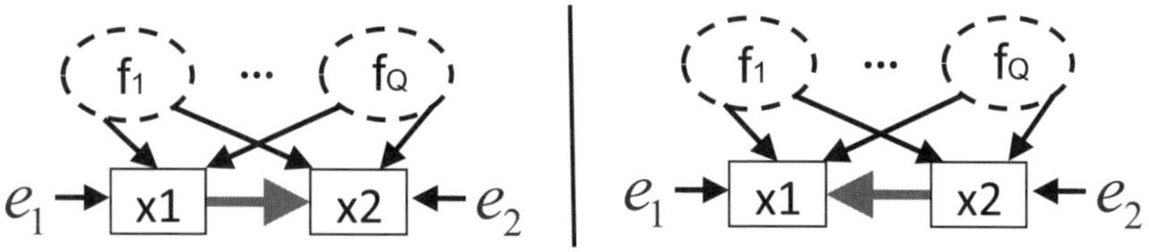

図 4.9　潜在共通原因のある LiNGAM モデルの例

ここで f_i $(i = 1, \cdots, p)$ は非ガウス分布に従い，かつ独立と仮定する．図 4.9 に，例を示す．

この独立性の仮定は強すぎると感じられるかもしれない．しかし，観測変数と潜在共通原因を合わせた変数全体が LiNGAM モデルに従っていて，その一部の変数が観測されたと考えると，潜在共通原因が独立だと仮定しても一般性を失わない [6]. たとえば，図 4.10 の左の図を見てほしい．観測変数 x_1, x_2 と潜在共通原因 $\bar{f}_1, \bar{f}_2$ が LiNGAM モデルに従っているとしよう．LiNGAM モデルの仮定においてはすべての変数が観測変数であるから，その仮定に反するが，そこは除いて，非巡回性や誤差変数の非ガウス性といった他の仮定は満たされているとしよう．このとき，図 4.10 の左の例では，潜在共通原因 $\bar{f}_1, \bar{f}_2$ は因果関係にあり従属していると考えられる．しかし，ここで $\bar{f}_1, \bar{f}_2$ ではなく，それに付随する誤差変数 $e_{\bar{f}_1}, e_{\bar{f}_2}$ を新たに潜在共通原因 $f_1 := e_{\bar{f}_1}, f_2 := e_{\bar{f}_2}$ と見立ててモデルを書き直す．LiNGAM モデルの仮定より $e_{\bar{f}_1}, e_{\bar{f}_2}$ は独立であることに注意すると，図 4.10 の右の図のように，独立な潜在共通原因のモデルに書き換えることができる．

潜在共通原因のある LiNGAM モデルの推定アプローチには 2 種類ある．

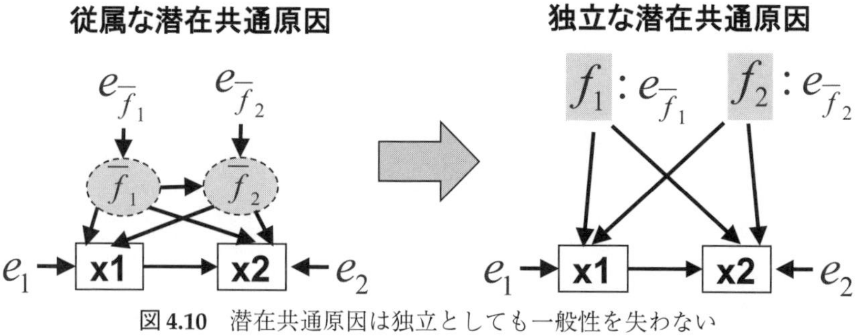

図 4.10　潜在共通原因は独立としても一般性を失わない

潜在共通原因のない場合は，誤差変数の非ガウス分布のクラスを明示的に設定する必要はなかったが，以下の推定アプローチでは何らかのクラスを設定する．

1つめは，潜在共通原因を陽にモデリングするアプローチである [3,6]. 潜在共通原因 $f_1, \cdots, f_Q$ をすべてモデルに組み込み，最尤推定やベイズ推定を行う．このアプローチの難しい点は，潜在共通原因の数を特定する必要があることである．一般に，潜在共通原因は無数にあると考えるのが自然である．そのため，多くの場合，適切な数をデータから推定するのは非常に困難だろう．

2つめは，潜在共通原因を陽にモデリングしないアプローチである [18]. 式 (4.23) の潜在共通原因のある LiNGAM モデルについて別の見方をする．簡単のため2変数の場合を考える．観測変数が2つで，x_1 が原因で x_2 が結果の場合，潜在共通原因のある LiNGAM モデルから生成される m 番目の観測の値は，次のモデルから生成される．

$$x_1^{(m)} = \mu_1 + \sum_{q=1}^{Q} \lambda_{1q} f_q^{(m)} + e_1^{(m)} \tag{4.24}$$

$$x_2^{(m)} = \mu_2 + \sum_{q=1}^{Q} \lambda_{2q} f_q^{(m)} + b_{21} x_1^{(m)} + e_2^{(m)} \tag{4.25}$$

これまでは，図 4.11 の左のように，この潜在共通原因ありの LiNGAM モデルから何度も観測が生成されるという見方をしていた．今は見方を変えて，それぞれの観測は，潜在共通原因のない LiNGAM から生成される，という見方をしよう．この場合，それぞれの観測について，係数の値はすべ

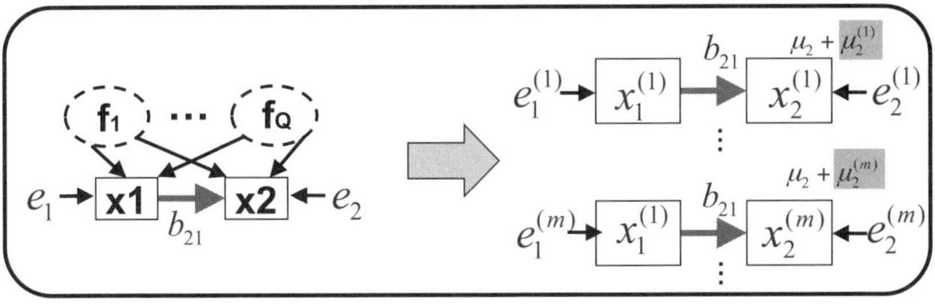

図 4.11 潜在共通原因ありの LiNGAM モデルの別の見方

て同じ b_{21} である．また，誤差変数の分布も共通である．ただし，潜在共通原因 $f_1,\cdots,f_Q$ の和を，観測固有の切片としてモデル化する．潜在共通原因 $f_1,\cdots,f_Q$ をそれぞれ個別にモデルに入れるのではなく，それらの和 $\mu_2^{(m)} := \sum_{q=1}^{Q} \lambda_{iq} f_q^{(m)}$ をモデル化する．すると，切片は，共通の切片 μ_2 に観測固有の $\mu_2^{(m)}$ を足した値になり，観測ごとに異なりうる．線形の場合は，潜在共通原因 f_q $(q=1,\cdots,Q)$ の影響が切片の違いとして現れている，と解釈できる．

潜在共通原因を和としてモデルに入れることで潜在共通原因の数 Q や潜在共通原因から観測変数への影響の大きさを表す係数 $\lambda_{1q}, \lambda_{2q}$ $(q=1,\cdots,Q)$ を推定する必要がなくなる．それら潜在共通原因の数や係数は，観測変数間の因果関係を調べる上では，直接的な興味の対象ではない．

そして，因果方向の異なる次の2つのモデルを比較する．

$$\text{モデル 3 } (x_1 \to x_2): \begin{cases} x_1^{(m)} = \mu_1 + \mu_1^{(m)} + e_1^{(m)} \\ x_2^{(m)} = \mu_2 + \mu_2^{(m)} + b_{21} x_1^{(m)} + e_2^{(m)} \end{cases} \tag{4.26}$$

$$\text{モデル 4 } (x_1 \leftarrow x_2): \begin{cases} x_1^{(m)} = \mu_1 + \mu_1^{(m)} + b_{12} x_2^{(m)} + e_1^{(m)} \\ x_2^{(m)} = \mu_2 + \mu_2^{(m)} + e_2^{(m)} \end{cases} \tag{4.27}$$

潜在共通原因の和としてモデルに入れるため，潜在共通原因の数や係数を推定する必要はないが，その代わり，観測の数の2倍の追加パラメータ $\mu_1^{(m)}, \mu_2^{(m)}$（$m=1,\cdots,n$: n はサンプルサイズ）が必要になる．そのため，混合モデルのように，観測固有の切片 $\mu_1^{(m)}, \mu_2^{(m)}$ に事前分布を設定し，ベイズの枠組みでモデル選択する．

事前分布の一例を挙げる．観測固有の切片が，多数の潜在共通原因の和であることに着目する．中心極限定理によれば，より多くの独立な変数の和は，よりガウス分布に近づく．これを動機づけとして，たとえば，t 分布やガウス分布などのベル型の分布を観測固有の切片の事前分布に使うことが提案されている [18].

参考に，米国で収集された x_1: 学歴レベルと x_2: 収入 $(n=1380)$ のデータに適用した例を示す．データの詳細は，[18] を参照のこと．[18] と同様に，観測固有の切片の事前分布は自由度6の t 分布，誤差変数の分布はラプラス分布を用いた．x_1（学歴レベル）$\to$ x_2（収入）となるモデルが選択され，そ

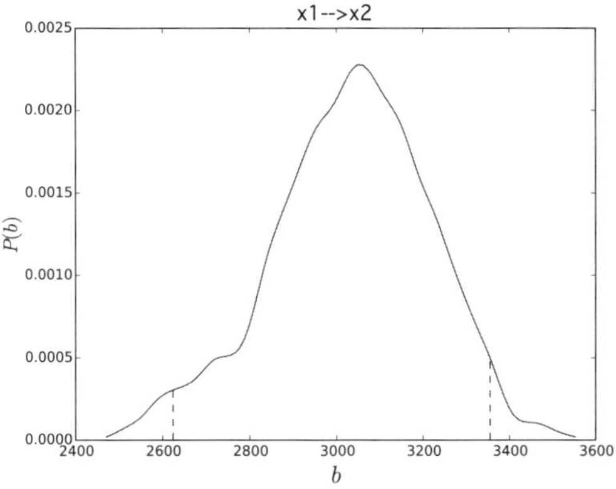

図 4.12 係数 b_{21} の事後分布

の係数の事後分布は図 4.12 である．点線で示しているのは 95% 信用区間であり，0 を含んでいないことが見てとれる．

4.8 おわりに

因果分析の最大の難しさは，潜在共通原因の存在にある．介入に基づく実験研究とそうではない観察研究の最大の違いでもある．最近，潜在共通原因があっても，因果関係が推定可能な場合があることがわかってきた．そのための条件は，たとえば 線形性，非巡回性，非ガウス性である．現状はかなり限られた条件ではあるが，潜在共通原因がない場合のような拡張は可能だろう．また，関数形の仮定をどこまで緩められるかや離散変数が混在している場合はどうなるかといったことは依然として未知である．応用例も増えつつある．方法と応用の試行錯誤のループの回転は早まってきており，今後の大きな発展が期待されている．最後に，セミパラメトリック構造方程式モデルに基づく因果探索に関する方法論と応用の論文へのリンク集をしるす：
https://sites.google.com/site/sshimizu06/home/lingampapers

参考文献

[1] K. Bollen, *Structural Equations with Latent Variables*, John Wiley & Sons, 1989.

[2] Yadolah Dodge and Valentin Rousson, Direction dependence in a regression line, *Communications in Statistics-Theory and Methods*, Vol. 29, No. 9–10, pp. 1957–1972, 2000.

[3] R. Henao and O. Winther, Sparse linear identifiable multivariate modeling, *Journal of Machine Learning Research*, Vol. 12, pp. 863–905, 2011.

[4] P. O. Hoyer, A. Hyvärinen, R. Scheines, P. Spirtes, J. Ramsey, G. Lacerda, and S. Shimizu, Causal discovery of linear acyclic models with arbitrary distributions, In *Proc. 24th Conference on Uncertainty in Artificial Intelligence (UAI2008)*, pp. 282–289, 2008.

[5] P. O. Hoyer, D. Janzing, J. Mooij, J. Peters, and B. Schölkopf, Nonlinear causal discovery with additive noise models, In *Advances in Neural Information Processing Systems 21*, pp. 689–696. 2009.

[6] P. O. Hoyer, S. Shimizu, A. Kerminen, and M. Palviainen, Estimation of causal effects using linear non-Gaussian causal models with hidden variables, *International Journal of Approximate Reasoning*, Vol. 49, No. 2, pp. 362–378, 2008.

[7] A. Hyvärinen and S. M. Smith, Pairwise likelihood ratios for estimation of non-Gaussian structural equation models, *Journal of Machine Learning Research*, Vol. 14, pp. 111–152, 2013.

[8] A. Hyvärinen, K. Zhang, S. Shimizu, and P. O. Hoyer, Estimation of a structural vector autoregressive model using non-Gaussianity, *Journal of Machine Learning Research*, Vol. 11, pp. 1709–1731, 2010.

[9] S. Imoto, S. Kim, T. Goto, S. Aburatani, K. Tashiro, S. Kuhara, and S. Miyano, Bayesian network and nonparametric heteroscedastic regression for nonlinear modeling of genetic network, In *Proc. 1st IEEE Computer Society Bioinformatics Conference*, pp. 219–227, 2002.

[10] G. Lacerda, P. Spirtes, J. Ramsey, and P. O. Hoyer, Discovering cyclic causal models by independent components analysis, In *Proc. 24th Conference on Uncertainty in Artificial Intelligence (UAI2008)*, pp. 366–374, 2008.

[11] P. Maurage, A. Heeren, and M. Pesenti, Does chocolate consumption really boost Nobel award chances? the peril of over-interpreting correlations in health studies, *Journal of Nutrition*, Vol. 143, No. 6, pp. 931–933, 2013.

[12] F. H. Messerli, Chocolate consumption, cognitive function, and Nobel laureates. *New England Journal of Medicine*, Vol. 367, pp. 1562–1564, 2012.

[13] Colleen Mills-Finnerty, Catherine Hanson, and Stephen Jose Hanson, Brain network response underlying decisions about abstract reinforcers. *NeuroImage*, Vol. 103, pp. 48–54, 2014.

[14] J. Pearl, *Causality: Models, Reasoning, and Inference*, Cambridge University Press, 2000. (2nd ed. 2009).

[15] J. Peters, J. M. Mooij, D. Janzing, and B. Schölkopf, Causal discovery with continuous additive noise models, *Journal of Machine Learning Research*, Vol. 15, pp. 2009–2053, 2014.

[16] T. Rosenström, M. Jokela, S. Puttonen, M. Hintsanen, L. Pulkki-Råback, J. S. Viikari, O. T. Raitakari, and L. Keltikangas-Järvinen, Pairwise measures of causal direction in the epidemiology of sleep problems and depression, *PloS ONE*, Vol. 7, No. 11, p. e50841, 2012.

[17] D. B. Rubin, Estimating causal effects of treatments in randomized and non-randomized studies, *Journal of Educational Psychology*, Vol. 66, pp. 688–701, 1974.

[18] S. Shimizu and K. Bollen. Bayesian estimation of causal direction in acyclic structural equation models with individual-specific confounder variables and non-Gaussian distributions, *Journal of Machine Learning Research*, Vol. 15, pp. 2629–2652, 2014.

[19] S. Shimizu, P. O. Hoyer, A. Hyvärinen, and A. Kerminen, A linear non-Gaussian acyclic model for causal discovery, *Journal of Machine Learning Research*, Vol. 7, pp. 2003–2030, 2006.

[20] P. Spirtes, C. Glymour, and R. Scheines, *Causation, Prediction, and Search*, Springer Verlag, 1993. (2nd ed. MIT Press 2000).

[21] K. Zhang and A. Hyvärinen, On the identifiability of the post-nonlinear causal model, In *Proc. 25th Conference on Uncertainty in Artificial Intelligence (UAI2009)*, pp. 647–655, 2009.

第 III 部

離散論理によるグラフィカルモデル

第5章
離散構造処理の技法と確率モデル

5.1　はじめに

離散構造 (discrete structure) とは，離散数学および計算機科学の基礎をなすものであり，集合理論，記号論理，帰納的証明，グラフ理論，組合せ論，確率論などを含む数学的な構造の体系である．種々の離散構造データを計算機上にコンパクトに表現し，等価性・正当性の検証，モデルの解析，最適化などの処理を効率よく行う技法は，いわゆる知能情報処理を始めとする計算機科学のさまざまな応用分野に共通する基盤技術として非常に重要であり，現代社会に対する大きな波及効果をもつ．

離散構造に関する最も基本的なモデルである論理や集合を，効率よく表現し演算処理を行う技法として，二分決定グラフ (BDD：Binary Decision Diagrams) [3]，および「ゼロサプレス型 BDD (ZDD：Zero-suppressed BDD) [9] と呼ばれるデータ構造と，その処理アルゴリズムが近年注目されている．この章では，離散構造処理系の確率的グラフィカルモデルへの応用例として，ベイジアンネットワークとして与えられた確率モデルを，BDD や ZDD を用いて効率よく表現し，高速に確率推論計算を行う技法を紹介する．

5.2　ベイジアンネットワークの確率推論計算とMLF式

ベイジアンネットワーク（以後BNと書く）は，グラフ構造による確率モデルの表現方法の一種であり，近年，さまざまな用途に広く用いられている．BNは図5.1に示すような確率モデルを表現する非巡回有向グラフである．各々のノード（BNノードと呼ぶ）は，それぞれ独立した個別の確率変数Xをもっている．Xは一般に多値の変数であり，$\{x_1, x_2, \ldots, x_k\}$のいずれかの値を取るものとする．また各BNノードは，上流側のBNノードの確率変数の値に依存する条件付き確率テーブル（Conditional Probability Table; CPTと呼ばれる）をもち，これにより確率変数の確率分布が表現されている．

与えられたBNと観測データに対して，BNの一部の確率変数に観測値（エビデンス）を代入したときの，残りの確率変数の確率分布（周辺事後確率）

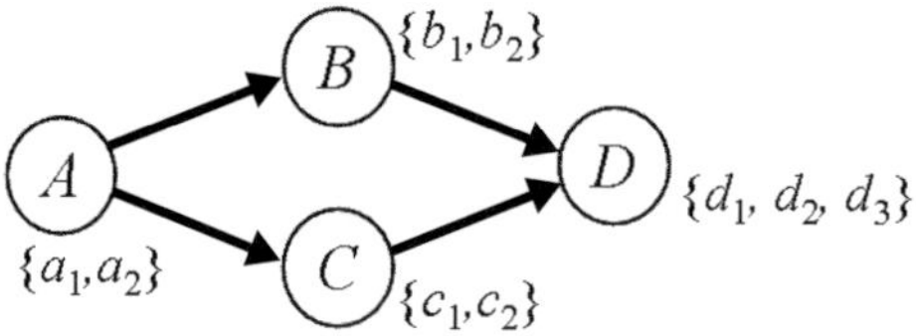

A	Prb(A)
a_1	$\theta_{a_1} = 0.4$
a_2	$\theta_{a_2} = 0.6$

$A\,B$	Prb($B|A$)
a_1b_1	$\theta_{b_1|a_1} = 0.2$
a_1b_2	$\theta_{b_2|a_1} = 0.8$
a_2b_1	$\theta_{b_1|a_2} = 0.8$
a_2b_2	$\theta_{b_2|a_2} = 0.2$

$A\,C$	Prb($C|A$)
a_1c_1	$\theta_{c_1|a_1} = 0.5$
a_1c_2	$\theta_{c_2|a_1} = 0.5$
a_2c_1	$\theta_{c_1|a_2} = 0.5$
a_2c_2	$\theta_{c_2|a_2} = 0.5$

$B\,C\,D$	Prb($D|B,C$)
$b_1c_1d_1$	$\theta_{d_1|b_1c_1} = 0.0$
$b_1c_1d_2$	$\theta_{d_2|b_1c_1} = 0.5$
$b_1c_1d_3$	$\theta_{d_3|b_1c_1} = 0.5$
$b_1c_2d_1$	$\theta_{d_1|b_1c_2} = 0.2$
$b_1c_2d_2$	$\theta_{d_2|b_1c_2} = 0.3$
$b_1c_2d_3$	$\theta_{d_3|b_1c_2} = 0.5$
$b_2c_1d_1$	$\theta_{d_1|b_2c_1} = 0.0$
$b_2c_1d_2$	$\theta_{d_2|b_2c_1} = 0.0$
$b_2c_1d_3$	$\theta_{d_3|b_2c_1} = 1.0$
$b_2c_2d_1$	$\theta_{d_1|b_2c_2} = 0.2$
$b_2c_2d_2$	$\theta_{d_2|b_2c_2} = 0.3$
$b_2c_2d_3$	$\theta_{d_3|b_2c_2} = 0.5$

図5.1　ベイジアンネットワークの例

を計算することを，BNの確率推論計算と呼ぶ．この確率推論計算はBNの応用における基本的かつ重要な処理の1つである．第1章で述べたとおり，変数消去アルゴリズムやジョインツリーアルゴリズムなどが知られている．これらのアルゴリズムは大まかに言うと，BNのグラフ構造をたどりながら，各ノードの確率変数に関するCPTを参照し，観測値を変数に代入したときの確率分布を順次計算していく方法である．変数を消去する順序やBNのグラフ構造をたどる順序を工夫することで，計算を高速化できる場合がある．ただし一般にはNP困難な問題であり，最悪の場合はBNのサイズに対して指数的な計算時間がかかると考えられている．

一方，BNの確率分布を計算するための方法として，Multi-Linear Function(MLF)と呼ばれる式を生成する方法が知られている．MLF式はすべてのBNの確率分布を列挙・展開し，1つの式にしたもので，1つの確率変数xに対して，2種類の論理変数を使って表現する．1つはXが取る値を表現するλ変数，もう1つはXの確率分布の数値を記号的に表現するθ変数である．以下にMLFの例を示す．

$$
\begin{aligned}
& \lambda_{a_1}\lambda_{b_1}\lambda_{c_1}\lambda_{d_1}\theta_{a_1}\theta_{b_1|a_1}\theta_{c_1|a_1}\theta_{d_1|b_1c_1} \\
+\ & \lambda_{a_1}\lambda_{b_1}\lambda_{c_1}\lambda_{d_2}\theta_{a_1}\theta_{b_1|a_1}\theta_{c_1|a_1}\theta_{d_2|b_1c_1} \\
+\ & \lambda_{a_1}\lambda_{b_1}\lambda_{c_1}\lambda_{d_3}\theta_{a_1}\theta_{b_1|a_1}\theta_{c_1|a_1}\theta_{d_3|b_1c_1} \\
+\ & \lambda_{a_1}\lambda_{b_1}\lambda_{c_2}\lambda_{d_1}\theta_{a_1}\theta_{b_1|a_1}\theta_{c_2|a_1}\theta_{d_3|b_1c_2} \\
+\ & \cdots \\
+\ & \lambda_{a_2}\lambda_{b_2}\lambda_{c_2}\lambda_{d_3}\theta_{a_2}\theta_{b_2|a_2}\theta_{c_2|a_2}\theta_{d_3|b_2c_2}.
\end{aligned}
$$

与えられたBNのMLF式を生成すれば，ある観測データに対する確率変数の確率分布を機械的に求めることができる．すなわちλ変数のうち，観測データと矛盾するものに0を代入し，それ以外は1を代入すると，残ったθ変数に関する式が，その事象が発生する確率を計算する算術式になっている．この確率計算に要する時間は，MLF式の長さに比例するが，一般にMLF式は元のBNサイズに対して指数関数的に大きくなるため，その計算は容易ではない．ただし，MLF式をうまく因数分解して，コンパクトな算術式として表現することができれば，確率推論計算を高速化することができる．

Darwiche ら [4,5] は，MLF 式を論理関数の CNF(Conjunctive Normal Form) として表現し，さらにそれを d-DNNF と呼ばれるグラフ構造に変換することで，高速な確率推論計算を可能にする技法を提案している．BN のパラメータ学習や構造学習を行う場合には，同じ BN に対して大量の確率推論計算を繰り返し行う場合があるため，BN を前処理して高速に計算しやすい構造に変換することは有効な手法となる．これは，BN として与えられた確率モデルを，ある種の離散構造にコンパイルし，高速に計算を行う技法であると言える．次節以降では，最近注目されている BDD/ZDD と呼ばれる離散構造処理系を用いて MLF 式を表現し，確率推論計算を行う技法について述べる．

5.3　BDD/ZDD による離散構造の表現と処理

二分決定グラフ **(BDD: Binary Decision Diagram)** [3] は，1980 年代後半に VLSI 設計の分野で考案された論理関数データのグラフによる表現である．これは，論理関数の値をすべての変数について場合分けした結果を二分木グラフ (Binary Decision Tree) で表し，これを簡約化することにより得られる．図 5.2 に，a, b, c の 3 変数を入力とする論理関数を二分木グラフで表現した例と，それを簡約化した BDD の例を示す．図中に示すとおり，二分木の根節点からスタートして，各分岐節点に書かれている変数の入力値に応じて，0 または 1 のラベルのついた枝（0-枝または 1-枝）のいずれか一方に進んでい

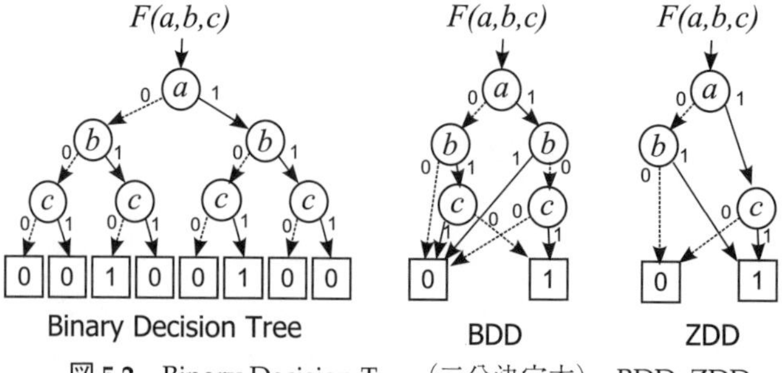

図 5.2　Binary Decision Tree（二分決定木），BDD, ZDD

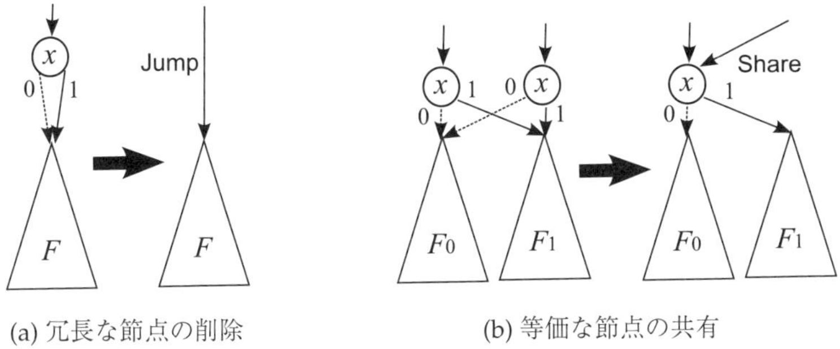

図 5.3 BDD の簡約化規則

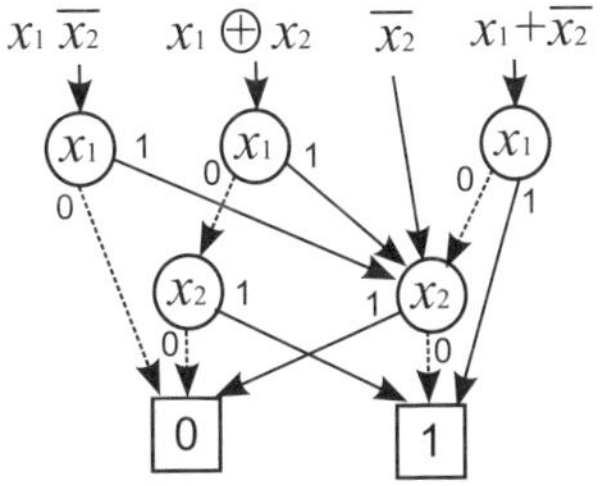

図 5.4 複数の論理関数を共有する BDD

くと，最終的に関数の出力値を表す終端節点（0-終端節点または 1-終端節点）に到達するようなグラフになっている．ここで，BDD の簡約化を行う際に，場合分けする変数の順序を固定し，「0 でも 1 でも分岐先が同じ場合は分岐節点を削除して直結」「共通の行き先をもつ分岐節点が 2 個以上あれば 1 個にまとめて他を削除」という 2 種類の縮約処理（図 5.3）を可能な限り行うことにより「既約」な形が得られ，論理関数をコンパクトかつ一意に表せることが知られている [1]. さらに，複数の論理関数を表す BDD の間においても，変数順序を固定すれば，互いにサブグラフを共有することが可能であり（図 5.4），1 つのメモリ空間の中で多数の論理関数データをコンパクトに圧縮して索引化することができる．

BDD を構築する際に，まず二分決定木を生成してからそれを圧縮したのでは，常に指数関数的な時間と記憶量を要するため現実的でない．これに対して，BDD 同士の二項論理演算 (AND,OR 等) の結果を表す BDD を直接生成するアルゴリズム（通称 Apply 演算）[3] が Bryant により提案され，以降，

a	b	c	F
0	0	0	0
0	0	1	0
0	1	0	1
0	1	1	0
1	0	0	0
1	0	1	1
1	1	0	0
1	1	1	0

論理関数としての表現：

$F : a\bar{b}c \vee \bar{a}b\bar{c}$

組合せ集合としての表現：

$F : \{ac,\ b\}$

図 5.5　論理関数と組合せ集合の対応

BDDが広く用いられるようになった．Apply 演算は，圧縮されたデータ量にほぼ比例する計算時間で実行できる[1]．つまり，圧縮データを元に戻すことなく，圧縮したままで高速に演算処理できるという優れた特長がある．ほとんどのBDDの応用では，このApply 演算を繰り返し適用して所望のBDDを構築している．（日本語の解説記事としては文献 [6,13,14] 等がある．）

BDDは，元々は論理関数の表現法であるが，n 種類のアイテムから任意個選ぶ組合せの集合を表現することもできる．図5.5は，図5.2で例示した論理関数を真理値表で表現したものであるが，これは ac および b という2つの組合せを要素に含む集合表現と見ることもできる．このような組合せ集合データの処理に特化したBDDとして**ゼロサプレス型BDD**（**ZDDまたはZBDD: Zero-suppressed BDD**）[9] が知られている．ZDDは，通常のBDDと異なる簡約化規則をもつ．すなわち，図5.6右に示すように，1-枝が0-終端節点

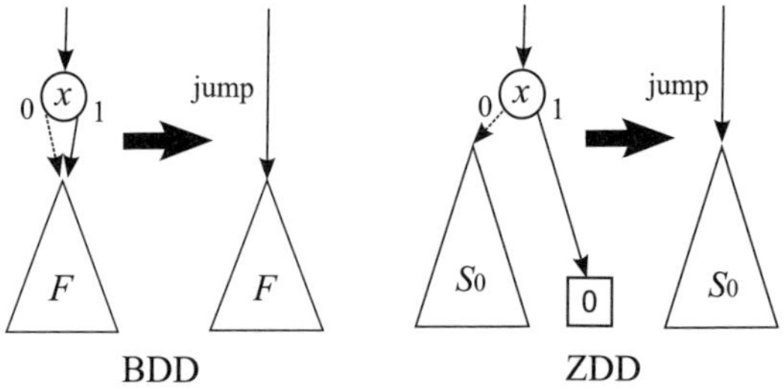

図 5.6　BDDとZDDの簡約化規則

[1] 入力サイズと出力サイズの和に関して線形時間であると予想されていたが，近年，指数時間かかる反例が見つかった [11]．しかし，ほとんどの実用的な問題では線形時間と考えて差し支えない．

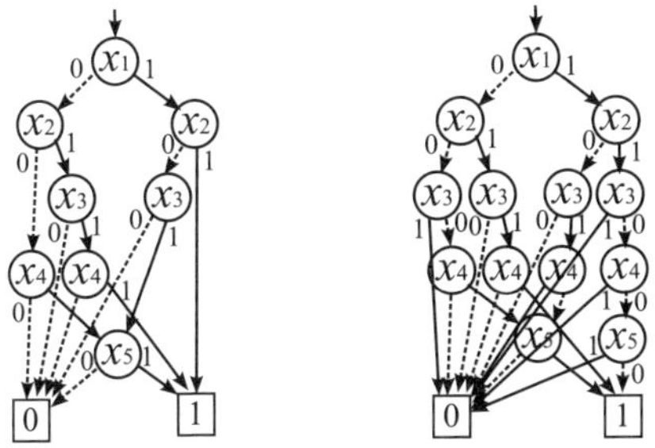

図 5.7 組合せ集合 $\{x_1x_3x_5, x_1x_2, x_2x_3x_4, x_4x_5\}$ を表す ZDD と BDD

を直接指している場合に，この節点を取り除く．その代わり，通常の BDD で削除されるような節点（同図左）はあえて削除しない．等価な節点を共有する規則は，BDD も ZDD も同様である．このような ZDD の簡約化規則によっても表現の一意性は保たれる．先ほどの図 5.2 には，同じ二分決定木から簡約化した ZDD も併記している．

ゼロサプレス型の節点削除規則を用いると，組合せ集合に無関係な（一度も出現しない）アイテムに関する節点が自動的に削除されることになる．この削除規則は，特に疎 (sparse) な組合せの集合に対して顕著な効果がある．図 5.7 に，疎な組合せ集合を表す ZDD と BDD を比較した例を示す．この例では，明らかに ZDD の方が節点の飛び越しが多く簡潔に表現できている．一般に，アイテムの平均出現頻度が 1%であれば，ZDD は BDD よりも 100 倍大きな圧縮率が得られる可能性がある．現実の応用でもそのような事例はしばしば見られる．（たとえば，店舗に並ぶ商品総数に比べて，顧客が一度に購入するアイテム数は極めて少ない．）

ZDD を構築する方法として，通常の BDD を構築する場合と同様に，Apply 演算により 2 つの ZDD 同士の集合演算（和集合，共通集合，差集合等）を実行し，その計算結果の ZDD を得る方法がある．ZDD の場合でも，圧縮されたデータ量にほぼ比例する計算時間で実行できる．ZDD 処理系での基本演算を表 5.1 に示す．組合せ集合の共通集合 (intersection), 和集合 (union), 差集合 (set difference) は，通常の BDD の論理演算（AND, OR, XOR 等）を，対応する ZDD の集合演算に置き換えたものと考えてよい．*offset, onset, change* の演算も，BDD の変数に 0,1 の定数を代入する演算に対応づけられる．一方，

表 5.1　ZDD 処理系の基本演算

$\emptyset$	空集合の ZDD（0-終端節点）を返す
$\{\lambda\}$	空の組合せ要素 1 個を表す ZDD（1-終端節点）を返す
$P \cap Q$	P と Q の共通集合 (intersection) の ZDD を返す
$P \cup Q$	P と Q の和集合 (union) の ZDD を返す
$P \setminus Q$	P と Q の差集合（P にあって Q にないもの）の ZDD を返す
$P.offset(x)$	P の中で x を含まない組合せからなる部分集合を取り出す
$P.onset(x)$	P の中で x を含む組合せからなる部分集合を取り出し，各組合せから v を取り除いた組合せ集合を返す
$P.change(x)$	P の各組合せについて，アイテム x の有無を反転させる
$P.top$	P の根節点のアイテム名（識別子）を返す
$P.count$	P に属する組合せの個数を返す
$P * Q$	P と Q の直積集合 (cross product) の ZDD を返す
P/Q	P を Q で割った商 (quotient) の ZDD を返す
$P\%Q$	P を Q で割った剰余 (remainder) の ZDD を返す

表の下段に示した直積，商，剰余の演算は，ZDD が考案された際に新たに追加された演算で，論理演算には直接対応するものがなく，組合せ集合に特有の拡張演算と言える．

組合せ集合 P, Q の直積とは，P と Q からそれぞれ 1 つ組合せを取り出してペアを作り，その少なくとも一方に含まれるアイテムの組合せを，すべてのペアについて作って集めたものである．以下に例を示す．

$$\begin{aligned}\{ab, b, c\} * \{\lambda, ab\} &= \{(ab \cdot \lambda), (ab \cdot ab), (b \cdot \lambda), (b \cdot ab), (c \cdot \lambda), (c \cdot ab)\} \\ &= \{ab, abc, b, c\}\end{aligned}$$

別の見方をすると，組合せ集合の直積とは，多項式の乗算 $(ab + b + c)(1 + ab)$ を計算していると考えることもできる．ただし集合なので個数は数えないので，次数や係数は無視して，$x \times x = x$，$x + x = x$ としたものである．このように考えると，多項式の除算に相当する演算も作ることができ，それが組合せ集合の除算（商および剰余）となっている．直積および除算の演算は，基本的な集合演算よりも少し処理が複雑で，正確な計算時間を見積もるのは難しいが，経験的には，ZDD 節点数に対して 1.5 乗程度の計算時間で実行できることが多い．

組合せ集合の直積と除算は，数学的に興味深い代数系を構成する．計算機科学界の巨人として知られるD. E. Knuthは，ZDDの演算処理系に特に関心をもち，「アルゴリズムのバイブル」とも呼ばれる世界的な教科書 *"The Art of Computer Programming"* の最近の巻（分冊4-1）[7]で，組合せ集合に関する多彩な演算（$P \sqcap Q$, $P \sqcup Q$, $P \boxplus Q$, $P \nearrow Q$, $P \searrow Q$, $P^{\uparrow}$, $P^{\downarrow}$, 等）を考案し，これらを総称して "Family Algebra" と呼んで詳しく論じている[2)].

5.4 MLF式のZDDによる表現

5.2節で述べたとおり，MLF式は λ 変数と θ 変数の値からなる多項式で，それぞれの項が変数の組合せであるため，組合せ集合と見なすことができる．よってZDDとしてコンパクトに表現することができ，また，確率推論計算においてもZDDのサイズに比例した時間で行うことができる．

以下では，与えられたBNのノード X のMLF式をMLF(X)と書くことにする．たとえば，図5.1のBNノード B についてのMLF式を見てみると，以下のようになる．

$$
\begin{aligned}
\mathrm{MLF}(B) &= \lambda_{a_1}\lambda_{b_1}\theta_{a_1}\theta_{b_1|a_1} + \lambda_{a_1}\lambda_{b_2}\theta_{a_1}\theta_{b_2|a_1} \\
&+ \lambda_{a_2}\lambda_{b_1}\theta_{a_2}\theta_{b_1|a_2} + \lambda_{a_2}\lambda_{b_2}\theta_{a_2}\theta_{b_2|a_2}.
\end{aligned}
$$

ここで，変数の個数を節約するため，同じ確率変数が同じ確率値をもつ場合には変数を共有するように θ 変数を置き換える．

$$
\begin{aligned}
\mathrm{MLF}(B) &= \lambda_{a_1}\lambda_{b_1}\theta_{a(0.4)}\theta_{b(0.2)} + \lambda_{a_1}\lambda_{b_2}\theta_{a(0.4)}\theta_{b(0.8)} \\
&+ \lambda_{a_2}\lambda_{b_1}\theta_{a(0.6)}\theta_{b(0.8)} + \lambda_{a_2}\lambda_{b_2}\theta_{a(0.6)}\theta_{b(0.2)}.
\end{aligned}
$$

このMLF(B)を表現するZDDの例を図5.8に示す．この例では最上位の節点から1の終端節点までに4通りの経路があり，それぞれの経路上で1が

---

2) これを読むには予備知識が必要で相当時間がかかるので，その前に[6]を一読することをお薦めする．

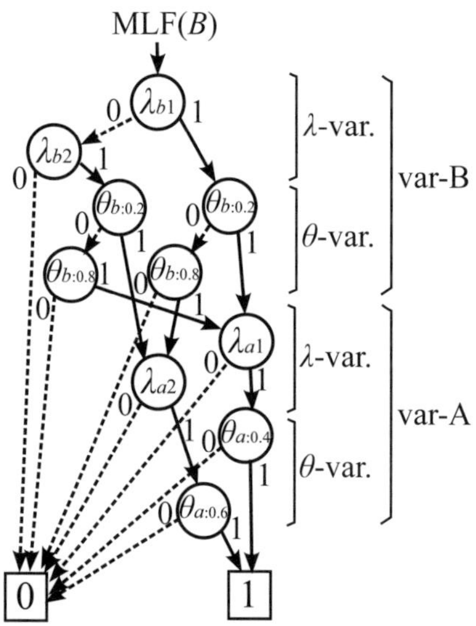

図 **5.8**　MLF(*B*) の ZDD 表現

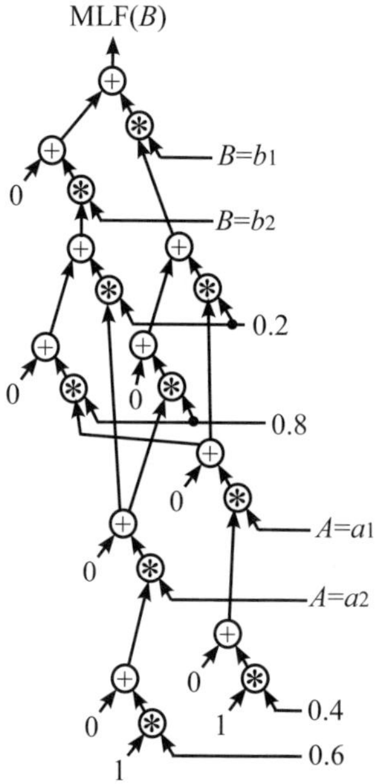

図 **5.9**　ZDD から変換した算術演算回路

割り当てられている変数の組合せが，MLF(*B*) の各項に対応している．したがって，この ZDD は節点を共有することで，MLF 式の共通部分をくくり出して因数分解したコンパクトな表現となっている．この例は小規模な MLF 式を表現しているが，MLF 式の項の数が指数関数的に巨大になる場合でも，ZDD 構造により類似した部分を共有することで，ときには数十倍〜数百倍もの縮約効果を得ることができる．

以上のようにして生成した ZDD は，MLF 式を因数分解して多段化した算術演算式と解釈することもできる．ZDD の各節点は，下位の節点の計算結果を用いた算術乗算と算術加算の組合せに対応付けられる．この解釈に基づいて図 5.8 の ZDD を算術演算回路に変換した結果を図 5.9 に示す．（この回路では，0 を加算しているところや，1 を乗算しているところは，さらに簡単化できるが，ZDD との対応関係をわかりやすくするためにそのまま残している．）この図からわかるように，MLF 式を圧縮してコンパクトに表現する ZDD を生成できれば，圧縮された ZDD サイズに比例する回数の算術演算で確率推論計算を実行できる．

5.5　MLF 式を表す ZDD の構築手順

与えられた BN に対して，その MLF 式を表す ZDD を構築する手順は，論理回路からその論理関数を表す BDD を構築する手順に類似している．論理回路から BDD を生成する様子を図 5.10 に示す．まず，回路の入力ピン F_1 と F_2 の論理関数を表す自明な BDD を作る．そして論理回路が表す演算手順の流れに沿って 2 つの BDD 同士の論理演算アルゴリズムを繰り返し適用し，より複雑な F_3 ～F_7 を表す BDD を順次構築していく．最終的に，すべての必要な BDD が共有されたグラフ構造が得られる．以上の手続きは「論理回路の記号シミュレーション」と呼ばれており，生成した BDD の総節点数にほぼ比例する計算時間で実行することができる．

上記とほぼ同様の手順で，MLF 式を表す ZDD を構築することができる．違う点は次の 2 点である．

- BN は 2 値論理だけではなく，一般に多値の確率変数を扱う．
- BN ノードは論理ゲートと異なり，BN ノード間の依存関係が CPT で表現されている．

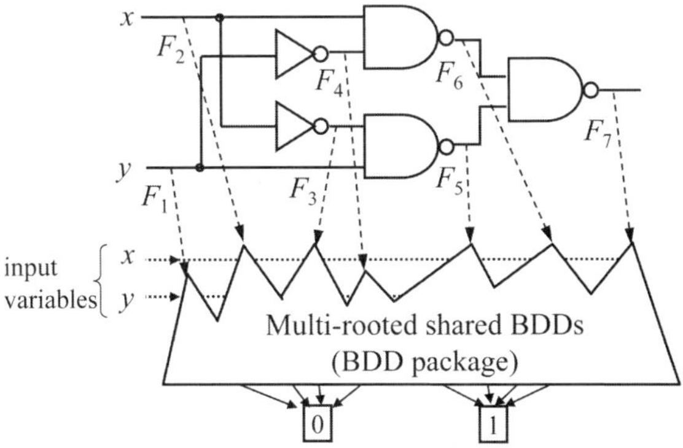

図 5.10　論理回路からの BDD の生成

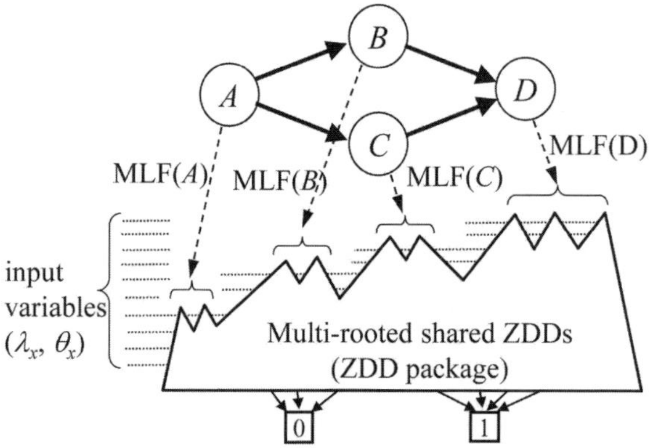

図 5.11　ベイジアンネットワークからの ZDD の生成

図5.11に示すとおり，まずMLF(A)を表す自明なZDDを作り，次に，MLF(A)を用いてMLF(B)とMLF(C)を生成する．最後に，MLF(B)とMLF(C)からMLF(D)を作る．以上の手続きの結果，各BNノードに対応するMLF式が，互いに共有されたZDDによって表現される．

それぞれのBNノードXにおけるMLF式は，Xの親ノードのMLF式を用いて以下の式で表される．

$$\mathrm{MLF}(X_i) = \lambda_{x_i} \cdot \sum_{\mathbf{u} \in \mathrm{CPT(X)}} \left(\theta_{x(P_\mathbf{u})} \cdot \prod_{Y_v \in \mathbf{u}} \mathrm{MLF}(Y_v) \right)$$

ここで，MLF(X_i)は，$X = x_i$と制約したときのMLFを表す．すなわち，MLF(X) = $\sum_i$ MLF(X_i)である．

上記の演算処理を，ZDD同士の集合和や直積などの演算アルゴリズムを使って実装することができる．MLF式では同じ変数が同じ積項に2度出現することはないため，直積を計算する際には，x^2が出てきた場合はこれをxに置き換える．さらには，λ_{x_i}とλ_{x_j}（同じ確率変数で違う値を表す変数）が同じ積項に同時に表れた場合，これらを同時に1にすることはできないため，そのような積項は削除して簡単化することができる．

以上の方法により，与えられたBNのMLF式を表すZDDを生成することができる．文献[10]では，代表的なベンチマーク例題[2]に対して行った実験結果が示されている（表5.2に再掲）．数十～数百個のBNノードからなるベンチマーク例題では，MLF式で用いられる変数の個数（次元数）は数百～

表 5.2 ベンチマーク例題の実験結果 [10]

例題名	BN ノード	λ 変数	θ 変数	コンパイル（最初のZDD生成） 総ZDDサイズ	計算時間（秒）	コンパイル後の確率推論計算 推論用ZDDサイズ	MLF項数	計算時間（秒）
alarm	37	105	187	34,299	0.2	4,139	3.70×10^{8}	0.04
hailfinder	56	223	835	294,605	3.0	9,799	1.00×10^{17}	0.19
mildew	35	616	6,709	15,310,511	8019.4	593,469	6.60×10^{16}	43.43
pathfinder(pf1)	109	448	1,839	16,808	20.1	337	667	0.01
pathfinder(pf23)	135	520	2,304	17,557	19.6	188	212	0.01
pigs	441	1,323	1,474	73,543	2.9	993	3.27×10^{7}	0.01
water	32	116	3,578	25,629	6.1	974	6,295	0.02
diabetes	413	4,682	17,622	–	(>36k)	–	–	–
munin1	189	995	4,249	–	(>36k)	–	–	–

数千に及ぶ．本手法では，まず各BNノードのMLF式を表すZDDをそれぞれ構築する．これをコンパイルとも呼ぶ．いったんコンパイルが終われば，同じBNに対して，観測値を変えながら，繰り返し高速に確率推論計算することができる．表の右側に，コンパイル後の確率推論計算で使用したZDDのサイズと，それが表しているMLF式の長さ（式の項数）を示す．実験の結果，例題の性質にもよるが，10の16〜17乗という天文学的な項数をもつMLF式を，現実的なサイズのZDDに圧縮できる場合があることがわかる．確率値の計算時間はZDDのサイズに比例するので，圧縮比の分だけ高速化できたことになる．

MLF式を圧縮して表現するZDDを，現実のメモリ容量の範囲内で構築できたなら，それはすなわち，確率推論計算を高速に行うための算術計算手順を構成できたということであり，「ベイジアンネットワークのコンパイルができた」といってよい．

5.6 ベイジアンネットワークの構造とZDDの変数順序付け

一般に，BDDは変数の順序によって同じ論理関数でも異なる形となり，ときには何十倍もサイズが変化する場合がある．ZDDでも変数の順序付けがZDDサイズに著しい影響を与えることはよく知られており，よい順序付けを行う発見的手法が研究されている．BNのMLF式を表現する場合にも，

ZDDの変数順序付けは重要である.

BDD/ZDDの最適な変数順序付けは，NP完全問題であることが知られているので，与えられたBNに対して常に良い順序付けを見つけ出すことは困難であるが，これまでの研究から，以下のような性質がわかっている.

- BNの上流ノードに関する変数は，ZDDの下位に配置した方がよいことが多い.（上流BNノードのZDDが，下流BNノードのZDDから参照されることが多いため.）
- 同じBNノードに関するλ変数やθ変数のグループは，互いに並べて配置した方がよい.（関係が深い変数をまとめた方がZDDの節点共有が起こりやすい.）
- BNが完全な木構造をもつ場合は，深さ優先順にたどった帰りがけ順に下位から積み上げていくと最適な変数順が得られる．しかし，BNが木構造でなく再収れんがある場合は，良い順序付けは難しい.
- BNの構造だけではなく，CPTの中に書かれた確率の値まで使って順序付けを行うと，より良い変数順が得られる可能性が高いが，変数順序付け自体の計算量が大きくなるので，良いトレードオフを考える必要がある.

筆者らは，BNから適当な順序で作ったZDDの変数順を入れ替えて，より良いコンパクトなZDDを求める逐次改善アルゴリズムを開発している [16].「alarm」という名前のベンチマーク例題に対して行った例を図5.12に示す．(a)の順序付けは，与えられたBN構造を深さ優先順にたどって出現する順序で変数を並べたものである．このときのZDD節点数は19213個であった．一方，(b)はZDDの変数の入れ替えを試して逐次改善を行った後の変数順序である[3]．改善後のZDD節点数は14272個に減少しており，30%近い縮約効果が得られている．図中に振ってある番号は，各々の確率変数のZDDでのレベルを表しており，数字が大きいほど上位にあることを示している．この例では，16, 18, 19, 20, 22番の変数の順序が入れ替っており，BNの構造が枝

[3] BNのMLF式をZDDで表現する場合，同じ確率変数に対して複数個のλ変数とθ変数が割り当てられるが，これらは互いに隣接するようにまとめて配置し，変数順を入れ替える場合も1つのグループとしてまとめて移動している.

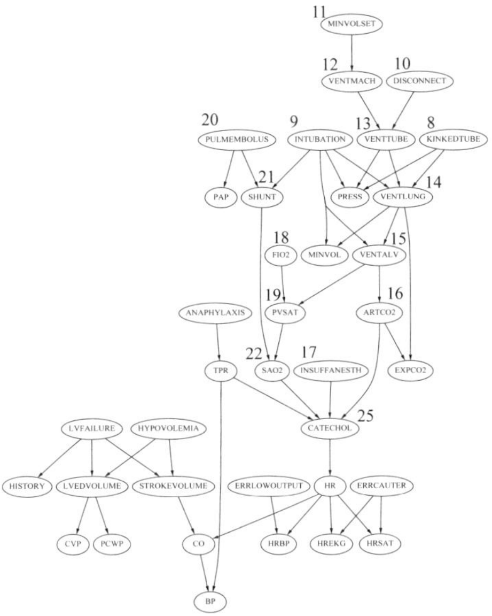

(a) 深さ優先探索で求めた変数順（ZDD 節点数：19213）

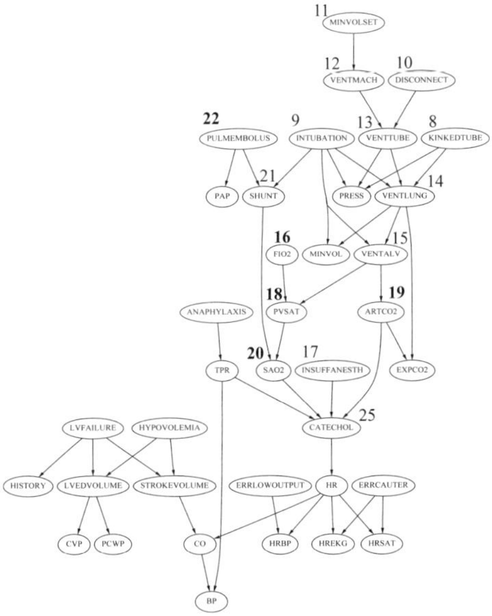

(b) 変数順を入れ替えて改善した結果（ZDD 節点数：14272）

図 5.12　BN 構造と ZDD 変数順序

分かれした後に再収れんする部分での変数順序の影響が大きいことが観察される．

5.7 MLF式を計算する算術回路の実装

5.4節で述べたように，MLF式を表すZDDを構築できれば，ZDDの各節点を加算と乗算の演算器に変換することで，図5.9の算術回路を合成し，高速にMLF式を計算できる．この算術回路は，文字通りハードウェアを並べて配線しても実現できるが，ZDD節点数が非常に多くなると現実のハードウェアの合成は困難になるため，算術回路の計算手順に従いソフトウェアで計算を行うことになる．

ある1つのBNに対して，さまざまな観測値を何度も与えて繰り返し確率分布を計算することがしばしばある．多数回繰り返し呼ばれるのであれば，これをサブルーチン化して機械語に変換すると，より一層の高速化が期待できる．そこで筆者らは，生成したZDDをCコードに直接変換し，これを機械語にコンパイルする手法を試みた [12].

MLF式を表すZDDの各分岐節点は，

$$f[a] \leftarrow f[b] * x[c] + f[d]$$

という単純な形の代入文に対応している．これをZDDの下位から上位に向かってボトムアップにすべての節点について実行すれば，全体の確率推論計算が完了したことになる．たとえば10万節点のZDDは，このような代入文が10万行並んでいるプログラムに相当し，それらすべての代入文を機械語にコンパイルして実行することになる．図5.13にZDDから変換したCコードの例を示す．

文献 [12] では，このようなCコードへの自動変換プログラムを実装し，gccでコンパイルを行った実験結果を示している．約40万行のCコードのコンパイルに要した時間は約5分で，サブルーチンを20万回程度繰り返し呼び出せば，コンパイル時間を回収できるという結果となった．機械語コンパイ

```
  double x[8] = {0.4,0.6,...,0,1};
double  f216, f220, ..., f288;
f216   = 0      +  x[0]  *  1 ;
f220   = 0      +  x[2]  *  f216 ;
f230   = 0      +  x[4]  *  f220 ;
f222   = 0      +  x[1]  *  1 ;
f226   = 0      +  x[3]  *  f222 ;
f236   = f230   +  x[5]  *  f226 ;
f240   = 0      +  x[6]  *  f236 ;
f244   = 0      +  x[4]  *  f226 ;
f246   = f244   +  x[5]  *  f220 ;
f288   = f240   +  x[7]  *  f246 ;
return f288;
```

図 5.13 ZDDに対応するCコードの例 [12]

ルによって，算術計算の実行速度は数十倍〜100倍程度の高速化が期待できるが，何十万行もの巨大なCコードをコンパイルして実行ファイルを生成することは，通常のgccコンパイラは想定していないので，高速にコンパイルを行うには専用のコンパイラを用意する必要がある．

ところで，近年のGPU(Graphics Processor Unit)の高性能化・低価格化に伴い，画像処理以外のさまざまな分野の問題にGPUを利用する試みが広がっている．大規模数値解析やシミュレーション等，規則性の高い並列計算に分解しやすい問題に対してはすでに多くの成功例があるが，複雑に絡み合った構造をもつ大規模な離散構造データを扱う問題でGPUを効果的に利用する方法は，まだ十分に研究が進んでいない．そこで筆者らは，ZDDで表現された算術式をGPUに割り振って並列計算をすることを試みた [8,15].

GPUを用いる場合は，多数の代入文をGPUの複数スレッドに割り振ればよいのであるが，ZDDのグラフの構造に対応して代入文同士にデータの依存関係があるため，ランダムに割り振ると待ち時間が長くなり効率的ではない．そこで筆者らは，ZDDを変数番号ごとに輪切りにし，同じ変数をもつ節点同士には依存関係がないので，それらを異なるスレッドに割り振って，並列計算の効果が上がるように工夫した．

このような特別なGPU向けコンパイラを実装し，Tesla C1060 GPUを用いて計算速度を評価したところ，通常のCPU（2.5GHz AMD Phenom CPU）で機械語にコンパイルして実行する場合と比較して，大規模な例題で6倍以上の高速化が確認された．ZDDのような複雑な構造をもつグラフを扱う応用で，GPUによる並列化の効果が引き出されたことは，興味深い結果であると言える．ここでは確率推論計算を表すMLF式について実験を行ったが，ZDDで算術式を因数分解して圧縮表現し計算することは，確率推論計算に限らず一般的な手法なので，GPUによる高速化もそのまま一般的な計算に利用できると期待される．

5.8　おわりに

本章では，BDD/ZDDを用いた確率推論計算の高速化手法を解説した．ZDDを用いた手法の特長は，一見すると連続的な確率値を扱う問題を，MLF式という多項式で表現することにより，変数記号の組合せ集合という離散構造の世界に帰着させていることにある．これにより，ZDDという離散構造処理系を用いて，集合演算によって問題を数学的に表現し，そのまま効率よく解くということが可能となっている．

前述したとおり，BDD/ZDDを用いた手法は，当初はVLSI設計自動化の分野で発達した離散構造処理系の技術を活用したものである．同じようなアナロジーにより今後の研究の方向性を考えることができる．論理回路設計理論は，最初は記憶素子やループをもたない組合せ回路の設計・解析が基本であり，その次にループをもつ順序回路の設計・解析がある．ベイジアンネットワークはループをもたない有向グラフであることが特徴であり，組合せ回路に対応していることから，順序回路に対応するような確率推論モデルを考えれば，それをZDDを用いて処理の高速化を図ることができるのではないかと期待される．

離散構造処理系の技法とグラフィカル確率モデルの研究分野は，一見するとあまり関係がないように思われるが，実は非常に興味深い関連性が見られる．今後も分野横断的に連携しながら研究を進めて行きたいと考えている．

参考文献

[1] S. B. Akers, Binary decision diagrams, *IEEE Transactions on Computers*, Vol. C-27, No. 6, pp. 509–516, 1978.

[2] *Bayesian Network Repository*, Available from: http://www.cs.huji.ac.il/labs/compbio/Repository/.

[3] R. E. Bryant, Graph-based algorithms for Boolean function manipulation, *IEEE Transactions on Computers*, Vol. C-35, No. 8, pp. 677–691, 1986.

[4] M. Chavira and A. Darwiche, Compiling bayesian networks with local structure, In *Proc. 19th International Joint Conference on Artificial Intelligence (IJCAI-2005)*, pp. 1306–1312, 2005.

[5] A. Darwiche, New advances in compiling CNF to decomposable negational normal form, In *Proc. European Conference on Artificial Intelligence (ECAI-2004)*, pp. 328–332, 2004.

[6] 湊真一（編），ERATO 湊離散構造処理系プロジェクト（著），『超高速グラフ列挙アルゴリズム――〈フカシギの数え方〉が拓く，組合せ問題への新アプローチ――』，森北出版，2015.

[7] D. E. Knuth, *The Art of Computer Programming: Bitwise Tricks & Techniques; Binary Decision Diagrams*, Vol. 4, fascicle 1. Addison-Wesley, 2009.

[8] S. Minato, M. Onsjo, and O. Watanabe, Faster evaluation of ZBDD compressed multi-linear functions with GPU parallelism. *Dept. of Math. and Comp. Sciences Research Reports, Tokyo Institute of Technology*, Vol. C-274, 2011.

[9] Shin-ichi Minato, Zero-suppressed BDDs for set manipulation in combinatorial problems, In *Proc. of 30th ACM/IEEE Design Automation Conference (DAC'93)*, pp. 272–277, 1993.

[10] Shin-ichi Minato, Ken Satoh, and Taisuke Sato, Compiling bayesian networks by symbolic probability calculation based on zero-suppressed BDDs, In *Proc. of 20th International Joint Conference of Artificial Intelligence (IJCAI-2007)*,

pp. 2550–2555, 2007.

[11] Ryo Yoshinaka, Jun Kawahara, Shuhei Denzumi, Hiroki Arimura, and Shin-ichi Minato, Counterexamples to the long-standing conjecture on the complexity of bdd binary operations, *Information Processing Letters*, Vol. 112, No. 16, pp. 636–640, 2012.

[12] 高橋渉，湊真一，ベイジアンネットワークを表現するZDDからの高速計算プログラムの自動生成とその評価，FIT-2010 IEICE/IPSJ 第9回 情報科学技術フォーラム，D-009, Vol. 2, pp. 411–414, 2010.

[13] 藤田昌宏，佐藤政生，特集: BDD（二分決定グラフ），情報処理学会誌，Vol. 34, No. 5, pp. 584–630, 1993.

[14] 湊真一，BDD（二分決定グラフ）とその応用，応用数理，Vol. 9, No. 3, pp. 194–206, 1999.

[15] 湊真一，大規模な離散構造データを扱うためのGPU利用法の検討，電子情報通信学会 2011 ソサイエティ大会，AI-1-5, pp. SS62–63, 2011.

[16] 礒松紘平，湊真一，ベイジアンネットワークを表現するゼロサプレス型BDDの変数順序付け方法に関する考察，人工知能学会 第72回 人工知能基本問題研究会資料，pp. 49–53, 2008.

第6章

離散確率変数と独立性

6.1　はじめに

本章では離散確率変数集合が与えられたとき，それの同時分布を効率的に定義する方法を議論する．たとえば，2 値確率変数が N 個与えられたとき，それらが取りうる値の組合せは 2^N 通りある．これら N 個の 2 値確率変数上の同時分布を定義することは，これら 2^N 通りある値の組合せ 1 つひとつに対して，確率値を定めることにほかならない．2^N 通りの値の組合せに対して，任意の同時分布を定義するためには，2^N 個のパラメータが必要である．パラメータの数が N に対して指数的である場合，当然その同時分布上の確率推論や学習も指数的な時間を要する．つまり効率的な確率推論を実現するには，まず，パラメータの数を減らす必要がある．

パラメータの数を減らす方法の 1 つとして，確率値をより少ない数のパラメータの積で表現する方法がある．たとえば，2^N 通りある値の組合せに確率値を割り当てる代わりに，N 個の変数に確率を割り当てれば，パラメータの数は N 個になり，値の組合せの確率は N 個の確率の積として表現できる．パラメータ数を削減する別の方法として，いくつかのパラメータを共有させる方法がある．たとえば，2^N 通りある値の組合せ 1 つひとつに異なる確率値を割り当てる代わりに，値の組合せを N 個のグループに分割し，同じグループに属する組合せには共通の確率値を割り当てれば，パラメータの数は

N 個で済む.

これらのパラメータ数の削減は，実は対象の同時分布に何らかの独立性を仮定することにほかならない．たとえば，上記の1つめの例は N 個の確率変数が互いに独立であることを仮定したことに対応し，2つめの例は同時分布に部分交換可能性と呼ばれる独立性を仮定したことに対応する．このように同時分布に独立性を仮定することでパラメータの数を減らすことが可能であり，結果的に確率推論や学習をより高速に行えるようになる.

独立性を仮定することにより，同時分布のパラメータの数を減らすことができるが，それと同時に，同時分布の形に制限を課してしまう．たとえば2つの確率変数が独立であることを仮定すると，2つの確率変数の依存関係を表現することが困難になる．たとえば，人間の身長と体重の関係を考えたとき，当然，身長が高い人の方が体重が重くなる可能性が高い．しかし，身長と体重が互いに独立であると仮定すると，身長が2 m以上の大人を集めても，身長が1 m未満の子供を集めても，その平均体重は変わらない（共通である）と仮定することと等価である．このように，独立性を仮定することで同時分布のパラメータ数を削減できるが，それと同時に，同時分布の表現力を下げてしまう．つまり，独立性を仮定することは，同時分布の複雑さと表現力のトレードオフをコントロールすることに対応する．このトレードオフをうまくコントロールするためには，どのような独立性が存在し，それによって同時分布の表現力がどの程度制限され，複雑さがどの程度緩和されるかを知る必要がある.

本章の内容は以下のとおりである．まず6.2節では，本章で利用する記号を導入し，最も素朴な同時分布の定義方法について述べる．次に6.3節では最も基本的な独立性である条件付き独立性について解説し，6.4節と6.5節ではより高度な独立性である文脈依存独立性と部分交換可能性について述べる．6.6節では，本章で扱ったトピックに関する関連研究を述べ，最後に6.7節でこの章全体のまとめを述べる.

6.2 準備

ここではまず，本章で利用する記号を導入する．本章では簡単のため，集合 $\{1,\ldots,N\}$ を $[N]$ と表し，集合 $\boldsymbol{S}$ に対して，$\prod_{e\in\boldsymbol{S}} e$ と $\sum_{e\in\boldsymbol{S}} e$ をそれぞれ $\prod\boldsymbol{S}$ と $\sum\boldsymbol{S}$ で表す．$X_i\,(i\in[N])$ を確率変数とし，x_i を確率変数 X_i の実現値とする．集合 $\boldsymbol{S}\subseteq[N]$ に対し，$\boldsymbol{X_S}=(X_i\mid i\in\boldsymbol{S})$ とし，同様に $\boldsymbol{x_S}=(x_i\mid i\in\boldsymbol{S})$ とする．本章ではすべての確率変数 X_i は離散的な値を取るとする．$\boldsymbol{D}_i$ を X_i の定義域，M_i を X_i の定義域のサイズ，$x_i^k\,(k\in[M_i])$ を X_i の取りうる k 番目の値とする．つまり $M_i=|\boldsymbol{D}_i|$ である．すると $\boldsymbol{X_S}$ も同様に離散的な定義域をもつ．$\boldsymbol{D_S}$ を $\boldsymbol{X_S}$ の定義域，$M_{\boldsymbol{S}}$ を $\boldsymbol{X_S}$ の定義域のサイズ，$\boldsymbol{x}_{\boldsymbol{S}}^k\,(k\in[M_{\boldsymbol{S}}])$ を $\boldsymbol{X_S}$ の取りうる k 番目の値とする．つまり $\boldsymbol{D_S}=\prod\{\boldsymbol{D}_i\mid i\in[N]\}$ かつ $M_{\boldsymbol{S}}=\prod\{M_i\mid i\in[N]\}$ である．

本章では N 個の離散確率変数の同時分布 $P\big(\boldsymbol{X}_{[N]};\boldsymbol{\Theta}\big)$ を考える．ここで $\boldsymbol{\Theta}$ は同時分布を定義するためのパラメータの集合である．同時分布 $P\big(\boldsymbol{X}_{[N]};\boldsymbol{\Theta}\big)$ が与えられたとき，$P\big(\boldsymbol{X}_{[N]}=\boldsymbol{x}_{[N]};\boldsymbol{\Theta}\big)$ は各 $i\in[N]$ において $X_i=x_i$ である同時確率を表す．同時分布上の確率推論とは，この同時分布を用いてさまざまな分布や確率を計算することである．ここでは確率推論において計算される2種類の分布である周辺分布と条件付き分布を定義する．

定義 6.1（周辺分布） 同時分布 $P\big(\boldsymbol{X}_{[N]};\boldsymbol{\Theta}\big)$ が与えられたとき，$\boldsymbol{S}\subset[N]$ に対して，$P(\boldsymbol{X_S};\boldsymbol{\Theta})$ を $\boldsymbol{S}$ の周辺分布と呼ぶ．また，周辺分布を求めることを周辺化という．周辺化は1変数の周辺化を繰り返し実行することで計算可能であり，1変数の周辺化は以下の式によって定義される．

$$P\big(\boldsymbol{X}_{[N]\setminus\{i\}};\boldsymbol{\Theta}\big)=\sum_{k\in[M_i]}P\Big(\boldsymbol{X}_{[N]\setminus\{i\}},X_i=x_i^k;\boldsymbol{\Theta}\Big)$$

定義 6.2（条件付き分布） 同時分布 $P\big(\boldsymbol{X}_{[N]};\boldsymbol{\Theta}\big)$ が与えられたとき，$\boldsymbol{S}\subset[N]$ に対して，$P\big(\boldsymbol{X}_{[N]\setminus\boldsymbol{S}}\mid\boldsymbol{X_S};\boldsymbol{\Theta}\big)$ を $\boldsymbol{S}$ に関する条件付き分布と呼び，以下のように定義される．

$$P\left(\boldsymbol{X}_{[N]\setminus S} \mid \boldsymbol{X}_S; \boldsymbol{\Theta}\right) = \frac{P\left(\boldsymbol{X}_{[N]}; \boldsymbol{\Theta}\right)}{P(\boldsymbol{X}_S; \boldsymbol{\Theta})}$$

条件付き分布の定義より，同時分布は以下のように周辺分布と条件付き分布の積で表現できる．

$$P\left(\boldsymbol{X}_{[N]}; \boldsymbol{\Theta}\right) = P(\boldsymbol{X}_S; \boldsymbol{\Theta})\, P\left(\boldsymbol{X}_{[N]\setminus S} \mid \boldsymbol{X}_S; \boldsymbol{\Theta}\right)$$

周辺分布 $P(\boldsymbol{X}_S; \boldsymbol{\Theta})$ は，一部の確率変数 $\boldsymbol{X}_S$ の値が観測されたときに，その確率を計算するのに利用され，条件付き確率 $P\left(\boldsymbol{X}_{[N]\setminus S} \mid \boldsymbol{X}_S; \boldsymbol{\Theta}\right)$ は，残りの観測されていない確率変数 $\boldsymbol{X}_{[N]\setminus S}$ の値を推測するために利用できる．同時分布上の確率推論とはこれらの周辺分布や条件付き分布を計算することであり，パラメータ学習とは観測された値からパラメータ集合 $\boldsymbol{\Theta}$ の各要素の値を推定することである．本章では，確率推論やパラメータ学習についてはあまり触れず，どのように同時分布を定義するかについて解説する．

同時分布 $P\left(\boldsymbol{X}_{[N]}; \boldsymbol{\Theta}\right)$ を定義する最も単純な方法は，$\boldsymbol{X}_{[N]}$ の取りうる各値 $\boldsymbol{x}_{[N]}^k$ $(k \in [M_{[N]}])$ について，対応する同時確率を表形式で直接定義することである．この同時分布を定義する表のことを同時確率表 (Joint Probability Table ; JPT) と呼ぶ．たとえば $N = 3$ かつ $\boldsymbol{D}_i = \{0, 1\}$ $(i \in [N])$ である場合を考える．このとき，$\boldsymbol{X}_{[N]}$ の取りうる値は 2^3 通りであり，同時分布は表 6.1 の JPT により定義できる．ここで JPT 中のパラメータ θ_k は，$X_{[N]}$ がその k 番目の値 $\boldsymbol{x}_{[N]}^k$ を取る確率であり，$0 \le \theta_k \le 1$ かつ $\sum\{\theta_k \mid k \in [M_{[N]}]\} = 1$ を満たす．これらのパラメータの集合を $\boldsymbol{\Theta} = \{\theta_k \mid k \in [M_{[N]}]\}$ とすれば，同時分布は以下のように定義される．

$$P\left(\boldsymbol{X}_{[N]} = \boldsymbol{x}_{[N]}^k; \boldsymbol{\Theta}\right) = \theta_k$$

同時分布を定義する別の方法として，同時分布を直接定義するのではなく，同時分布を条件付き分布の積で表現し，個々の条件付き分布を表形式で定義する方法がある．条件付き確率の定義より，同時分布 $P\left(\boldsymbol{X}_{[N]}; \boldsymbol{\Theta}\right)$ は以下のように条件付き分布の積に分解できる．

$$P\left(\boldsymbol{X}_{[N]}; \boldsymbol{\Theta}\right) = \prod_{i \in [N]} P\left(X_i \mid \boldsymbol{X}_{[i-1]}; \boldsymbol{\Theta}\right)$$

表 6.1 $P(\boldsymbol{X}_{[3]};\boldsymbol{\Theta})$ の JPT

x_1	x_2	x_3	P
0	0	0	θ_1
0	0	1	θ_2
0	1	0	θ_3
0	1	1	θ_4
1	0	0	θ_5
1	0	1	θ_6
1	1	0	θ_7
1	1	1	θ_8

表 6.2 $P(X_1;\boldsymbol{\Theta}), P(X_2 \mid X_1;\boldsymbol{\Theta}), P(X_3 \mid X_1, X_2;\boldsymbol{\Theta})$ の CPT

x_1	P
0	$\theta_{1,1,1}$
1	$\theta_{1,1,2}$

x_2	x_1	P
0	0	$\theta_{2,1,1}$
0	1	$\theta_{2,2,1}$
1	0	$\theta_{2,1,2}$
1	1	$\theta_{2,2,2}$

x_3	x_1	x_2	P
0	0	0	$\theta_{3,1,1}$
0	0	1	$\theta_{3,2,1}$
0	1	0	$\theta_{3,3,1}$
0	1	1	$\theta_{3,4,1}$
1	0	0	$\theta_{3,1,2}$
1	0	1	$\theta_{3,2,2}$
1	1	0	$\theta_{3,3,2}$
1	1	1	$\theta_{3,4,2}$

条件付き分布 $P(X_i \mid \boldsymbol{X}_{[i-1]};\boldsymbol{\Theta})$ は同時分布と同様に表形式で定義することが可能であり，条件付き分布を定義する表を条件付き確率表 (Conditional Probability Table ; CPT) と呼ぶ．たとえば先と同様に $N=3$ かつ $\boldsymbol{D}_i=\{0,1\}$ である場合を考える．このとき，同時分布 $P(\boldsymbol{X}_{[N]};\boldsymbol{\Theta})$ は 3 つの条件付き分布 $P(X_1;\boldsymbol{\Theta}), P(X_2 \mid X_1;\boldsymbol{\Theta}), P(X_3 \mid X_1, X_2;\boldsymbol{\Theta})$ に分解され，それぞれの条件付き分布は表 6.2 の CPT により定義できる．ここで CPT 中のパラメータ $\theta_{i,j,k}$ は，$\boldsymbol{X}_{[i-1]}$ がその j 番目の値 $\boldsymbol{x}^j_{[i-1]}$ を取るときに，X_i がその k 番目の値 x^k_i を取る確率であり，$0 \leq \theta_{i,j,k} \leq 1$ かつ $\sum\{\theta_{i,j,k} \mid k \in [M_i]\} = 1$ を満たす．これらのパラメータの集合を $\boldsymbol{\Theta} = \{\theta_{i,j,k} \mid i \in [N], j \in [M_{[i-1]}], k \in [M_i]\}$ とすれば，条件付き分布は以下のように定義される．

$$P\left(X_i = x^k_i \mid \boldsymbol{X}_{[i-1]} = \boldsymbol{x}^j_{[i-1]};\boldsymbol{\Theta}\right) = \theta_{i,j,k}$$

ここで述べた JPT と CPT に基づく同時分布の定義方法は，明らかに N に対して指数的な数のパラメータを必要とする．離散確率分布上の効率的な確率推論を実現するためには，まずパラメータの数を減らす必要がある．パラメータの数を減らす最も一般的な方法は，独立性を仮定することである．以降では，3 種類の独立性を紹介し，それらによってパラメータの数がどのように減少するかを解説する．

6.3　条件付き独立性

ここでは同時分布における独立性について解説する．独立性とは，同時分布 $P\big(\boldsymbol{X}_{[N]};\boldsymbol{\Theta}\big)$ が満たす特定の性質のことである．たとえば，2つの確率変数 X_1 と X_2 の独立性 (independence) とは，それらの同時分布が，個々の周辺分布の積で表現できることを意味する．具体的な独立性の定義は以下である．

定義 6.3（**2変数の独立性**）　同時分布 $P(X_1, X_2;\boldsymbol{\Theta})$ において，以下が成り立つとき，またそのときに限り，X_1 と X_2 は互いに独立であるといい，$X_1 \perp\!\!\!\perp X_2$ と表す．

$$P(X_1, X_2;\boldsymbol{\Theta}) = P(X_1;\boldsymbol{\Theta})\, P(X_2;\boldsymbol{\Theta})$$

条件付き分布の定義より，$X_1 \perp\!\!\!\perp X_2$ ならば $P(X_1 \mid X_2;\boldsymbol{\Theta}) = P(X_1;\boldsymbol{\Theta})$ かつ $P(X_2 \mid X_1;\boldsymbol{\Theta}) = P(X_2;\boldsymbol{\Theta})$ が成り立つ．同様に，複数の確率変数 $\boldsymbol{X}_{[N]}$ に対しても独立性を考えることができる．

定義 6.4（**複数変数の独立性**）　同時分布 $P\big(\boldsymbol{X}_{[N]};\boldsymbol{\Theta}\big)$ において，以下が成り立つとき，またそのときに限り，$\boldsymbol{X}_{[N]}$ は互いに独立であるといい，$X_1 \perp\!\!\!\perp \ldots \perp\!\!\!\perp X_N$ と表す．また，$\perp\!\!\!\perp \boldsymbol{X}_{[N]}$ をその省略形とする．

$$P\big(\boldsymbol{X}_{[N]};\boldsymbol{\Theta}\big) = \prod\{P(X_i;\boldsymbol{\Theta}) \mid i \in [N]\}$$

$\perp\!\!\!\perp \boldsymbol{X}_{[N]}$ ならば，任意の $\boldsymbol{S} \subset [N]\backslash\{i\}$ に対して，$P(X_i \mid \boldsymbol{X}_S;\boldsymbol{\Theta}) = P(X_i;\boldsymbol{\Theta})$ が成り立つ．また，$\boldsymbol{X}_{[N]}$ 中の任意の2変数 $X_i, X_{i'}$ $(i, i' \in [N], i \neq i')$ について，$X_i \perp\!\!\!\perp X_{i'}$ が成り立つ．しかし，$\boldsymbol{X}_{[N]}$ 中の任意の2変数は互いに独立であっても，$\boldsymbol{X}_{[N]}$ は互いに独立であるとは限らないことに注意する．表6.3に $N = 3$ の場合の例を示す．

上記の独立性は，同時分布は周辺分布の積で表現できるという強い仮定である．これに対して，条件付き独立性 (conditional independence) は，特定

表 6.3　3 変数のうち任意の 2 変数が互いに独立だが，3 変数が互いに独立ではない例.

x_1	x_2	x_3	P
0	0	0	q
0	0	1	p
0	1	0	p
0	1	1	q
1	0	0	p
1	0	1	q
1	1	0	q
1	1	1	p

同時分布 $P(X_1, X_2, X_3; \boldsymbol{\Theta})$ が左の JPT により定義されるとする．ここで $0 \leq p, q \leq 1$ かつ $4p + 4q = 1$ である．表より $P(X_i = x_i; \boldsymbol{\Theta}) = 2(p+q)$, $P(X_i = x_i, X_{i'} = x_{i'}; \boldsymbol{\Theta}) = p + q \ (i, i' \in [N], i \neq i')$ が成り立つ．$X_i \perp\!\!\!\perp X_{i'}$ が成り立つには，$p + q = \{2(p+q)\}^2$ を満たす必要があり，これを解くと $p + q = 0.25$ を得る．一方，$X_1 \perp\!\!\!\perp X_2 \perp\!\!\!\perp X_3$ が成り立つには，$p = q = \{2(p+q)\}^3$ を満たす必要があり，これを解くと $p = q = 0.125$ を得る．これより，3 変数が互いに独立であれば，任意の 2 変数は互いに独立であるが，その逆は成り立たないことがわかる．

の条件が成り立つときにのみ同時分布が周辺分布の積として表現できることを意味する．

定義 6.5（条件付き独立性）　条件付き分布 $P\big(\boldsymbol{X}_{[N]\backslash S} \mid \boldsymbol{X}_S; \boldsymbol{\Theta}\big)$ $(S \subset [N])$ において，以下が成り立つとき，またそのときに限り，$\boldsymbol{X}_{[N]\backslash S}$ は $\boldsymbol{X}_S$ が与えられた下で互いに条件付き独立であるといい，$\perp\!\!\!\perp \boldsymbol{X}_{[N]\backslash S} \mid \boldsymbol{X}_S$ と表す．

$$P\big(\boldsymbol{X}_{[N]\backslash S} \mid \boldsymbol{X}_S; \boldsymbol{\Theta}\big) = \prod \{P(X_i \mid \boldsymbol{X}_S; \boldsymbol{\Theta}) \mid i \in [N]\backslash S\}$$

つまり $\perp\!\!\!\perp \boldsymbol{X}_{[N]\backslash S} \mid \boldsymbol{X}_S$ ならば，$i \in \boldsymbol{S}$ かつ $i', i'' \notin \boldsymbol{S}$ のとき，$P(X_{i'} \mid X_{i''}, X_i; \boldsymbol{\Theta}) = P(X_{i'} \mid X_i; \boldsymbol{\Theta})$ が成り立つ．

独立性や条件付き独立性を仮定することで，同時分布 $P\big(\boldsymbol{X}_{[N]}; \boldsymbol{\Theta}\big)$ を定義するためのパラメータの数 $|\boldsymbol{\Theta}|$ を減らすことができる．再び $N = 3$ かつ $D_i = \{0, 1\}$ の例を考える．今，同時分布 $P(X_1, X_2, X_3; \boldsymbol{\Theta})$ は独立性 $X_1 \perp\!\!\!\perp X_2$ と条件付き独立性 $X_2 \perp\!\!\!\perp X_3 \mid X_1$ を満たすと仮定する．つまり $P(X_2 \mid X_1; \boldsymbol{\Theta}) = P(X_2 : \boldsymbol{\Theta})$ かつ $P(X_3 \mid X_1, X_2; \boldsymbol{\Theta}) = P(X_3 \mid X_1; \boldsymbol{\Theta})$ が成り立つ．よって同時分布は以下のように分解できる．

$$P(X_1, X_2, X_3; \boldsymbol{\Theta}) = P(X_1; \boldsymbol{\Theta})\, P(X_2; \boldsymbol{\Theta})\, P(X_3 \mid X_1; \boldsymbol{\Theta})$$

表 6.4　$P(X_1;\mathbf{\Theta}), P(X_2;\mathbf{\Theta}), P(X_3 \mid X_1;\mathbf{\Theta})$ の CPT

x_1	P
0	$\theta_{1,1,1}$
1	$\theta_{1,1,2}$

x_2	x_1	P
0	0	$\theta_{2,1,1}$
0	1	
1	0	$\theta_{2,1,2}$
1	1	

⇒

x_2	P
0	$\theta_{2,1,1}$
1	$\theta_{2,1,2}$

x_3	x_1	x_2	P
0	0	0	$\theta_{3,1,1}$
0	0	1	
0	1	0	$\theta_{3,2,1}$
0	1	1	
1	0	0	$\theta_{3,1,2}$
1	0	1	
1	1	0	$\theta_{3,2,2}$
1	1	1	

⇒

x_3	x_1	P
0	0	$\theta_{3,1,1}$
0	1	$\theta_{3,2,1}$
1	0	$\theta_{3,1,2}$
1	1	$\theta_{3,2,2}$

上式左辺の各分布は，表 6.4 に示す 3 つの CPT により定義できる．独立性を何も仮定しない場合，CPT 中のパラメータの数は 14 個だが，独立性を仮定することでその数は 8 個に減少した．このように独立性を仮定することは，同時分布の複雑性を緩和するために非常に重要である．

同時分布の複雑性を緩和するために，さまざまな条件付き独立性を仮定することができる．複数の条件付き独立性を簡潔に記述する方法として，有向非循環グラフ (Directed Acyclic Graph ; DAG) を用いる方法が知られている．$\mathrm{G} = \langle [N], \boldsymbol{V} \rangle$ を DAG とし，$[N]$ を $1, \ldots, N$ でラベル付けされた節点の集合，$\boldsymbol{V} \subset \{(i, i') \mid i, i' \in [N]\}$ を有向辺の集合とする．$(i, i') \in \boldsymbol{V}$ であるとき節点 i を節点 i' の親節点と呼び，節点 i の親節点の集合を $\Pi_i \subseteq [N]$ と表す．このとき，DAG G は同時分布 $P\big(\boldsymbol{X}_{[N]};\mathbf{\Theta}\big)$ が以下のように分解可能であることを表現する．

$$P\big(\boldsymbol{X}_{[N]};\mathbf{\Theta}\big) = \prod_{i \in N} P(X_i \mid \boldsymbol{X}_{\Pi_i};\mathbf{\Theta})$$

たとえば $N = 3$ のとき，図 6.1 (a) は独立性を仮定しない場合の DAG，(b)

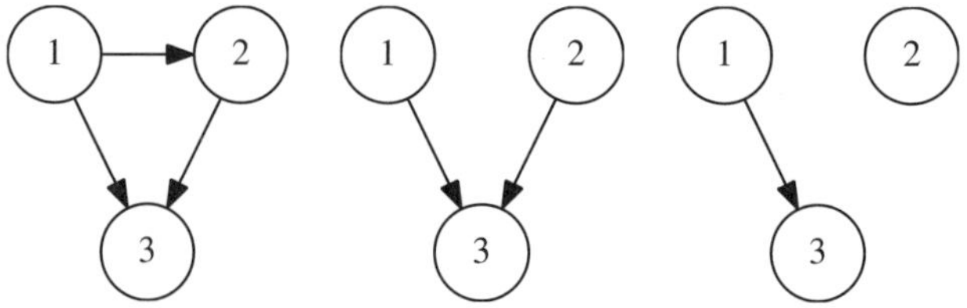

図 6.1　X_1, X_2, X_3 の独立性を表現する DAG．左から順に (a) 独立性の仮定なし，(b) $X_1 \perp\!\!\!\perp X_2$ を仮定，(c) $X_1 \perp\!\!\!\perp X_2$ かつ $X_2 \perp\!\!\!\perp X_3 \mid X_1$ 仮定した場合を表す

は $X_1 \perp\!\!\!\perp X_2$ を表現したDAG，(c) は $X_1 \perp\!\!\!\perp X_2$ かつ $X_2 \perp\!\!\!\perp X_3 \mid X_1$ を表現したDAGである．$\boldsymbol{X}_{[N]}$ 上の独立性を表現したDAG G が与えられたとき，パラメータの集合を $\boldsymbol{\Theta} = \{\theta_{i,j,k} \mid i \in [N], j \in [M_{\Pi_i}], k \in M_i\}$ とすれば，条件付き分布 $P(X_i \mid X_{\Pi_i}; \boldsymbol{\Theta})$ は以下のように定義される．

$$P\Big(X_i = x_i^k \mid \boldsymbol{X}_{\Pi_i} = \boldsymbol{x}_{\Pi_i}^j; \boldsymbol{\Theta}\Big) = \theta_{i,j,k}$$

独立性を仮定しない場合，CPT による同時分布の定義に必要なパラメータ数 $|\boldsymbol{\Theta}|$ は $\sum\{M_{[i]} \mid i \in [N]\}$ である．しかし，DAG G によって表現される独立性を仮定することで，パラメータ数は $\sum\{M_{\Pi_i \cup \{i\}} \mid i \in [N]\}$ に減少する．

上記で示したように，同時分布 $P\big(X_{[N]}; \boldsymbol{\Theta}\big)$ は，その条件付き独立性を表現する DAG と，各条件付き分布を定義する CPT によって定義できる．この DAG と CPT の組はベイジアンネットワーク (Bayesian Network ; BN) と呼ばれ，その解釈可能性の高さとグラフを利用した効率的な確率推論アルゴリズムの存在により，非常に多くの分野で利用されている．BN の例や，BN 上のアルゴリズム，BN の実問題へ応用は他章に譲ることにし，本章では，BN では効率的に表現できない，より細かな独立性につて解説する．

6.4 文脈依存独立性

条件付き独立性は，特定の確率変数が与えられたときに，確率変数が互いに独立となる性質である．一方で文脈依存独立性 (Context-Specific Independence ; CSI) は，特定の確率変数が特定の値を取るときに，確率変数が互いに独立になる性質である．つまり，条件付き独立性が変数レベルの独立性を表現するのに対して，文脈依存独立性は値レベルの独立性を表現する．ここではまず $N = 3$ の場合の文脈依存独立性を考える．

定義 6.6（3 変数の文脈依存独立性） 条件付き分布 $P(X_2, X_3 \mid X_1; \boldsymbol{\Theta})$ において，以下を満たすような $k \in [M_i]$ が存在するとき，X_2 と X_3 は文脈 $X_1 = x_1^k$ が与えられた下で互いに文脈依存独立であるといい，$X_2 \perp\!\!\!\perp X_3 \mid X_1 = x_1^k$ と

表 6.5　$X_2 \perp\!\!\!\perp X_3 \mid X_1 = 0$ を表す CPT

x_3	x_1	x_2	P
0	0	0	$\theta_{3,1,1}$
0	0	1	
0	1	0	$\theta_{3,2,1}$
0	1	1	$\theta_{3,3,1}$
1	0	0	$\theta_{3,1,2}$
1	0	1	
1	1	0	$\theta_{3,2,2}$
1	1	1	$\theta_{3,3,2}$

表 6.6　$X_1 = X_2$ なる行が共有された CPT

x_3	x_1	x_2	P
0	0	0	$\theta_{3,1,1}$
0	1	1	
0	1	0	$\theta_{3,2,1}$
0	0	1	$\theta_{3,3,1}$
1	0	0	$\theta_{3,1,2}$
1	1	1	
1	1	0	$\theta_{3,2,2}$
1	0	1	$\theta_{3,3,2}$

表す．

$$P\Big(X_2, X_3 \mid X_1 = x_1^k; \boldsymbol{\Theta}\Big) = P\Big(X_2 \mid X_1 = x_1^k; \boldsymbol{\Theta}\Big)\, P\Big(X_3 \mid X_1 = x_1^k; \boldsymbol{\Theta}\Big)$$
$$P\Big(X_2, X_3 \mid X_1 = x_1^{k'}; \boldsymbol{\Theta}\Big) \neq P\Big(X_2 \mid X_1 = x_1^{k'}; \boldsymbol{\Theta}\Big)\, P\Big(X_3 \mid X_1 = x_1^{k'}; \boldsymbol{\Theta}\Big)$$
$$\text{where } k \neq k'$$

つまり $X_2 \perp\!\!\!\perp X_3 \mid X_1 = x_1^k$ ならば，X_2 と X_3 は X_1 の値が x_1^k の場合に限り互いに条件付き独立であり，$P\big(X_3 \mid X_1 = x_1^k, X_2; \boldsymbol{\Theta}\big) = P\big(X_3 \mid X_1 = x_1^k; \boldsymbol{\Theta}\big)$ が成り立つ．

文脈依存独立性のように，確率変数の値によって変化する条件付き独立性は，通常の条件付き独立性と異なり，DAG により効率的に表現することはできない．たとえば $N = 3$ とし，$X_1 \perp\!\!\!\perp X_2$ かつ $X_2 \perp\!\!\!\perp X_3 \mid X_1 = x_1^k$ を仮定する．すると，これらの独立性を表現する DAG は，$X_1 = x_1^k$ のときは図 6.1(b) の形になり，$X_1 \neq x_1^k$ のときは図 6.1(c) の形になる．このように文脈依存独立性は 1 つの DAG 構造として表現できないため，CPT 上で表現する必要がある．たとえば，$X_2 \perp\!\!\!\perp X_3 \mid X_1 = 0$ は表 6.5 の CPT により表現される．表からわかるように，X_1 の値が 0 のときは X_2 の値によらず，$X_3 = 0$ となる確率は $\theta_{3,1,1}$ である．

ここではさらに，文脈依存独立性を一般化することを考える．先の例において，$X_2 \perp\!\!\!\perp X_3 \mid X_1 = 0$ を仮定すれば，条件付き分布 $P(X_3 \mid X_1, X_2; \boldsymbol{\Theta})$ は，条件部 (X_1, X_2) の値が $(0, 0)$ であっても $(0, 1)$ であっても同じ分布となる．つまり2つの値 $(0,0)$ と $(0,1)$ は，パラメータを共有するという意味で同値であると言える．つまり文脈依存独立性は，条件部の値 $\boldsymbol{D}_{\Pi_i}$ 上の同値関係を定義し，同値類に対して共通のパラメータを定めることで一般化できる．たとえば，条件付き分布 $P(X_3 \mid X_1, X_2; \boldsymbol{\Theta})$ の条件部の値 $\boldsymbol{D}_1 \times \boldsymbol{D}_2$ のうち，$x_1 = x_2$ を満たすものを同値であると定義すれば，条件付き分布は表6.6のCPTにより定義される．条件部の値 $\boldsymbol{D}_{\Pi_i}$ 上の同値関係を関数 $g_i(\boldsymbol{X}_{\Pi_i})$ $(i \in [N])$ によって定義することにすれば，文脈依存独立性は以下のように一般化できる．

定義 6.7（文脈依存独立性） DAG G により $\boldsymbol{X}_{[N]}$ 上の条件付き独立性が与えられているとする．各 $i \in [N]$ に対して，関数 $g_i : \boldsymbol{D}_{\Pi_i} \to \mathcal{G}_i$ が与えられるとし，$g_i(\boldsymbol{x}^k_{\Pi_i}) = g_i(\boldsymbol{x}^{k'}_{\Pi_i})$ であることを $\boldsymbol{x}^k_{\Pi_i} \sim \boldsymbol{x}^{k'}_{\Pi_i}$ と表す．このとき，条件付き分布 $P(X_i \mid \boldsymbol{X}_{\Pi_i}; \boldsymbol{\Theta})$ が以下を満たすとき，またそのときに限り，$X_{\Pi_i \cup \{i\}}$ は関数 g_i の元で文脈依存独立であるという．

$$\boldsymbol{x}^j_{\Pi_i} \sim \boldsymbol{x}^{j'}_{\Pi_i} \Longrightarrow P\Big(X_i \mid \boldsymbol{X}_{\Pi_i} = \boldsymbol{x}^j_{\Pi_i}; \boldsymbol{\Theta}\Big) = P\Big(X_i \mid \boldsymbol{X}_{\Pi_i} = \boldsymbol{x}^{j'}_{\Pi_i}; \boldsymbol{\Theta}\Big)$$

つまり条件付き分布 $P(X_i \mid \boldsymbol{X}_{\Pi_i}; \boldsymbol{\Theta})$ は，具体的な $\boldsymbol{X}_{\Pi_i}$ の値にはよらず，関数 $g_i(\boldsymbol{X}_{\Pi_i})$ の値にのみ依存して変化する．パラメータ集合を $\boldsymbol{\Theta} = \{\theta_{i,v,k} \mid i \in [N], v \in \mathcal{G}_i, k \in [M_i]\}$ とすれば，条件付き分布 $P(X_i \mid X_{\Pi_i}; \boldsymbol{\Theta})$ は $\{g_i \mid i \in [N]\}$ を用いて以下のように定義される．

$$P\Big(X_i = x^k_i \mid \boldsymbol{X}_{\Pi_i} = \boldsymbol{x}^j_{\Pi_i}; \boldsymbol{\Theta}\Big) = \theta_{i,v,k} \quad \text{where } v = g_i(\boldsymbol{x}^j_{\Pi_i})$$

同値類を $C_i(v) = \{\boldsymbol{x}^k_{\Pi_i} \in \boldsymbol{D}_{\Pi_i} \mid g_i(\boldsymbol{x}^k_{\Pi_i}) = v\}$ と表せば，パラメータ $\theta_{i,v,k}$ はCPT中の $|C_i(v)|$ 行で共有される．文脈依存独立性を仮定しない場合，BNによって定義される同時分布のパラメータ数 $|\boldsymbol{\Theta}|$ は $\sum\{M_{\Pi_i \cup \{i\}} \mid i \in [N]\}$ である．しかし，関数 $\{g_i \mid i \in [N]\}$ で定義される文脈依存性を仮定することで，パラメータ数は $\sum\{|\mathcal{G}_i| \mid i \in [N]\}$ に減少する．

しかし，パラメータ数が減少しても，パラメータを参照するためには関数 $g_i(X_{\Pi_i})$ を評価する必要があり，g_i を入力値と出力値の対応表で定義する場合，表の行数は $M_{\Pi_i} \times |\mathcal{G}_i|$ となり，パラメータを削減する前と同等程度の領域が必要になる．よって，真の意味で同時分布の複雑性を減らしたいのであれば，関数 g_i をコンパクトに表現する必要がある．関数 g_i をコンパクトに

表現する方法として，グラフ構造を利用する方法が数多く提案されている．これらの研究に関しては6.6節で述べる．

6.5　部分交換可能性

条件付き独立性も文脈依存独立性も，CPTにおけるパラメータの共有を定義しているという点では同じである．これに対して，部分交換可能性(Partial Exchangeability; PE)はJPTにおけるパラメータの共有を定義する．ここではまず，通常の交換可能性について定義する．

定義 6.8（交換可能性）　N 個の確率変数 $\boldsymbol{X}_{[N]}$ は共通の定義域 $\boldsymbol{D}$ をもつとする．つまり，$\boldsymbol{X}_{[N]}$ の定義域は $\boldsymbol{D}^N$ である．順列 $\pi : [N] \to [N]$ に対して，$\pi(\boldsymbol{x}_{[N]}) = (\boldsymbol{x}_{\pi(i)} \mid i \in [N])$ とする．つまり $\pi(\boldsymbol{x}_{[N]})$ は $\boldsymbol{x}_{[N]}$ の各要素を順列 π に従って並べ替えたものである．このとき，同時分布 $P\big(\boldsymbol{X}_{[N]};\boldsymbol{\theta}\big)$ において以下が成り立つとき，この同時分布は交換可能であるという．

$$P\big(\boldsymbol{X}_{[N]} = \boldsymbol{x}_{[N]};\boldsymbol{\Theta}\big) = P\big(\boldsymbol{X}_{[N]} = \pi(\boldsymbol{x}_{[N]});\boldsymbol{\Theta}\big)$$

今，$\boldsymbol{x}^k_{[N]}, \boldsymbol{x}^{k'}_{[N]}$ $(k, k' \in [M_{[N]}], k \neq k')$ において，$\boldsymbol{x}^k_{[N]} = \pi(\boldsymbol{x}^{k'}_{[N]})$ なる π が存在するとき，$\boldsymbol{x}^k_{[N]} \sim \boldsymbol{x}^{k'}_{[N]}$ と表す．すると交換可能性は，$\boldsymbol{x}^k_{[N]} \sim \boldsymbol{x}^{k'}_{[N]}$ ならば $P\Big(\boldsymbol{X}_{[N]} = \boldsymbol{x}^k_{[N]};\boldsymbol{\Theta}\Big) = P\Big(\boldsymbol{X}_{[N]} = \boldsymbol{x}^{k'}_{[N]};\boldsymbol{\Theta}\Big)$ であると言える．

交換可能性では，$\boldsymbol{D}_{[N]}$ 上の同値関係を並べ替え可能かで定義し，同値な値 $\boldsymbol{x}_{[N]}$ には共通のパラメータを割り当てる．部分交換可能性はこの同値関係を任意の同値関係に一般化したものである．$\boldsymbol{D}_{[N]}$ 上の同値関係を関数 $f(\boldsymbol{X}_{[N]})$ によって定義することにすれば，部分交換可能性は以下のように定義できる．

定義 6.9（部分交換可能性）　関数 $f : \boldsymbol{D}_{[N]} \to \mathcal{F}$ が与えられるとし，$f(\boldsymbol{x}^k_{[N]}) = f(\boldsymbol{x}^{k'}_{[N]})$ であることを $\boldsymbol{x}^k_{[N]} \sim \boldsymbol{x}^{k'}_{[N]}$ と表す．このとき，同時分布 $P\big(\boldsymbol{X}_{[N]};\boldsymbol{\Theta}\big)$ が以下を満たすとき，またそのときに限り，$\boldsymbol{X}_{[N]}$ は関数 f の元で部分交換可能であるという．

$$\boldsymbol{x}_{[N]}^{k} \sim \boldsymbol{x}_{[N]}^{k'} \Longrightarrow P\Big(\boldsymbol{X}_{[N]} = \boldsymbol{x}_{[N]}^{k}; \boldsymbol{\Theta}\Big) = P\Big(\boldsymbol{X}_{[N]} = \boldsymbol{x}_{[N]}^{k'}; \boldsymbol{\Theta}\Big)$$

つまり同時確率 $P\big(\boldsymbol{X}_{[N]} = \boldsymbol{x}_{[N]}; \boldsymbol{\Theta}\big)$ は，$\boldsymbol{X}_{[N]}$ の具体的な値 $\boldsymbol{x}_{[N]}$ で決まるのではなく，関数 $f(\boldsymbol{X}_{[N]})$ の値によって決まる．パラメータ集合を $\boldsymbol{\Theta} = \{\theta_v \mid v \in \mathcal{F}\}$ とすれば，同時分布 $P\big(\boldsymbol{X}_{[N]}; \boldsymbol{\Theta}\big)$ は $f(\boldsymbol{X}_{[N]})$ を用いて以下のように定義される．

$$P\Big(\boldsymbol{X}_{[N]} = \boldsymbol{x}_{[N]}^{k}; \boldsymbol{\Theta}\Big) = \theta_v \quad \text{where } v = f(\boldsymbol{x}_{[N]}^{k})$$

同値類を $C(v) = \{\boldsymbol{x}_{[N]} \in \boldsymbol{D}_{[N]} \mid f(\boldsymbol{x}_{[N]}) = v\}$ と表せば，パラメータ θ_v は JPT 中の $|C(v)|$ 行で共有される．また $\sum\{|C(v)|\theta_v \mid v \in \mathcal{F}\} = 1$ が成り立つ．部分交換可能性を仮定しない場合，パラメータ数 $|\boldsymbol{\Theta}|$ は $M_{[N]}$ である．しかし，関数 $f(\boldsymbol{X}_{[N]})$ で定義される部分交換可能性を仮定することで，パラメータ数は $|\mathcal{F}|$ に減少する．

部分交換可能性は DAG 構造として表現することはできない．たとえば $N = 3$ かつ $\boldsymbol{D}_i = \{0,1\}$ とし，関数 $f(X_1, X_2, X_3) = X_1 + X_2 + X_3$ ($\mathcal{F} = \{0,1,2,3\}$) によって部分交換可能性を仮定する．すると同時分布 $P(X_1, X_2, X_3; \boldsymbol{\Theta})$ は表 6.7 の JPT により定義され，周辺分布 $P(X_i; \boldsymbol{\Theta})$, $P(X_i, X_{i'}; \boldsymbol{\Theta})$ はそれぞれ表 6.8 となる．これらの周辺分布を用いて，$P(X_1, X_2, X_3; \boldsymbol{\Theta})$ が独立性や条件付き独立性を満たすかを検証しても，いかなる独立性も成り立たないことがわかる．つまり部分交換可能性は，条件付き独立性として表現することはできず，DAG 構造では記述できない．よってこの部分交換可能性は，条件付き独立性や文脈依存独立性と区別して扱う必要がある．

6.6 関連研究

ここまでは離散確率変数の同時分布に関するさまざまな独立性について紹介した．ここでは，これらの独立性に関する研究をいくつか簡単に紹介する．

表 6.7　交換可能性を満たす JPT

x_1	x_2	x_3	P
0	0	0	θ_0
0	0	1	
0	1	0	θ_1
1	0	0	
0	1	1	
1	0	1	θ_2
1	1	0	
1	1	1	θ_3

表 6.8　表 6.7 から計算される周辺分布

x_i	P
0	$\theta_0 + 2\theta_1 + \theta_2$
1	$\theta_1 + 2\theta_2 + \theta_3$

x_i	$x_{i'}$	P
0	0	$\theta_0 + \theta_1$
0	1	$\theta_1 + \theta_2$
1	0	
1	1	$\theta_2 + \theta_3$

独立性と最も深い関係にある研究として，グラフィカルモデルが挙げられる．グラフィカルモデルとは，同時分布を定義する際に，その条件付き独立性をグラフ構造で表現する手法である．グラフィカルモデルには，条件付き独立性を有向非循環グラフ (Directed Acyclic Graph ; DAG) で表現するベイジアンネットワーク (Bayesian Network ; BN) [16] と，条件付き独立性を無向グラフで表現するマルコフ確率場 (Markov Random Field ; MRF) の 2 種類が存在する．グラフ構造を利用することで，同時分布の独立性を考慮した効率的なアルゴリズムを設計することが可能になる．さらに，独立性がグラフとして表現されることで，人間が変数間の依存関係を視覚的に理解しやすいという利点もある．グラフィカルモデルは統計的機械学習の分野において非常に盛んに研究されており，自然言語処理やバイオインフォマティクス，情報推薦などさまざまな実問題に応用されている．

文脈依存独立性 (Context-Specific Independence ; CSI) はもともと BN の研究分野で注目された独立性である [1]．6.4 節で述べたように，CSI は DAG 構造で表現することはできず，DAG 構造のみを利用した確率推論手法では CSI を効率的に扱うことができない．そこで BN の DAG 構造ではなく，CSI を含む CPT の情報を別のグラフ構造に変換し，そのグラフ構造を用いることで CSI を効率的に扱う手法が数多く提案されている．これらの手法は Compiling Bayesian Networks と呼ばれ，変換後のグラフ構造はさまざまである．この Compiling BNs は，論理関数をグラフ構造に変換し，論理推論を効率的に行う手法である Knowledge Compilation [5] を，BN の確率推論に応用したものである．つまり，BN が与えられたとき，それを論理関数で表現し，論理関数を Knowledge Compilation によりコンパクトなグラフ構造に圧縮することで，独立性を考慮した効率的な確率計算を実現する．Knowledge Compilation によって生成されるグラフ構造の例として Binary Decision Diagram (BDD) [2], Zero-supressed BDD (ZDD) [12] や Deterministic Decomposable Negation Normal Form (d-DNNF) [4] などが挙げられ，BN をそれらのデータ構造にコンパイルし，効率的な確率計算を実現する手法が提案されている [3,11,13] .

Compiling BNs は BN の確率推論に Knowledge Compilation のアイディアを利用したものである．これに対して，BN のパラメータ学習に対して同様のアイディアを導入した手法も数多く提案されている．確率推論は，BN で定義された同時分布と確率事象が与えられたときに，その確率事象が起こる確率を計算するタスクである．一方，パラメータ学習は，BN の構造（CSI を含む）と複数の観測事象が与えられたときに，BN のモデルパラメータをデータから推定するタスクである．パラメータ学習では，確率推論と異なり，さまざまな期待値を計算する必要がある．これらの期待値計算を BN を変換したグラフ構造上の動的計画法により効率的に計算することで，独立性を考慮した効率的なパラメータ学習が実現できる．パラメータ学習を行う方法は数多く存在するが，BDD を利用した EM アルゴリズムによる最尤推定 [9]，変分法に基づくベイズ推定 [8] やサンプリングに基づくベイズ推定 [10] などが提案されている．

Compiling BNs では，BN をグラフ構造に圧縮するために論理を利用する．一方で，論理式を用いて同時分布を定義する研究も盛んに行われており，Statistical Relational Learning (SRL) や Probabilistic Logic Learning (PLL) などと呼ばれる [21]．Compiling BNs はあくまでも BN で定義された同時分布を効率的に扱うために論理を利用するが，SRL/PLL は決定的な関係を論理を用いて表現し，非決定的な（確率的な）関係を確率を用いて表現する．SRL/PLL は論理の記述力と確率の柔軟さを併せもつため，BN では表現できないような複雑なモデルを記述可能である．SRL/PLL を実現するための言語は Probabilistic Logic Programming (PLP) と呼ばれ，PLP の例として

Horn 節に基づく Probabilistic Horn Abduction (PHA) [17] や論理型言語である prolog を確率を扱えるように拡張した PRISM [22] や ProbLog [20]，一階述語論理を用いて MRF を定義する Markov Logic Network (MLN) [19] などがある．これらの PLP は，確率推論やパラメータ学習などの機能を有するが，それらは Compiling BNs と同様，論理式をコンパクトに表現するグラフ構造を用いて効率的に実現される．

コンパイルに基づく手法は，事前に確率モデルをグラフ構造に変換することで，そのモデル上の確率推論やパラメータ学習をグラフ構造のサイズに比例する時間で実現する．つまり，推論や学習に要する時間は得られたグラフ構造のサイズによるため，グラフ構造が指数的なサイズになる場合，推論や学習も指数的な時間を要する．このような不幸を回避するためには，グラフ構造が巨大にならないような確率モデルを考える必要がある．そこで，BN や論理式を介することなく，グラフ構造を用いて直接同時分布を定義する手法が提案されている．たとえば，Sum-Product Network (SPN) [18] は d-DNNF とよく似たネットワーク構造を用いて同時分布を定義し，その確率推論や学習は与えられたネットワークのサイズに比例する時間で実行する．さらに，観測データから効率的に学習可能である確率モデルを自動的に生成する手法なども提案されている [7]．これらの“効率的に計算できる”という性質は Tractability と呼ばれ，SRL/PLL においても，論理式がどのような性質をもつときに，それによって定義される確率分布が Tractable となるかが盛んに研究されている．たとえば Lifted Inference [6] は，述語論理の対称性を利用することで効率的な確率推論を行う手法のことである．この述語論理の対称性は 6.5 節で述べた部分交換可能性と非常に深い関係にあることが知られている [14]．また，この部分交換可能性を仮定することで効率的に学習可能な確率モデルとして Exchangeable Variable Model (EVM) [15] が提案されている．

6.7 おわりに

本章では離散変数上の同時分布を定義する上で非常に重要である独立性について解説した．6.2 節では独立性をまったく仮定しない場合，同時分布を定義するには指数的な数のパラメータが必要であることを述べ，6.3〜6.5 節では条件付き独立性，文脈依存独立性，部分交換可能性の 3 つの独立性を紹介し，これらの独立性を導入することでパラメータ数が削減できることを示した．条件付き独立性が確率変数間の依存関係を表すのに対して，文脈依存独立性は確率変数の値間の依存関係を表し，部分交換可能性は確率変数のグループの依存関係を表す．6.6 節ではこれらの独立性を効率的に扱う方法である，コンパイルに基づく手法をいくつか紹介し，それらの関係を述べた．ここで紹介したように，離散確率変数の独立性は，論理やグラフなどの離散構造を用いて効率的に扱えることが知られている．しかし，その扱い方は 1 通りではなく，非常に多くのグラフ構造や確率モデルの組合せが提案されている．今後，これらの研究が進むにつれ，新たな独立性や，独立性を効率的に扱うための新たなグラフ構造などが発見され，その結果，これまで知られていた確率モデルではうまく説明することができなかった実データの解析や予測，分類などが実現されると期待される．

参考文献

[1] Craig Boutilier, Nir Friedman, Moisés Goldszmidt, and Daphne Koller, Context-specific independence in bayesian networks, In Eric Horvitz and Finn Verner Jensen, editors, *UAI '96: Proceedings of the Twelfth Annual Conference on Uncertainty in Artificial Intelligence, Reed College, Portland, Oregon, USA, August 1-4, 1996*, pp. 115–123, Morgan Kaufmann, 1996.

[2] Randal E. Bryant, Graph-based algorithms for boolean function manipulation, *IEEE Trans. Computers*, Vol. 35, No. 8, pp. 677–691, 1986.

[3] Mark Chavira and Adnan Darwiche, Compiling bayesian networks with local structure, In Leslie Pack Kaelbling and Alessandro Saffiotti, editors, *IJCAI-05, Proceedings of the Nineteenth International Joint Conference on Artificial Intelligence, Edinburgh, Scotland, UK, July 30-August 5, 2005*, pp. 1306–1312, Professional Book Center, 2005.

[4] Adnan Darwiche, A compiler for deterministic, decomposable negation normal form, In Rina Dechter and Richard S. Sutton, editors, *Proceedings of the Eighteenth National Conference on Artificial Intelligence and Fourteenth Conference on Innovative Applications of Artificial Intelligence, July 28 - August 1, 2002, Edmonton, Alberta, Canada.*, pp. 627–634, AAAI Press / The MIT Press, 2002.

[5] Adnan Darwiche and Pierre Marquis, A knowledge compilation map, *J. Artif. Intell. Res. (JAIR)*, Vol. 17, pp. 229–264, 2002.

[6] Guy Van den Broeck, Nima Taghipour, Wannes Meert, Jesse Davis, and Luc De Raedt, Lifted probabilistic inference by first-order knowledge compilation, In Toby Walsh, editor, *IJCAI 2011, Proceedings of the 22nd International Joint Conference on Artificial Intelligence, Barcelona, Catalonia, Spain, July 16-22, 2011*, pp. 2178–2185, IJCAI/AAAI, 2011.

[7] Masakazu Ishihata and Tomoharu Iwata, Generating structure of latent variable models for nested data, In Nevin L. Zhang and Jin Tian, editors, *Proceed-*

ings of the Thirtieth Conference on Uncertainty in Artificial Intelligence, UAI 2014, Quebec City, Quebec, Canada, July 23-27, 2014, pp. 350–359, AUAI Press, 2014.

[8] Masakazu Ishihata, Yoshitaka Kameya, and Taisuke Sato, Variational bayes inference for logic-based probabilistic models on bdds, In Stephen Muggleton, Alireza Tamaddoni-Nezhad, and Francesca A. Lisi, editors, *Inductive Logic Programming - 21st International Conference, ILP 2011, Windsor Great Park, UK, July 31 - August 3, 2011, Revised Selected Papers*, Vol. 7207 of *Lecture Notes in Computer Science*, pp. 189–203, Springer, 2011.

[9] Masakazu Ishihata, Yoshitaka Kameya, Taisuke Sato, and Shin-ichi Minato, An EM algorithm on bdds with order encoding for logic-based probabilistic models, In Masashi Sugiyama and Qiang Yang, editors, *Proceedings of the 2nd Asian Conference on Machine Learning, ACML 2010, Tokyo, Japan, November 8-10, 2010*, Vol. 13 of *JMLR Proceedings*, pp. 161–176, JMLR.org, 2010.

[10] Masakazu Ishihata and Taisuke Sato, Bayesian inference for statistical abduction using markov chain monte carlo, In Chun-Nan Hsu and Wee Sun Lee, editors, *Proceedings of the 3rd Asian Conference on Machine Learning, ACML 2011, Taoyuan, Taiwan, November 13-15, 2011*, Vol. 20 of *JMLR Proceedings*, pp. 81–96, JMLR.org, 2011.

[11] Masakazu Ishihata, Taisuke Sato, and Shin-ichi Minato, Compiling bayesian networks for parameter learning based on shared bdds, In Dianhui Wang and Mark Reynolds, editors, *AI 2011: Advances in Artificial Intelligence - 24th Australasian Joint Conference, Perth, Australia, December 5-8, 2011, Proceedings*, Vol. 7106 of *Lecture Notes in Computer Science*, pp. 203–212, Springer, 2011

[12] Shin-ichi Minato, Zero-suppressed bdds for set manipulation in combinatorial problems, In *DAC*, pp. 272–277, 1993.

[13] Shin-ichi Minato, Ken Satoh, and Taisuke Sato, Compiling bayesian networks by symbolic probability calculation based on zero-suppressed bdds, In Veloso [23], pp. 2550–2555.

[14] Mathias Niepert and Guy Van den Broeck. Tractability through exchangeability: A new perspective on efficient probabilistic inference, In Carla E. Brodley and Peter Stone, editors, *Proceedings of the Twenty-Eighth AAAI Conference on Artificial Intelligence, July 27 -31, 2014, Québec City, Québec, Canada.*, pp. 2467–2475, AAAI Press, 2014.

[15] Mathias Niepert and Pedro M. Domingos, Exchangeable variable models, In *Proceedings of the 31th International Conference on Machine Learning, ICML 2014, Beijing, China, 21-26 June 2014*, Vol. 32 of *JMLR Proceedings*, pp. 271–279, JMLR.org, 2014.

[16] Judea Pearl, *Probabilistic reasoning in intelligent systems - networks of plausible inference*, Morgan Kaufmann series in representation and reasoning, Morgan

Kaufmann, 1989.

[17] David Poole, Probabilistic horn abduction and bayesian networks, *Artif. Intell.*, Vol. 64, No. 1, pp. 81–129, 1993.

[18] Hoifung Poon and Pedro M. Domingos, Sum-product networks: A new deep architecture, In Fábio Gagliardi Cozman and Avi Pfeffer, editors, *UAI 2011, Proceedings of the Twenty-Seventh Conference on Uncertainty in Artificial Intelligence, Barcelona, Spain, July 14-17, 2011*, pp. 337–346, AUAI Press, 2011.

[19] Luc De Raedt, Statistical relational learning: An inductive logic programming perspective, In Alípio Jorge, Luís Torgo, Pavel Brazdil, Rui Camacho, and João Gama, editors, *Knowledge Discovery in Databases: PKDD 2005, 9th European Conference on Principles and Practice of Knowledge Discovery in Databases, Porto, Portugal, October 3-7, 2005, Proceedings*, Vol. 3721 of *Lecture Notes in Computer Science*, pp. 3–5, Springer, 2005.

[20] Luc De Raedt, Angelika Kimmig, and Hannu Toivonen, Problog: A probabilistic prolog and its application in link discovery, In Veloso [23], pp. 2462–2467.

[21] Matthew Richardson and Pedro M. Domingos, Markov logic networks, *Machine Learning*, Vol. 62, No. 1-2, pp. 107–136, 2006.

[22] Taisuke Sato and Yoshitaka Kameya, PRISM: A language for symbolic-statistical modeling, In *Proceedings of the Fifteenth International Joint Conference on Artificial Intelligence, IJCAI 97, Nagoya, Japan, August 23-29, 1997, 2 Volumes*, pp. 1330–1339, Morgan Kaufmann, 1997.

[23] Manuela M. Veloso, editor, *IJCAI 2007, Proceedings of the 20th International Joint Conference on Artificial Intelligence, Hyderabad, India, January 6-12, 2007*, 2007.

第IV部

統計力学とグラフィカルモデル

第7章

確率推論への統計力学的アプローチ

7.1　はじめに

ベイジアンネットワーク，マルコフ確率場など確率モデルからの情報抽出では，確率変数に関する期待値を評価することや確率を最大にする変数の組合せを探索することが求められる．期待値の評価は，すべての変数の組合せに対してその変数の組合せが生成される確率と期待値評価の対象となる関数の積を足し合わせることにほかならない．確率の最大化も，すべての変数の組合せに対して確率値を比較することが必要になる．「すべての変数の組合せ」は変数の数（次元）に対してねずみ算式に増大するため，これらの課題は一般に計算量的に困難である．この困難はしばしば「次元の呪い」と呼ばれる．

さて，互いに影響しあう微視的素子の集団が示す巨視的な協力現象の理解を目的として発展してきた統計力学は，アボガドロ数（6.02×10^{23} 個！）にも及ぶ多数の変数に関する確率モデルによって対象をモデル化する枠組みと見なすことができる．そのため，確率推論と同様，計算量的困難が内在しているが，統計力学では物理系の観察や実験結果を参照しながら近似法を開発することでこれを克服してきた．近年，こうした接近法は確率推論における次元の呪いを実際的に解決する手段としても注目されている．

本章では，統計力学における代表的な近似法である平均場近似に関し，基本的な考え方と2つの発展的な方法を紹介する．

7.2　イジングモデル

7.2.1　強磁性相転移とイジングモデル

強磁性体（磁石になる物質）の性質は温度によって不連続に変化することが知られている．具体的には，臨界温度以上では，外場（外部磁場）を加えない限り磁化（磁石の強さ）が生じない一方で，臨界温度以下になると外場をゼロまで弱めても無視できない大きさの磁化（**自発磁化 (spontaneous magnetization)**）が残るようになる．これらの性質はそれぞれ**常磁性 (paramagnetism)**，**強磁性 (ferromagnetism)** と呼ばれ，強磁性体の状態は臨界温度以上では**常磁性相 (paramagnetic phase)**，臨界温度以下では**強磁性相 (ferromagnetic phase)** にあると分類される．外部パラメータの変化によって物質の巨視的な性質が変化するこうした現象は一般に**相転移 (phase transition)** と呼ばれる．

イジングモデル (Ising model) は強磁性体の相転移を分析するために導入された数理模型である．磁性体にはその基本素子である原子や分子のレベルで**スピン (spin)** と呼ばれる弱い磁石の性質が備わっており，強磁性はスピンの向きが巨視的に揃うことによって生じると考えられる．この仕組みをできるだけ簡単に表現するために，結晶構造を模した，境界の影響を無視できる十分大きな格子を想定し，各格子点 i 上に**イジングスピン (Ising spin)** $x_i \in \{+1, -1\}$ を配置する．スピンの大きさは1に固定されており，ある軸に対してその向きが平行 (+1) あるいは反平行 (−1) になる以外に自由度はない，としたモデル化である．隣接するスピンは互いに影響を及ぼし合う．また，一般には外場の影響も考えられる．こうした電磁力学的な特性は**ハミルトニアン (Hamiltonian)** と呼ばれるエネルギー関数を

$$H(\boldsymbol{x}) = -J\sum_{(ij)} x_i x_j - h\sum_i x_i \tag{7.1}$$

と仮定することでモデルに取り入れられる．ただし，$J>0$であり，(ij)は隣接格子点の対を意味している．

J，hはそれぞれ相互作用，外場の強さを表しており，Jが正であることが強磁性に対応している．このことは以下の機構に基づいている．エネルギー保存則の帰結から，熱的な励起のない限り，物質はエネルギー値の低い状態を好む．外場のない状況 ($h=0$) を考えると，$J>0$であればスピン対の積 $x_i x_j$ が正になる方がエネルギーは下がる．この論法をすべてのスピン対に当てはめると，もっともエネルギーが低いのはすべてのスピンが $+1$ あるいは -1 に揃った状態であることがわかる．このことはハミルトニアン (7.1) を仮定すれば熱的な励起の少ない低温でスピンの向きが巨視的に揃った強磁性相が生じることを意味している．

7.2.2 統計力学の形式論と計算量的困難

ただし，相転移を議論するためには有限温度の状態を調べる必要がある．統計力学では，絶対温度 T における物理量は**カノニカル分布 (canonical distribution)**

$$P_\beta(\boldsymbol{x}) = \frac{\exp\left(-\beta H(\boldsymbol{x})\right)}{Z_\beta(J,h)} \tag{7.2}$$

に関する期待値によって評価される．ただし，βはTの逆数に比例するパラメータであり**逆温度 (inverse temperature)** と呼ばれる．以下，比例定数が1となる単位系であるとする．

$$Z_\beta(J,h) = \sum_{\boldsymbol{x}} \exp\left(-\beta H(\boldsymbol{x})\right) \tag{7.3}$$

は**分配関数 (partition function)** と呼ばれ，統計力学において重要な役割を果たす．たとえば強磁性を特徴づける自発磁化は $h\to 0$ でのスピンの巨視的な期待値として

$$M = \lim_{h\to 0} \frac{1}{N} \sum_{i=1}^{N} \sum_{\boldsymbol{x}} x_i P_\beta(\boldsymbol{x}) \tag{7.4}$$

により定義されるが，分配関数を用いると

$$M = \lim_{h\to 0} \frac{\partial}{\partial h} \frac{1}{N\beta} \log Z_\beta(J,h) \tag{7.5}$$

のように評価することができる．ただし，全スピン数を N とした．また，$F = -\beta^{-1}\log Z_\beta(J,h)$ を熱力学における自由エネルギーとみなすと，(7.1) に限らず任意のハミルトニアンに対して恒等式

$$\beta\left(\frac{\partial(\beta F)}{\partial\beta} - F\right) = -\sum_{\boldsymbol{x}} P_\beta(\boldsymbol{x})\log P_\beta(\boldsymbol{x}) \tag{7.6}$$

が成立する．左辺は熱力学によるエントロピーの評価式を，右辺はカノニカル分布に対する情報論的エントロピーの定義（の定数倍）をそれぞれ表しており，このことは熱力学と統計力学の整合性を示す根拠を与えている．

相転移の有無を調べるためには，(7.4) あるいは (7.5) によって M を T の関数として評価し，有限の臨界温度 T_c 以下で $M \neq 0$ の解が生じるか否かを吟味すればよい．ただし，(7.4) であれ (7.5) であれ，$\sum_{\boldsymbol{x}}(\cdots)$ は $\boldsymbol{x} \in \{+1,-1\}^N$ が取り得る 2^N の状態すべてに関する和を評価することが必要であるため，一般に，この評価は計算量的に困難である．もちろん，規則的な格子の上に定義された簡潔なハミルトニアン (7.1) により定められるイジングモデルでは，その規則性を上手に利用することで分配関数を解析的に評価できるかもしれない．実際，1 次元格子や外場のない 2 次元正方格子 ($N \to \infty$) の強磁性イジングモデルは解析的に厳密解が得られる．特に，2 次元強磁性イジングモデルは統計力学の枠組みから数学的に厳密に相転移を記述できることがはじめて示された金字塔として知られている [1]．しかしながら，現実の物質と対応する 3 次元の強磁性イジングモデルについては厳密解は未だ得られておらず，厳密な結果が得られる例は特殊な条件を満たすモデル群に事実上限られている．

こうした背景から，多変数の確率モデルに対し，実際的な時間で期待値や分配関数（自由エネルギー）を近似的に評価する平均場近似の開発は統計力学における中心的な課題の1つとなっている．

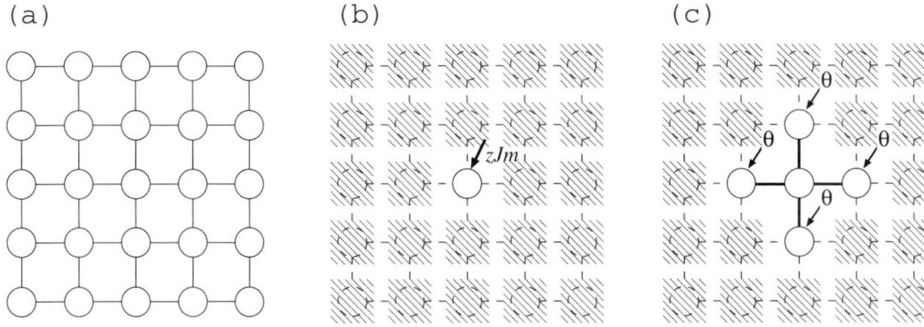

図 7.1 (a)：2 次元正方格子上の強磁性イジングモデル．○ がイジングスピン $x_i \in \{+1, -1\}$ を表している．(b)：分子場近似．1 つのスピンに着目し，他のスピンからの影響は分子場 zJm で代替されると考える．(c)：ベーテ近似．1 つのスピンとそれと最隣接しているスピンの組に着目．それら以外のスピンからの影響は最隣接スピンに印加されたキャビティ場 θ で代替されると考える．(b)，(c) ではそれぞれ m，θ を自己無撞着に定める

7.3 基本的な平均場近似

7.3.1 分子場近似

はじめに最も基本的な平均場近似である**分子場近似 (molecular field approximation)** [2] について説明する．隣接格子点の数が z の格子 (図 7.1(a)) を想定し，格子点 i のスピン x_i に着目する．x_i は i に関する隣接格子点の集合 (近傍) ∂i に属する格子点 $j \in \partial i$ のスピン x_j と相互作用するが，x_j からの影響はその期待値 $\langle x_j \rangle$ に置き換えて評価してもさほど問題はないと期待される (図 7.1(b))．また，格子の並進対称性からすべてのスピン x_k $(k = 1, 2, \ldots, N)$ は同じ期待値 $\langle x_k \rangle = m$ をもつと考えてよい．これらのことから，x_i の周辺分布 $P_\beta(x_i) = \sum_{\boldsymbol{x} \backslash x_i} P_\beta(\boldsymbol{x})$ は有効ハミルトニアン

$$H_i^{\mathrm{eff}}(x_i) = -J x_i \sum_{j \in \partial i} \langle x_j \rangle - h x_i = -(zJm + h) x_i \tag{7.7}$$

に対するカノニカル分布で近似できると期待される．ただし，以下，一般に $X \backslash x$ はベクトルや集合を表す X から成分や要素を表す x を除く操作を意味

するものとする．(7.7) は相互作用のないスピンに $zJm + h$ の外場が印加されている系のハミルトニアンと解釈することができる．$zJm + h$ は相互作用する相手（分子）からの影響を繰り込んだ外場であるため，**分子場 (molecular field)** あるいは**平均場 (mean field)** と呼ばれる．これが分子場近似，平均場近似の名前の由来である．

ところで，x_i は勝手に着目したスピンなので，その期待値は他のスピンと同じはずである．そこで (7.7) に対するカノニカル分布を使って x_i の期待値を評価し，それを m と等値とすると

$$\langle x_i \rangle = \sum_{x_i \in \{+1,-1\}} x_i \frac{e^{\beta(zJm+h)x_i}}{2\cosh\left(\beta(zJm+h)\right)} = \tanh\left(\beta(zJm+h)\right) = m \tag{7.8}$$

という，m に関する**自己無撞着方程式 (self-consistent equation)** が得られる．外場のない $h \to 0$ の状況を想定し，$\beta_c = T_c^{-1} = (zJ)^{-1}$ とおくと，この方程式は

$$T \begin{cases} < T_c \ \to \pm m^* \ (m^* > 0) \text{ の解をもつ} \\ \geq \beta_c \ \to m = 0 \text{ しか解をもたない} \end{cases} \tag{7.9}$$

という振る舞いを示す．$T = T_c$ を境とした期待値の定性的変化は強磁性相転移を記述しており，$T < T_c$ における $m \neq 0$ の解は自発磁化の出現に対応していると解釈される（図 7.2）.

7.3.2　ベーテ近似

分子場近似により，計算量的困難を回避しながら相転移の特徴を定性的に再現することができた．しかしながら，臨界温度 T_c の値など定量的な正確さという観点では改善の余地がある．たとえば，外場のない 2 次元強磁性イジングモデルの厳密解は $T_c/J = (\beta_c J)^{-1} \simeq 2.27$ を与える．一方，分子場近似での 2 次元強磁性体イジングモデルの自発磁化に対する臨界温度の評価値は $T_c/J = 4$ であり，厳密解の与える真値と比較してかなり過大に評価されている．加えて，厳密解においては比熱は $T = T_c$ で発散するが，分子場近似では不連続であるものの有限値にとどまるという違いもある．そこ

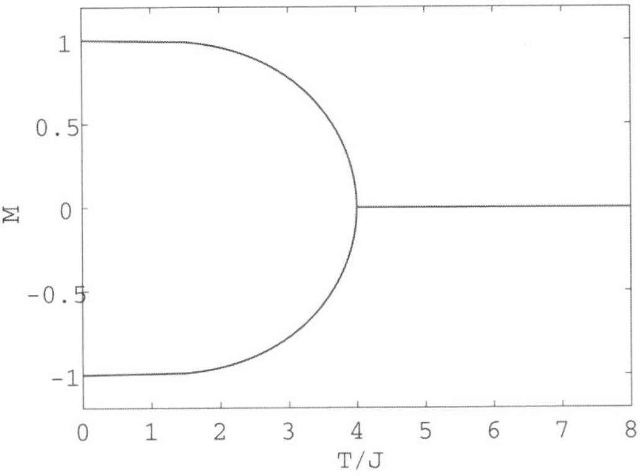

図 7.2　$h \to 0$ の 2 次元強磁性イジングモデルに対して分子場近似により得られる自発磁化

で，分子場近似を改良する方法が多数検討されてきた．**ベーテ近似 (Bethe approximation)** [3] はその代表的方法である．

ベーテ近似の基本的な発想は，着目したスピンに対し，最隣接相互作用は厳密に評価して，それより遠くに位置するスピンの影響は周辺分布で近似する，というものである（図 7.1(c)）．隣り合うスピンとの相互作用は正しく考慮されているので，分子場近似によるものよりも近似の精度は改善されると期待される．着目する格子点を i としてハミルトニアンを

$$\begin{aligned} H(\boldsymbol{x}) &= -x_i\left(J\sum_{j\in\partial i} x_j + h\right) - J\sum_{(k,l)|k\neq i,l\neq i} x_k x_l - h\sum_{j\neq i} x_j \\ &= -x_i\left(J\sum_{j\in\partial i} x_j + h\right) + H_{\backslash i}(\boldsymbol{x}\backslash x_i) \end{aligned} \tag{7.10}$$

のように変形する．ただし，$H_{\backslash i}(\boldsymbol{x}\backslash x_i)$ は $H(\boldsymbol{x})$ から x_i に関係する項をすべて除いた関数，すなわち，元のシステムから x_i を取り除いて得られるシステムのハミルトニアンを表現している．

ベーテ近似では，$H_{\backslash i}(\boldsymbol{x}\backslash x_i)$ が $j \in \partial i$ のスピンに与える影響を補助的な外場 θ（＝周辺分布を表すパラメータ）で代替する（図 7.1(c)）．x_i がないシステムを代替する外場なので，θ はしばしば**キャビティ（空孔）場 (cavity field)** と呼ばれる．これは $H(\boldsymbol{x})$ が i とその近傍の格子点 $j \in \partial i$ のスピンに関して，有効ハミルトニアン

$$H^{\rm eff}(x_i,\{x_{j\in\partial i}\}) = -x_i\left(J\sum_{j\in\partial i}x_j + h\right) - \theta\sum_{j\in\partial i}x_j \tag{7.11}$$

で近似することを意味している．x_i と $\{x_{j\in\partial i}\}$ の結合分布を (7.11) に関するカノニカル分布によって $P_\beta(x_i,\{x_{j\in\partial i}\}) \propto \exp\left(-\beta H^{\rm eff}(x_i,\{x_{j\in\partial i}\})\right)$ と表現する．$x\in\{+1,-1\}$ と任意の実数 $\forall A\in\mathbb{R}$ に対して

$$e^{Ax} = 2\cosh(A)\times\frac{e^{Ax}}{2\cosh(A)} = 2\cosh(A)\times\frac{1+x\tanh(A)}{2} \tag{7.12}$$

$$\sum_{x\in\{+1,-1\}} x\times\frac{1+x\tanh(A)}{2} = \tanh(A) \tag{7.13}$$

が成り立つことを使い，結合分布 $P_\beta(x_i,\{x_{j\in\partial i}\})$ を周辺化する．具体的には，(7.12)，(7.13) から

$$\begin{aligned}
&\sum_{\{x_{j\in\partial i}\}\in\{+1,-1\}^z} e^{-\beta H^{\rm eff}(x_i,\{x_{j\in\partial i}\})}\\
&= e^{\beta h x_i}\sum_{\{x_{j\in\partial i}\}\in\{+1,-1\}^z}\prod_{j\in\partial i}(e^{\beta J x_i x_j}\times e^{\beta\theta x_j})\\
&= (4\cosh(\beta J)\cosh(\beta\theta))^z e^{\beta h x_i}\prod_{j\in\partial i}\left\{\sum_{x_j\in\{+1,-1\}}\left(\frac{1+x_ix_j\tanh(\beta J)}{2}\times\frac{1+x_j\tanh(\beta\theta)}{2}\right)\right\}\\
&= (4\cosh(\beta J)\cosh(\beta\theta))^z e^{\beta h x_i}\left(\frac{1+x_i\tanh(\beta J)\tanh(\beta\theta)}{2}\right)^z\\
&= \left(\frac{2\cosh(\beta J)\cosh(\beta\theta)}{\cosh(\beta\hat{\theta})}\right)^z e^{\beta(z\hat{\theta}+h)x_i}
\end{aligned} \tag{7.14}$$

と変形できることに注意すると，x_i の周辺分布は

$$P_\beta(x_i) = \sum_{\{x_{j\in\partial i}\}\in\{+1,-1\}^z} P_\beta(x_i,\{x_{j\in\partial i}\}) = \frac{1+x_i\tanh\left(\beta(z\hat{\theta}+h)\right)}{2} \tag{7.15}$$

と評価されることがわかる．ただし，

$$\hat{\theta} = \frac{1}{\beta}\tanh^{-1}\left(\tanh(\beta J)\tanh(\beta\theta)\right) \tag{7.16}$$

とおいた．$\hat{\theta}$ はしばしば**有効場 (effective field)** あるいは**キャビティバイアス (cavity bias)** と呼ばれる．これより，x_i の期待値 $\langle x_i\rangle = m$ と θ を結ぶ関係式

表 7.1 2 次元強磁性イジングモデルに対する臨界温度の評価値

評価法	分子場近似	ベーテ近似	厳密解
T_c/J	4	2.89	2.27

$$m = \sum_{x_i \in \{+1,-1\}} x_i P_\beta(x_i) = \tanh\left(\beta(z\hat{\theta} + h)\right) \tag{7.17}$$

が得られる.

キャビティ場 θ の決め方をまだ述べていない. これには, θ が $H_{\setminus i}(\boldsymbol{x}\setminus x_i)$ を代替するための外場である, ということを用いる. 元のシステムから x_i を取り除き, i の近傍にある格子点 $j \in \partial i$ のスピン x_j に着目する. x_i が取り除かれているため j の近傍にあるスピン数は $z-1$ 個になるが, x_j とその近傍にあるスピン $\{x_{k\in\partial j\setminus i}\}$ の組について, 上と同様の議論を繰り返す. ただし, x_i が取り除かれたシステムに関する評価なので, x_j の期待値は外場 θ のみで定まる期待値と一致しなければならない. 具体的には (7.17) において z を $z-1$ に置き換えたものと $\tanh(\beta\theta)$ が一致しなければならない. このことから θ に関する自己無撞着方程式

$$\theta = (z-1)\hat{\theta} + h = \frac{1}{\beta}(z-1)\tanh^{-1}(\tanh(\beta J)\tanh(\beta\theta)) + h \tag{7.18}$$

が得られる. 実際に計算を行う際には, (7.18) に基づいてキャビティ場 θ を求めたのち, スピンの期待値を (7.17) から求めるという手順になる.

$h \to 0$ とした 2 次元強磁性イジングモデルに対してベーテ近似を用いると, 臨界温度は $T_c/J \simeq 2.89$ となり, 分子場近似と比較して厳密解の評価値へ大幅に近づいている (表 7.1). 最隣接相互作用を正しく評価しただけで, これほど近似精度が改良するのであれば正しく評価する相互作用の範囲を増やせば評価値はさらに改善されると期待される. こうしたアイデアは**クラスター変分法 (cluster variation method)** として定式化されている [4–6].

7.4　発展的な平均場近似

強磁性体のイジングモデルを例として，統計力学で用いられる基本的な平均場近似を紹介した．しかしながら，格子上に定義された同一の相互作用，外場によって定義される確率モデルで表現できる確率推論のクラスは限定的であり，より一般的な確率モデルへの平均場近似の拡張が望まれる．以下では，こうした観点から拡張された2つの発展的な平均場近似について述べる．

7.4.1　キャビティ法

強磁性体のイジングモデルでは，変数間の依存関係は2体相互作用に限られていた．しかしながら，一般の確率モデルでは，相互作用が3つ以上の変数を含む関数で表現される場合やそもそも確率モデルがハミルトニアンの形式で表現されていない場合も多い．**キャビティ法 (cavity method)** はそういった一般的な確率モデルに対してベーテ近似を拡張した方法であると位置づけられる [7].

ファクターグラフ

N 次元の確率変数 $\boldsymbol{x} = (x_i)$ に関する結合分布が

$$P(\boldsymbol{x}) = \frac{1}{Z}\prod_a \psi_a(\boldsymbol{x}_a) \tag{7.19}$$

のように表現されている状況を想定する[1)]．以下，x_i は離散変数であるとして表記しているが，連続変数の場合は $\sum_{\boldsymbol{x}}$ を $\int d\boldsymbol{x}$ のように読み替えればよい．$\psi_a(\boldsymbol{x}_a)(\geq 0)$ はポテンシャル関数と呼ばれ $\boldsymbol{x}$ に含まれる一部の成分の組 $\boldsymbol{x}_a$ の関数である．たとえば，強磁性体のイジングモデルの場合，隣接格子点

1) 変数が1つだけ含まれているポテンシャル関数を特別視する表現もある．そうした表現はクラスタ変分法など，より進んだ近似法へ拡張する場合に都合がよい．ただし，本章のレベルでは特に利点がないので，ここでは表現の簡潔性を優先しすべてのポテンシャル関数を同等に扱う．

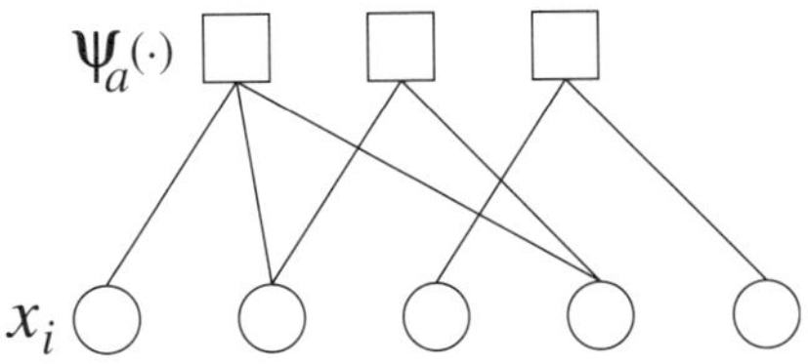

図 7.3 $P(\boldsymbol{x}) = (1/Z)\psi_1(\boldsymbol{x}_1)\psi_2(\boldsymbol{x}_2)\psi_3(\boldsymbol{x}_3)$ $(\boldsymbol{x}_1 = (x_1, x_2, x_4), \boldsymbol{x}_2 = (x_2, x_4), \boldsymbol{x}_3 = (x_3, x_5))$ に関するファクターグラフ．○ノードは左から順に $x_1, x_2, \ldots, x_5$，□ノードは左から順に $\psi_1(\boldsymbol{x}_1), \psi_2(\boldsymbol{x}_2), \psi_3(\boldsymbol{x}_3)$ を表している

対 (ij) や格子点 i が a，$\exp(\beta J x_i x_j)$ や $\exp(\beta h x_i)$ がポテンシャル関数，(x_i, x_j) が $\boldsymbol{x}_a$ にそれぞれ対応する．Z は分配関数に対応する．

x_i が関係しているポテンシャル関数に関する添字の集合を ∂i，$\boldsymbol{x}_a$ に含まれる成分の添字の集合を ∂a と表す．確率変数の各成分を○，各ポテンシャル関数を□といった 2 種類のノードで表現し，すべての a に対し，対応する□ノードと ∂a に含まれる添字に対応するすべての○ノードを辺でつなぐ．すると，結合分布 (7.19) の変数間の依存関係は**ファクターグラフ (factor graph)** と呼ばれる向きのない 2 部グラフで表現される（図 7.3）．

ファクターグラフによる表現では

> 確率変数に対応する 2 つの○ノードが互いに連結していない 2 つの異なる部分グラフにそれぞれ含まれる $\Longrightarrow$ 2 つの確率変数は統計的に独立である

という命題が一般に成り立つ．確率変数の統計的独立性は確率推論における計算コストに大きな影響を与える．このことは確率モデルのグラフ表現が確率推論で必要となる計算コストと密接に関係していることを意味している．

周辺分布とキャビティ分布との間に成り立つ関係式

確率推論では結合分布 (7.19) からの周辺分布 $P(x_i) = \sum_{\boldsymbol{x} \setminus x_i} P(\boldsymbol{x})$ の評価を求められることが多い．これに関連して，以下の等式が任意のシステムに対して厳密に成立することに着目する．

$$P(x_i) = \frac{\left\langle \prod_{a \in \partial i} \psi_a(\boldsymbol{x}_a) \right\rangle_{\setminus x_i}}{\sum_{x_i} \left\langle \prod_{a \in \partial i} \psi_a(\boldsymbol{x}_a) \right\rangle_{\setminus x_i}} \tag{7.20}$$

ただし，$\langle\cdots\rangle_{\backslash x_i}$ は x_i に直接関係しないすべてのポテンシャル関数によって定義される x_i を除いた確率変数の組 $\boldsymbol{x}\backslash x_i$ に対する結合分布（しばしば**キャビティ分布 (cavity distribution)** と呼ばれる）

$$P_{\backslash i}(\boldsymbol{x}\backslash x_i) = \frac{\prod_{b\notin\partial i}\psi_b(\boldsymbol{x}_b)}{\sum_{\boldsymbol{x}\backslash x_i}\prod_{b\notin\partial i}\psi_b(\boldsymbol{x}_b)} \tag{7.21}$$

に関する平均を表している．(7.20) は，x_i に直接かかわるすべてのポテンシャル関数の積をキャビティ分布で平均して得られる有効ポテンシャル関数 $\psi_i^{\mathrm{eff}}(x_i) = \langle\prod_{a\in\partial i}\psi_a(\boldsymbol{x}_a)\rangle_{\backslash x_i}$ を規格化したものが x_i の周辺分布に一致する，ということを意味している．

証明 7.1　ポテンシャル関数の積を x_i を含むものと含まないものに分けて

$$P(\boldsymbol{x}) = \frac{\prod_{a\in\partial i}\psi_a(\boldsymbol{x}_a)\prod_{b\notin\partial i}\psi_b(\boldsymbol{x}_b)}{\sum_{\boldsymbol{x}}\prod_{a\in\partial i}\psi_a(\boldsymbol{x}_a)\prod_{b\notin\partial i}\psi_b(\boldsymbol{x}_b)} \tag{7.22}$$

と表現する．さらに右辺の分母と分子をともに定数 $\sum_{\boldsymbol{x}\backslash x_i}\prod_{b\notin\partial i}\psi_b(\boldsymbol{x}_b)$ で割ると (7.21) から

$$P(\boldsymbol{x}) = \frac{\left(\prod_{a\in\partial i}\psi_a(\boldsymbol{x}_a)\right)P_{\backslash i}(\boldsymbol{x}\backslash x_i)}{\sum_{\boldsymbol{x}}\left(\prod_{a\in\partial i}\psi_a(\boldsymbol{x}_a)\right)P_{\backslash i}(\boldsymbol{x}\backslash x_i)} \tag{7.23}$$

が得られる．周辺化 $\sum_{\boldsymbol{x}\backslash x_i}$ を行い，さらに分母に対して $\sum_{\boldsymbol{x}}(\cdots) = \sum_{x_i}\left\{\sum_{\boldsymbol{x}\backslash x_i}(\cdots)\right\}$ であることを用いると (7.20) が得られる．

ビリーフプロパゲーション

(7.20) は有効ポテンシャル $\psi_i^{\mathrm{eff}}(x_i) = \langle\prod_{a\in\partial i}\psi_a(\boldsymbol{x}_a)\rangle_{\backslash x_i}$ の評価に要する計算量と周辺分布 $P(x_i)$ を評価するために必要な計算量が同程度であることを意味している．残念ながら一般にはキャビティ分布 $P_{\backslash i}(\boldsymbol{x}\backslash x_i)$ にも変数間に複雑な依存関係があり，この分布に関する平均が必要な $\psi_i^{\mathrm{eff}}(x_i)$ の評価は計算量的に困難である．しかしながら，$P(\boldsymbol{x})$ を表現したファクターグラフがループを含まない**ハイパーツリー (hypertree)**（図 7.4(a)）となる場合には，効率的に $\psi_i^{\mathrm{eff}}(x_i)$ や $P(x_i)$ を評価することが可能になる．

各 $a\in\partial i$ に対し，$\psi_a(\boldsymbol{x}_a)$ を除いた系（a キャビティ系と呼ぶ）に関する $\boldsymbol{x}_a$ に含まれる成分 x_j の周辺（1体）分布が評価できているとして，それを $m_{j\to a}(x_j)$ と書く．ファクターグラフがハイパーツリーの場合には

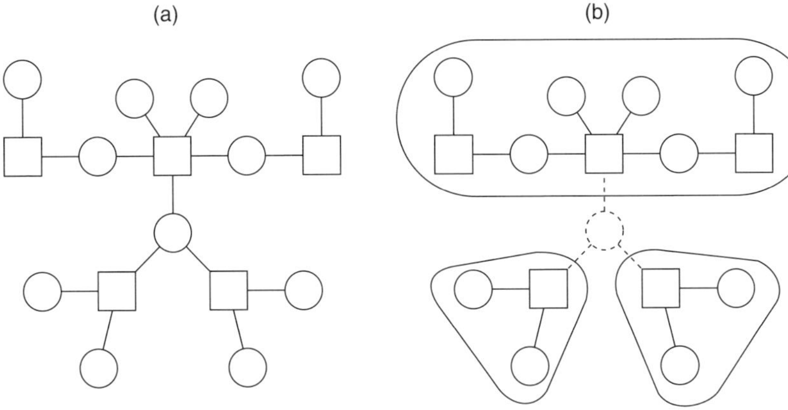

図 7.4　(a)：ハイパーツリー＝ループを含まないファクターグラフの例．(b)：ハイパーツリーではすべての○ノードについて，そのノードを除去するとグラフの残りの部分はそのノードが有している辺の数だけの互いに連結していない部分グラフに分離される

- $a, b, c, \ldots \in \partial i$ について $\boldsymbol{x}_a, \boldsymbol{x}_b, \boldsymbol{x}_c, \ldots$ に共通して含まる変数は x_i のみである
- x_i を表す○ノードを取り除くと $a, b, c, \ldots \in \partial i$ に対応する□ノードは，互いに連結していない部分グラフに分離される

という性質がすべての○ノードについて成り立つ（図 7.4(b)）．前述のとおり，互いに連結していない異なる部分グラフに含まれる確率変数は統計的に独立である．つまり，ハイパーツリーで表現されるシステムのキャビティ分布に関しては，統計的独立性に基づき部分グラフ間で独立して平均評価を行うことが可能になり

$$\begin{aligned}\psi_i^{\mathrm{eff}}(x_i) &= \sum_{\boldsymbol{x}\backslash x_i}\left(\prod_{a\in\partial i}\psi_a(\boldsymbol{x}_a)\right)P_{\backslash i}(\boldsymbol{x}\backslash x_i) \\ &= \prod_{a\in\partial i}\left(\sum_{\boldsymbol{x}_a\backslash x_i}\psi_a(\boldsymbol{x}_a)\prod_{j\in\partial a\backslash i}m_{j\to a}(x_j)\right)\end{aligned}\tag{7.24}$$

が厳密に成り立つ．∂i および，すべての $a \in \partial i$ に対する ∂a の大きさがともに $O(1)$ である限り，(7.24) の右辺は $O(1)$ 程度の計算コストで評価できる．すなわち，計算量的困難は生じない．同様に，a キャビティ系の有効ポテン

シャル $\psi^{\mathrm{eff}}_{i\to a}(x_i)$ に関する厳密な表現

$$\psi^{\mathrm{eff}}_{i\to a}(x_i) = \prod_{b\in\partial i\backslash a}\left(\sum_{\boldsymbol{x}_b\backslash x_i}\psi_b(\boldsymbol{x}_b)\prod_{j\in\partial b\backslash i} m_{j\to b}(x_j)\right) \tag{7.25}$$

が得られるが，この右辺の評価にも計算量的困難は生じない．ところで，定義から $m_{i\to a}(x_i)$ とは $\psi^{\mathrm{eff}}_{i\to a}(x_i)$ を規格化したものにほかならない．このことから

$$m_{i\to a}(x_i) = \frac{\prod_{b\in\partial i\backslash a}\left(\sum_{\boldsymbol{x}_b\backslash x_i}\psi_b(\boldsymbol{x}_b)\prod_{j\in\partial b\backslash i} m_{j\to b}(x_j)\right)}{\sum_{x_i}\prod_{b\in\partial i\backslash a}\left(\sum_{\boldsymbol{x}_b\backslash x_i}\psi_b(\boldsymbol{x}_b)\prod_{j\in\partial b\backslash i} m_{j\to b}(x_j)\right)} \tag{7.26}$$

あるいは2種類の確率分布に分けた表現

$$m_{a\to i}(x_i) = \alpha_{a\to i}\sum_{\boldsymbol{x}_a\backslash x_i}\psi_a(\boldsymbol{x}_a)\prod_{j\in\partial a\backslash i} m_{j\to a}(x_j) \tag{7.27}$$

$$m_{i\to a}(x_i) = \alpha_{i\to a}\prod_{b\in\partial i\backslash a} m_{b\to i}(x_i) \tag{7.28}$$

が得られる．ただし $\alpha_{a\to i}$，$\alpha_{i\to a}$ はそれぞれ $m_{a\to i}(x_i)$，$m_{i\to a}(x_i)$ が確率分布を意味するように導入された規格化定数である．$m_{a\to i}(x_i)$ を用いると，x_i の周辺分布は

$$P(x_i) = \alpha_i\prod_{a\in\partial i} m_{a\to i}(x_i) \tag{7.29}$$

（α_i は規格化定数）により厳密に評価される．

以上は a キャビティ系での $j\in\partial a$ に関する周辺分布 $m_{j\to a}(x_j)$ が得られていることを前提とした議論であったが，(7.27)，(7.28) はファクターグラフの各辺に対して定義された2つの周辺分布 $m_{a\to i}(x_i)$，$m_{i\to a}(x_i)$ のすべてを逐次的に定めるのに十分な条件を与えている．すべての添字 a，i について，∂a，∂i に含まれる要素の数がそれぞれ $O(1)$ である場合，すなわち，ハイパーツリーがスパースな場合には (7.27) および (7.28) の右辺の評価に必要な計算コストは高々 $O(1)$ である．$a\to i$ および $i\to a$ はグラフの各辺について向きを付けることに対応している．つまり，すべての確率変数の成分に対して (7.27)，(7.28) を評価したとしても計算コストは辺の数の2倍に比例する程度である．その結果を (7.29) に代入すれば，全体として確率変数の数に比例す

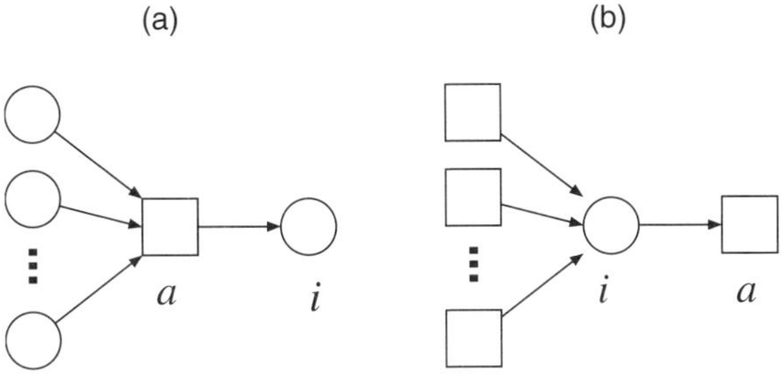

図 7.5　(a)：更新 (7.27) によるメッセージ伝搬の様子．(b)：更新 (7.28) によるメッセージ伝搬の様子．ビリーフプロパゲーションはファクターグラフを構成する各ノードで (a)，(b) のようなメッセージ $(m_{a\to i}(x_i), m_{i\to a}(x_i))$ のやり取りを行うアルゴリズムとみなすことができる

る程度の計算コストですべての確率変数について周辺分布が求まる．(7.27)，(7.28) および (7.29) に基づいたハイパーツリーに関する効率的な周辺分布の評価法は**ビリーフプロパゲーション**あるいは**確率伝搬法（いずれも belief propagation）**と呼ばれる．(7.27)，(7.28) は一見複雑であるが，ファクターグラフ内の a と i を結ぶ辺について

- (7.27)：その辺以外から□ノード (a) に入ってくるメッセージ $(m_{j\to a}(x_j))$ を集めて和 $(\sum_{x_a\backslash x_i})$ を評価し，○ノード (i) にメッセージ $(m_{a\to i}(x_i))$ を送る
- (7.28)：その辺以外から○ノード (i) に入ってくるメッセージ $(m_{b\to i}(x_i))$ を集めて積 $(\prod_{b\in\partial i\backslash a})$ を評価し，□ノード (a) にメッセージ $(m_{i\to a}(x_i))$ を送る

アルゴリズムとしてグラフィカルに表現するとわかりやすい（図 7.5）．そのため分野によっては**和積アルゴリズム (sum-product algorithm)** と呼ばれることもある．

ルーピービリーフプロパゲーション

ファクターグラフがハイパーツリーになる場合にはビリーフプロパゲーションによって周辺分布を効率的に評価できることがわかった．残念ながら，一般の確率モデルに対応するファクターグラフはハイパーツリーにはならない．ところが (7.27)，(7.28)，(7.29) を見直してみると，それぞれの右辺にある評価式は，グラフの局所的な情報しか用いられておらず，ファクターグラフにループが含まれる／含まれないといった大域的な性質とは関係なく実行可能であることがわかる．そのため，ループを含む一般のグラフに対しても，ビリーフプロパゲーションを近似的に適用する方策が考えられる．このような近似的な評価を目的として一般のグラフに対し適用されるビリーフプロパゲーションはしばしば**ルーピービリーフプロパゲーション (loopy belief propagation)** と呼ばれる．ただし，ハイパーツリーでない場合，(7.27)，(7.28) をグラフ上で一度伝搬させても $m_{a\to i}(x_i)$，$m_{i\to a}(x_i)$ は確定しない．そのため，これらの関数が収束したとみなされるまで適当な回数更新を反復する必要がある．

強磁性体のイジングモデルに関して，$\exp(\beta J x_i x_j)$ および $\exp(\beta h x_i)$ をポテンシャル関数とみなし，有効場 $\hat{\theta}$，空孔場 θ を用いて $m_{a\to i}(x_i) = e^{\beta\hat{\theta}x_i}/(2\cosh(\beta\hat{\theta}))$ ($\psi_a(\boldsymbol{x}_a)$ が $\exp(\beta J x_i x_j)$ に対応するとき)，$e^{\beta h S_i}/(2\cosh(\beta h))$ ($\psi_a(\boldsymbol{x}_a)$ が $\exp(\beta h x_i)$ に対応するとき)，$m_{i\to a}(x_i) = e^{\beta\theta x_i}/(2\cosh(\beta\theta))$ と表現すれば，前節に示したベーテ近似のキャビティ場に関する自己無撞着方程式はルーピーブリーフプロパゲーションの固定点条件として解釈することができる．

例）低密度パリティ検査符号の復号

（ルーピー）ビリーフプロパゲーションの応用例として低密度パリティ検査符号の復号を紹介する．情報を送信したり，保存したりする際にはノイズによる劣化に備えて情報表現に誤り訂正機能をもたせる必要がある．誤り訂正を目的とした符号化方式は一般に**誤り訂正符号 (error correcting code)** と呼ばれる．**低密度パリティ検査符号 (low-density parity-check code)** とは現在最も高い誤り訂正能力を誇る実用的な符号である [8]．

誤り訂正機能を生み出す鍵は情報を冗長に表現することにある．K ビットのメッセージ $\boldsymbol{m} \in \{0,1\}^K$ を $N(> K)$ ビットの符号語 $\boldsymbol{x} \in \{0,1\}^N$ に1対1で対応させて表現を冗長化する．誤り訂正符号の主要なクラスである線形符号では，このために検査行列と呼ばれる $(N-K)\times N$ の0または1を成分とする行列 H を用意し

$$H\boldsymbol{x} = \boldsymbol{0} \pmod 2 \tag{7.30}$$

を満たすベクトル $\boldsymbol{x}$ のみを符号語として利用する．mod 2 は 2 を法にする演算を意味する．$\boldsymbol{m}$ から $\boldsymbol{x}$ への変換には，H に対し，掃き出し法などを用いて $HG^{\mathrm{T}} = 0 \pmod 2$ を満たす $N \times K$ 行列 G^{T}（生成行列と呼ばれる）をあらかじめ用意しておき

$$\boldsymbol{x} = G^{\mathrm{T}}\boldsymbol{m} \pmod 2 \tag{7.31}$$

と変換すればよい．こうすれば必ず $H\boldsymbol{x} = HG^{\mathrm{T}}\boldsymbol{m} = 0\boldsymbol{m} = \boldsymbol{0} \pmod 2$ が保証される．また，$N > K$ であるため $\boldsymbol{x}$ から $\boldsymbol{m}$ への逆写像も一意に定まる．この中で特に各行／各列あたりの 1 の割合が $N, K \to \infty$ とする際にゼロに漸近する検査行列 H で特徴づけられるものが低密度パリティ検査符号と呼ばれる．以下，H はこの性質を満たすランク落ちのない行列であるとする．

H の μ 行目 $(\mu = 1, 2, \ldots, N-K)$ で成分が 1 である列添字 i の集合を $\partial\mu$ とし，i 列目 $(i = 1, 2, \ldots, N)$ で成分が 1 である行添字 μ の集合を ∂i と記す．また，表現を簡潔にするためにバイナリ・バイポーラ変換と呼ばれる変換

$$S_i = (-1)^{x_i} \iff x_i = \frac{1 - S_i}{2} \tag{7.32}$$

$(i = 1, 2, \ldots, N)$ により，符号語 $\boldsymbol{x} \in \{0, 1\}^N$ をイジングスピン $\boldsymbol{S} \in \{+1, -1\}^N$ によって表現する．これにより検査方程式 (7.30) の μ 行目の条件式はポテンシャル関数

$$\psi_\mu(\boldsymbol{S}_\mu) = \frac{1 + \prod_{i \in \partial\mu} S_i}{2} = \begin{cases} 1 \text{（条件を満たしている）} \\ 0 \text{（条件を満たしていない）} \end{cases} \tag{7.33}$$

によって簡潔に表すことができる．メッセージ $\boldsymbol{m} \in \{0, 1\}^K$ が一様分布に従って生成されるとしよう．すると，$\boldsymbol{S}$ の従う事前分布は

$$P(\boldsymbol{S}) = \frac{1}{Z_H} \prod_{\mu=1}^{N-K} \psi_\mu(\boldsymbol{S}_\mu) \tag{7.34}$$

（ただし，$Z_H = \sum_{\boldsymbol{S}} \prod_{\mu=1}^{N-K} \psi_\mu(\boldsymbol{S}_\mu)$）によって与えられる．$\boldsymbol{S}$ の劣化過程としては，各成分独立に同じ確率 $0 < p < 1/2$ で符号が反転する 2 元対称通信路を仮定しよう．劣化したベクトルを $\boldsymbol{\xi} \in \{+1, -1\}^N$ と表現すると，真のベクト

ル $\boldsymbol{S}$ から劣化によって $\boldsymbol{\xi}$ が得られる過程は $\beta_p = (1/2)\ln((1-p)/p)$ として，条件付き確率

$$P(\boldsymbol{\xi}|\boldsymbol{S}) = \prod_{i=1}^{N} \frac{\exp\left(\beta_p \xi_i S_i\right)}{2\cosh(\beta_p)} = \frac{1}{(2\cosh(\beta_p))^N} \prod_{i=1}^{N} \psi_i(S_i) \tag{7.35}$$

で与えられる．ただし，$\psi_i(S_i) = \exp(\beta_p \xi_i S_i)$ とした．ベイズの公式を用いると (7.34) と (7.35) から $\boldsymbol{\xi}$ を観測した際の $\boldsymbol{S}$ の事後分布

$$P(\boldsymbol{S}|\boldsymbol{\xi}) = \frac{P(\boldsymbol{\xi}|\boldsymbol{S})P(\boldsymbol{S})}{P(\boldsymbol{\xi})} = \frac{1}{Z} \prod_{\mu=1}^{N-K} \psi_\mu(\boldsymbol{S}_\mu) \prod_{i=1}^{N} \psi_i(S_i) \tag{7.36}$$

が得られる．誤り訂正は劣化したベクトル $\boldsymbol{\xi}$ から正しいベクトル $\boldsymbol{S}$ を復号することでなされる．

この確率推論に基づく復号に（ルーピー）ビリーフプロパゲーションが使われる．そのために，$\psi_\mu(\boldsymbol{S}_\mu)$ および $\psi_i(S_i)$ をポテンシャル関数とみなし (7.36) をファクターグラフで表現する（図 7.6）．$\mu = 1, 2, \ldots, N-K$ および $i = 1, 2, \ldots, N$ の両方がポテンシャル関数の添字 a に対応する．イジングスピンに対しては必ず $m_{a\to i}(S_i) = \exp(\theta_{a\to i} S_i)/(2\cosh(\theta_{a\to i}))$，$m_{i\to a}(S_i) = \exp(\theta_{i\to a} S_i)/\ (2\cosh(\theta_{i\to a}))$ という表現が可能であることを用いると，(7.27) に対応して

$$\theta_{\mu\to i} = \tanh^{-1}\left(\prod_{j\in\partial\mu\backslash i} \tanh(\theta_{j\to\mu})\right) \quad (\psi_\mu(\boldsymbol{S}_\mu)\ \text{に関して}) \tag{7.37}$$

$$\theta_{i\to i} = \beta_p \xi_i \quad (\psi_i(S_i)\ \text{に関して}) \tag{7.38}$$

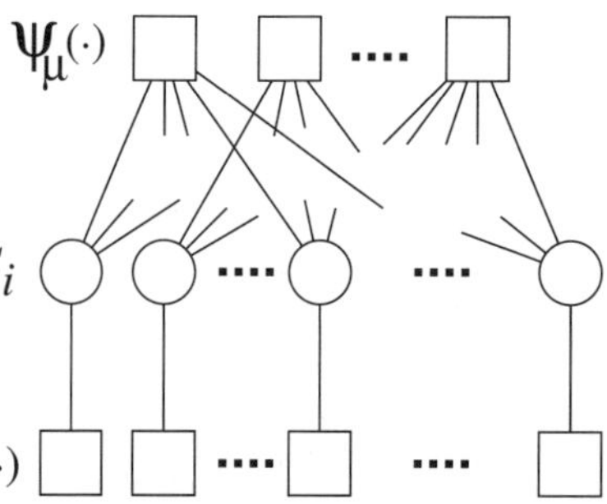

図 7.6　低密度パリティ検査符号の復号問題に対するファクターグラフ

が，(7.28) に対応して

$$\theta_{i\to\mu} = \beta_p \xi_i + \sum_{\nu\in\partial i\backslash\mu} \theta_{\nu\to i} \tag{7.39}$$

が，それぞれ得られる．これらから決まる変数を用いて，復号結果は

$$\hat{S}_i = \begin{cases} +1 \text{ if } \beta_p \xi_i + \sum_{\mu\in\partial i} \theta_{\mu\to i} > 0 \\ -1 \text{ if } \beta_p \xi_i + \sum_{\mu\in\partial i} \theta_{\mu\to i} < 0 \end{cases} \tag{7.40}$$

により求まる．

各行／各列あたりの 1 の個数を $O(1)$ に固定した条件下で H をランダムに生成した場合，対応するファクターグラフはスパースなランダム 2 部グラフとなる．スパースなランダム 2 部グラフの典型的なループ長は $O(\ln N)$ 程度で増大することが知られている [9]．つまり，典型的な H のサンプルに対するファクターグラフの局所的な構造は十分大きな N に対してハイパーツリーに漸近する．このことは，適切な初期条件を与えることができれば，十分大きな N に対して，ビリーフプロパゲーションに基づく復号の性能が厳密な復号の性能に漸近することを意味している．

7.4.2 適応 TAP 近似

磁性体など自然界に存在する多体系では，相互作用の範囲は格子点の近傍に限られると仮定することは自然である．また，前節で紹介したビリーフプロパゲーションは変数あたりの相互作用の数が $O(1)$ である疎なグラフに対して計算が効率化されるアルゴリズムであった．しかしながら，確率推論では，各変数が他のすべての変数と弱く相互作用する密に結合した確率モデルもしばしば登場する．以下に紹介する適応 TAP 近似はそうした密結合モデルに用いられる近似法である [10,11]．

ギブス自由エネルギー形式

N 次元の確率変数 $\boldsymbol{x} = (x_i)$（離散でも連続でもよい）に関する任意の確率モデル $P(\boldsymbol{x})$ に対し，$\boldsymbol{x}$ の関数 $\boldsymbol{f}(\boldsymbol{x}) \in \mathbb{R}^M$ の期待値 $\langle \boldsymbol{f}(\boldsymbol{x}) \rangle$ を評価する状況を想定する．この課題に対し，**ギブス自由エネルギー (Gibbs free energy)**

$$\Phi(\boldsymbol{m}) = \max_{\boldsymbol{\theta}} \left\{ \boldsymbol{\theta} \cdot \boldsymbol{m} - \log\left(\sum_{\boldsymbol{x}} P(\boldsymbol{x}) \exp\left(\boldsymbol{\theta} \cdot \boldsymbol{f}(\boldsymbol{x})\right) \right) \right\} \tag{7.41}$$

を定義すると，一般に $\langle \boldsymbol{f}(\boldsymbol{x}) \rangle = \underset{\boldsymbol{m}}{\operatorname{argmin}} \{\Phi(\boldsymbol{m})\}$ が成立する．ただし，$\underset{x}{\operatorname{argmin}} \{\cdots\}$ は $\cdots$ を最小にする x の値を意味する．

証明 7.2　(7.41) 右辺の $\boldsymbol{\theta}$ に関する最大化条件から与えられた $\boldsymbol{m}$ に対し

$$\boldsymbol{m} = \frac{\sum_{\boldsymbol{x}} \boldsymbol{f}(\boldsymbol{x}) P(\boldsymbol{x}) \exp\left(\boldsymbol{\theta} \cdot \boldsymbol{f}(\boldsymbol{x})\right)}{\sum_{\boldsymbol{x}} P(\boldsymbol{x}) \exp\left(\boldsymbol{\theta} \cdot \boldsymbol{f}(\boldsymbol{x})\right)} \tag{7.42}$$

が成り立つ．一方，$\boldsymbol{m}$ に関する極値条件から，(7.41) を最小にする $\boldsymbol{m}$ に対しては

$$\frac{\partial \Phi(\boldsymbol{m})}{\partial m_i} = \theta_i = 0 \tag{7.43}$$

が保証される．(7.43) を (7.42) に代入することにより $\langle \boldsymbol{f}(\boldsymbol{x}) \rangle = \underset{\boldsymbol{m}}{\operatorname{argmin}} \{\Phi(\boldsymbol{m})\}$ が得られる．この解が $\Phi(\boldsymbol{m})$ の最小点であることを示すために $\Phi(\boldsymbol{m})$ のヘシアン

$$\left(\frac{\partial^2 \Phi(\boldsymbol{m})}{\partial m_i \partial m_j} \right) = \left(\frac{\partial \theta_i}{\partial m_j} \right) = \left(\frac{\partial m_i}{\partial \theta_j} \right)^{-1} \tag{7.44}$$

に着目する．(7.42) より $\dfrac{\partial m_i}{\partial \theta_j} = \langle f_i(\boldsymbol{x}) f_j(\boldsymbol{x}) \rangle_{\boldsymbol{\theta}} - \langle f_i(\boldsymbol{x}) \rangle_{\boldsymbol{\theta}} \langle f_j(\boldsymbol{x}) \rangle_{\boldsymbol{\theta}}$（ただし，$\langle \cdots \rangle_{\boldsymbol{\theta}}$ は $P(\boldsymbol{x}) \exp\left(\boldsymbol{\theta} \cdot \boldsymbol{f}(\boldsymbol{x})\right)$ を重みとする分布による平均）が成り立つことから分散共分散行列の正定値性により $\left(\frac{\partial m_i}{\partial \theta_j} \right)$ およびヘシアンについて正定値性が保証される．よって，$\Phi(\boldsymbol{m})$ は下に凸な関数であり，極小点は最小点に限られることが結論付けられる．

プレフカ展開

ギブス自由エネルギーの性質から，一般に $\Phi(\boldsymbol{m})$ が評価できればその最小点によって，$\boldsymbol{x}$ の任意の関数の期待値を評価することができる．残念ながら，(7.41) の評価自体が一般に計算量的に困難であるため，このままでは問題の解決にならない．ただし，$\Phi(\boldsymbol{m})$ を経由した期待値評価の形式は平均場近似の構成には有用である．このことを 2 体相互作用の確率モデル

$P(\boldsymbol{x}) = Z^{-1}\exp\left(\sum_{i\geq j} J_{ij}x_ix_j\right)\prod_i \phi_i(x_i)$ （$\phi_i(x_i)$ は非負の関数）に関し $\boldsymbol{x}$ の期待値を求める問題について示そう．

この場合，計算を困難にしている原因は相互作用項 $\sum_{i\geq j} J_{ij}x_ix_j$ である．もし，これらの項がなければ (7.41) 右辺の $\sum_{\boldsymbol{x}}(\cdots)$ の計算を要素ごとに独立に行うことが可能になり，計算量的困難は生じない．そこで，相互作用係数 J_{ij} の前に展開パラメータ γ を付けた一般化されたギブス自由エネルギー

$$\tilde{\Phi}(\boldsymbol{m};\gamma) = \max_{\boldsymbol{\theta}}\left\{\boldsymbol{\theta}\cdot\boldsymbol{m} - \log\left(\sum_{\boldsymbol{x}}\exp\left(\sum_{i\geq j}\gamma J_{ij}x_ix_j\right)\prod_{i=1}^{N}\left(\phi_i(x_i)e^{\theta_i x_i}\right)\right)\right\} + \log Z \tag{7.45}$$

を定義し，$\gamma = 0$ の周りでのテイラー展開によって $\Phi(\boldsymbol{m}) = \tilde{\Phi}(\boldsymbol{m};\gamma=1)$ を評価する方策が考えられる．この方法は**プレフカ展開 (Plefka's expansion)** [12] と呼ばれ，J_{ij} が対 ij ごとに独立な正規分布に従う場合，γ に関する 2 次までの展開により，大自由度極限 $N\to\infty$ で正しい解に漸近する **TAP 方程式 (Thouless-Anderson-Palmer equation)** [13] を導くことが知られている．

モーメント整合と適応 TAP 近似

残念ながら，一般の相互作用行列 (J_{ij}) については，テイラー展開を 2 次で打ち切ってよい保証はない．もちろん，近似として 2 次の打ち切りを用いてもよいのだが，ここでは異なる接近法を考えることにする．(7.45) を γ について微分すると

$$\frac{\partial\tilde{\Phi}(\boldsymbol{m};\gamma)}{\partial\gamma} = -\sum_{i\geq j} J_{ij}\left\langle x_ix_j\right\rangle_{\boldsymbol{\theta},\gamma} = -\sum_{i\geq j} J_{ij}m_im_j - \sum_{i\geq j} J_{ij}\chi_{ij} \tag{7.46}$$

という表現が得られる．ただし，$\langle\cdots\rangle_{\boldsymbol{\theta},\gamma}$，$\chi_{ij}$ はそれぞれ $e^{\sum_{i\geq j}\gamma J_{ij}x_ix_j}\prod_{i=1}^{N}\left(\phi(x_i)e^{\theta_i x_i}\right)$ を重みとする分布についての期待値評価，および，それに関する x_i と x_j の共分散を表す．

一般の $\phi_i(x_i)$ に対して χ_{ij} を評価することは難しい．しかしながら，ガウス関数 $\phi_i^{\mathrm{G}}(x_i) \propto \exp\left(-\Lambda_i^{\mathrm{G}}x_i^2/2\right)$ の場合には分散共分散行列に関する解析的な表現 $(\chi_{ij}) = (\Lambda_i^{\mathrm{G}}\delta_{ij} - \gamma J_{ij})^{-1}$ が得られる．この性質に着目し，元の関数 $\phi_i(x_i)$ を用いた場合の 2 次モーメント $Q_i = \chi_{ii} + m_i^2 = \left\langle x_i^2\right\rangle_{\boldsymbol{\theta},\gamma}$ と整合するよ

うに Λ_i^{G} を定めたガウス関数を用いて (7.46) の右辺を近似的に評価する．これは $\phi_i(x_i)$ として $\exp\left(-\Lambda_i^{\mathrm{G}} x_i^2/2\right)$ を (7.46) を代入し，$\boldsymbol{f}(\boldsymbol{x})$ の要素として x_i^2 $(i = 1, 2, \ldots, N)$ を新たに追加して得られる一般化されたギブス自由エネルギーを $\tilde{\Phi}^{\mathrm{G}}(\boldsymbol{m}, \boldsymbol{Q}; \gamma)$ と記すとき，条件

$$\frac{\partial \tilde{\Phi}(\boldsymbol{m}, \boldsymbol{Q}; \gamma)}{\partial \gamma} \simeq \frac{\partial \tilde{\Phi}^{\mathrm{G}}(\boldsymbol{m}, \boldsymbol{Q}; \gamma)}{\partial \gamma} \tag{7.47}$$

を課すことに帰着される．ただし，$\tilde{\Phi}(\boldsymbol{m}, \boldsymbol{Q}; \gamma)$ は2次モーメントも含めた元の関数 $\phi_i(x_i)$ に関する一般化されたギブス自由エネルギーである．(7.47) を $\gamma = 0$ から $\gamma = 1$ まで積分することにより，ギブス自由エネルギー (7.41) の近似的表現

$$\Phi(\boldsymbol{m}, \boldsymbol{Q}) \simeq \tilde{\Phi}^{\mathrm{G}}(\boldsymbol{m}, \boldsymbol{Q}; \gamma = 1) - \tilde{\Phi}^{\mathrm{G}}(\boldsymbol{m}, \boldsymbol{Q}; \gamma = 0) + \tilde{\Phi}(\boldsymbol{m}, \boldsymbol{Q}; \gamma = 0) \tag{7.48}$$

が得られる．$\Phi(\boldsymbol{m}, \boldsymbol{Q})$ の厳密な評価は計算量的に難しいが，右辺第1項は多次元ガウス積分により解析的に評価できること，右辺第2，第3項はそれぞれ相互作用項を含まないことから右辺については計算量的困難は生じない．それぞれの項を具体的に評価すると

$$\begin{aligned}\Phi(\boldsymbol{m}, \boldsymbol{Q}) \simeq\ & \underset{\{\Lambda_i^{\mathrm{G}}\}}{\mathrm{extr}} \left\{ -\sum_{i \geq j} J_{ij} m_i m_j - \frac{1}{2}\sum_{i=1}^{N} \Lambda_i^{\mathrm{G}} (Q_i - m_i^2) + \frac{1}{2} \log\det\left(\boldsymbol{\Lambda}^{\mathrm{G}} - \boldsymbol{J}\right) \right\} \\ & + \sum_{i=1}^{N} \underset{\{\Lambda_i\},\{\theta_i\}}{\mathrm{extr}} \left\{ -\frac{\Lambda_i Q_i}{2} + \theta_i m_i - \log \mathcal{Z}(\theta_i, \Lambda_i) \right\} + \frac{1}{2}\sum_{i=1}^{N} \log(Q_i - m_i^2) \\ & + const.\end{aligned} \tag{7.49}$$

となる．ただし，$\underset{x}{\mathrm{extr}}\{\cdots\}$ は $\cdots$ を x に関して極値評価する操作を表し，$\boldsymbol{\lambda}^{\mathrm{G}} = (\Lambda_i^{\mathrm{G}} \delta_{ij})$，$\boldsymbol{J} = (J_{ij})$，$\mathcal{Z}(\theta_i, \Lambda_i) = \sum_{x_i} \exp\left(-\frac{\Lambda_i x_i^2}{2} + \theta_i x_i\right) \phi_i(x_i)$ とした．(7.49) を最小化する $\boldsymbol{m}$，$\boldsymbol{Q}$ がそれぞれ1次モーメント $\{\langle x_i \rangle\}$，2次モーメント $\{\langle x_i^2 \rangle\}$ の近似値を与える．

(7.49) の極小条件を整理すると非線形連立方程式

$$m_i = \frac{\partial \log \mathcal{Z}(\theta_i, \Lambda_i)}{\partial \theta_i} \tag{7.50}$$

$$Q_i = m_i^2 + \frac{\partial^2 \log \mathcal{Z}(\theta_i, \Lambda_i)}{\partial \theta_i^2} \tag{7.51}$$

$$\theta_i = \sum_j J_{ij} m_j + \left(\frac{1}{Q_i - m_i^2} - \Lambda_i^{\mathrm{G}} \right) m_i \tag{7.52}$$

$$\Lambda_i = \frac{1}{Q_i - m_i^2} - \Lambda_i^{\mathrm{G}} \tag{7.53}$$

$$\left[(\boldsymbol{\Lambda}^{\mathrm{G}} - \boldsymbol{J})^{-1} \right]_{ii} = Q_i - m_i^2 \tag{7.54}$$

にまとめられる．(7.52) は x_i に関する平均場 θ_i を評価する際には，x_i の期待値 m_i に比例する補正項が必要であることを示している．x_i が他の確率変数との相互作用を通じて自分自身に影響を及ぼす自己相互作用の反映と考えられるこうした補正はしばしば**オンサーガー反跳項 (Onsager reaction term)** と称される．オンサーガー反跳項は相互作用行列が成分 J_{ij} ごとに統計的に独立なランダム行列で与えられる際に導かれる TAP 方程式に特徴的に現れる．こうした補正項が所与の相互作用行列 $\boldsymbol{J}$ に対して適応的に得られることから，上記の近似法は**適応 TAP 近似 (adaptive TAP approximation)** と呼ばれる．$\boldsymbol{J}$ が成分 J_{ij} ごとに統計的に独立なランダム行列の場合，大数の法則を用いることで適応 TAP 近似が通常の TAP 方程式に還元されることも示される [10].

例）圧縮センシングの信号復元

N 次元の信号 $\boldsymbol{x}^0 \in \mathbb{R}^N$ を線形観測することによって M 次元のデータ $\boldsymbol{y} \in \mathbb{R}^M$ が得られる状況を想定する．線形観測を表す行列を $\boldsymbol{A} \in \mathbb{R}^{M \times N}$ とすればこのプロセスは

$$\boldsymbol{y} = \boldsymbol{A}\boldsymbol{x}^0 + \sigma \boldsymbol{n} \tag{7.55}$$

によってモデル化できる．ただし，σ は観測時のノイズの強さを表し，簡単のため $\boldsymbol{n} = (n_i)$ は成分ごとに独立に標準正規分布 $\mathcal{N}(0,1)$ に従う乱数であるとする．

観測結果 $\boldsymbol{y}$ から原信号 $\boldsymbol{x}^0$ を推定する復元問題を考えよう．こうした問題はX線CTや磁気共鳴イメージング (MRI) などの医用画像処理，地震波の観測から地下構造を探る反射法地震探査などさまざまな信号処理の問題に関係している．**圧縮センシング (compressed sensing)** とは，物理的な信号に広く期待されるスパース性（適当な基底によって表現した際に，ゼロ成分が多く

なる性質）を利用して，少ない観測データの下で信号復元の精度向上を目指す枠組みである [14,15].

基本的な圧縮センシングのモデルとして，$\boldsymbol{x}^0$ の各成分は独立にスパースな事前分布

$$\phi(x) = (1-\rho)\delta(x) + \frac{1}{\sqrt{2\pi\Sigma_X^2}} \exp\left(-\frac{x^2}{2\Sigma_X^2}\right) \tag{7.56}$$

に従うと仮定する．$\boldsymbol{y}$ を得た際の復元信号を $\hat{\boldsymbol{x}}(\boldsymbol{y})$ と記すと，平均自乗誤差 $\mathsf{mse} = N^{-1}\langle|\hat{\boldsymbol{x}}(\boldsymbol{y})-\boldsymbol{x}^0|^2\rangle$ を最小にする復元方法は事後確率

$$\begin{aligned} P(\boldsymbol{x}|\boldsymbol{y}) &\propto \exp\left(-\frac{|\boldsymbol{y}-\boldsymbol{A}\boldsymbol{x}|^2}{2\sigma^2}\right)\prod_{i=1}^N \phi(x_i) \\ &\propto \exp\left(\sum_{i\geq j} J_{ij}x_ix_j\right)\prod_{i=1}^N \left(\exp\left(h_ix_i\right)\phi(x_i)\right) \end{aligned} \tag{7.57}$$

に基づいて構成される最小自乗誤差推定量

$$\boldsymbol{x}^{\mathrm{mmse}}(\boldsymbol{y}) = \int d\boldsymbol{x}\boldsymbol{x}P(\boldsymbol{x}|\boldsymbol{y}) \tag{7.58}$$

である．ただし，$\langle\cdots\rangle$ は $\boldsymbol{x}^0$，$\boldsymbol{y}$ に関する平均，$J_{ij} = -\sigma^{-2}\sum_{\mu=1}^M A_{\mu i}A_{\mu j}$，$h_i = \sigma^{-2}\sum_{\mu=1}^M A_{\mu i}y_\mu$ とした．

$\phi_i(x_i) = \exp\left(h_ix_i\right)\phi(x_i)$ と見なせば，(7.57) は最小自乗誤差推定量 (7.58) に従う信号復元が適応 TAP 近似が想定している確率推論にほかならないことを表している．つまり，連立方程式 (7.50)〜(7.54) を解くことにより，$\boldsymbol{x}^{\mathrm{mmse}}(\boldsymbol{y})$ を近似的に評価することができる．解の探索には基本的に反復代入法を用いることになるが，与えられた $\boldsymbol{Q}$，$\boldsymbol{m}$ に対し $\boldsymbol{\Lambda}^{\mathrm{G}}$ を逆行列の対角成分に関する条件 (7.54) から定める必要があるため，各反復において $O(N^3)$ 程度の計算量が必要となる．幸いなことに，観測行列 $\boldsymbol{A}$ がランダムに生成された直交行列からランダムに選択された M 本の行ベクトルから構成された**行直交後列 (row orthogonal matrix)** の場合には，巨視的な変数 $Q = N^{-1}\sum_{i=1}^N Q_i$，$q = N^{-1}\sum_{i=1}^N m_i^2$ に対し

$$\frac{N-M}{N\Lambda^{\mathrm{G}}} + \frac{M}{N(\Lambda^{\mathrm{G}}+\sigma^{-2})} = Q - q \tag{7.59}$$

から定まる定数 Λ^{G} を用いて (7.52)，(7.53) を

$$\theta_i = \sum_j J_{ij} m_j + \left(\frac{1}{Q-q} - \Lambda^{\mathrm{G}} \right) m_i \tag{7.60}$$

$$\Lambda_i = \frac{1}{Q-q} - \Lambda^{\mathrm{G}} \tag{7.61}$$

と置き換えることが正当化される [16]．与えられた Q，q に対し Λ^{G} は (7.59) を変形して得られる 2 次方程式の解として解析的に求まるため，こうした置き換えを利用することで 1 反復当たりの計算量を $O(N^2)$ 程度まで減らすことができる．

図 7.7 に適応 TAP 近似によって達成される平均自乗誤差を示す．曲線は厳密な信号復元結果に関する理論予想であり，適応 TAP 近似は厳密解とほぼ同じ性能を達成していることがわかる．また，理論的には，巨視的な変数を用いた置き換えはランダムな行直交行列にしか正当化されていないが，離散コサイン変換など実用上重要な直交行列からランダムに行ベクトルを選択することで構成される観測行列についてもほぼ同じ性能が得られている．この

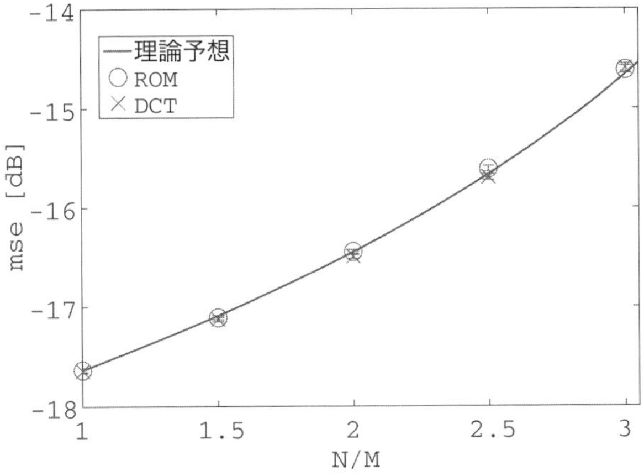

図 7.7 ランダムな行直交行列を用いた圧縮センシングの信号復元性能．$\rho = 0.1$，$\sigma^2 = 0.01$，$\Sigma_X^2 = 1$ とした．横軸は信号長 N と観測数 M の比，縦軸は規格化された自乗誤差 $|\hat{\boldsymbol{x}}(\boldsymbol{y}) - \boldsymbol{x}^0|^2/|\boldsymbol{x}^0|^2$．曲線は厳密な復元によって得られる性能の理論予想．○，× はそれぞれ，$N = 1024$ のシステムに対し，ランダムな行直交行列，離散コサイン変換からのランダム行選択を用いた場合に得られる性能の 1000 回の実験に関する平均を示している

ことは，適応 TAP 近似が圧縮センシングの信号復元性能を引き出す上で，実用上も有用であることを示している．

7.5　おわりに

基本的な平均場近似である分子場近似とベーテ近似，発展的な平均場近似としてキャビティ法と適応 TAP 近似を紹介した．平均場近似は，近似的な期待値を少ない計算量で求めることができる反面，得られる結果の真値からのずれは一般に無視できない程度残る．ところが，確率モデルが疎なランダムグラフ上で定義されている，結合行列がランダム行列によって与えられるなど特別な性質を満たす場合は，システムサイズの増加につれてこのずれが任意に減少していくことが示される．こうした特性から，例に取り上げた誤り訂正符号の復号問題や信号処理における信号復元問題など，システム設計の自由度がある工学的な用途への応用に特に適した方法であると考えられる．

統計力学由来のもう１つの代表的な近似的確率推論の方法として**マルコフ連鎖モンテカルロ法 (Markov chain Monte Carlo method)** がある．この方法の利点は，平均場近似と比較して多くの計算コストを要するものの，任意の確率モデルに対して十分時間をかければ任意に真値と近い期待値評価ができることにある．その概要については文献 [17] などを参照いただきたい．

参考文献

[1] L. Onsager, *Phys. Rev.*, **65**, 117, 1944.

[2] P. Weiss, *J. Phys. Theor. Appl.*, **6**, 661,1907.

[3] H. A. Bethe, *Proc. Roy. Soc. London A*, **150**, 552, 1935.

[4] R. Kikuchi, *Phys. Rev.*, **81**, 988, 1951.

[5] T. Morita, M. Suzuki, K. Wada and M. Kaburagi (eds), Foundations and Applications of Cluster Variation Method and Path Probability Method, *Prog. Theor. Phys. Suppl.* , **115**, 1994.

[6] 田中和之，『確率モデルによる画像処理技術入門』，森北出版，2006.

[7] M. Mézard and A. Montanari, *"Information, Physics, and Computation"*, Oxford University Press, 2009.

[8] 和田山正，『低密度パリティ検査符号とその復号法』，トリケップス，2002.

[9] 増田直紀，今野紀雄，『複雑ネットワークの科学』，産業図書，2005.

[10] M. Opper and O. Winther, *Phys Rev Lett.*, **86**, 3695, 2001.

[11] M. Opper and O. Winther, *JMLR*, **6**, 2177, 2005.

[12] T. Plefka, *J. Phys. A: Math. Gen.*, **15**, 1971, 1982.

[13] D. J. Thouless, P. W. Anderson and R. G. Palmer, *Phil. Mag.*, **35**, 593, 1977.

[14] 田中利幸，電子情報通信学会 基礎・境界ソサイエティ Fundamentals Review, **4**, 39, 2010.

[15] 三村和史，数理解析研究所講究録， **1803**, 26, 2012.

[16] Y. Kabashima and M. Vehkaperä, in Proc. ISIT2014, 226, 2014.

[17] 伊庭幸人，『計算統計 2 マルコフ連鎖モンテカルロ法とその周辺』，統計科学のフロンティア，岩波書店，2005.

第8章

マルコフ確率場と確率的画像処理

8.1 はじめに

マルコフ確率場 (Markov random fields) は画像処理に用いられる確率的グラフィカルモデルの代表的なものの1つである [1–11]．基本的には頂点の集合 $\mathcal{V} \equiv \{1, 2, \cdots, |\mathcal{V}|\}$ とその頂点対のいくつかに辺 $\{i, j\}$ が与えられたグラフ上でマルコフ確率場を考える場合，そのグラフ上で定義された状態ベクトル $\boldsymbol{a} = (a_1, a_2, \cdots, a_{|\mathcal{V}|})$ に対して確率分布が次の形で与えられる [1]．

$$P(a_1, a_2, \cdots, a_{|\mathcal{V}|}) = \frac{1}{\mathcal{Z}} \left(\prod_{i \in \mathcal{V}} w_i(a_i) \right) \left(\prod_{\{i,j\} \in \mathcal{E}} w_{\{i,j\}}(a_i, a_j) \right) \tag{8.1}$$

$$\mathcal{Z} \equiv \sum_{a_1 \in \Omega} \sum_{a_2 \in \Omega} \cdots \sum_{a_{|\mathcal{V}|} \in \Omega} \left(\prod_{i \in \mathcal{V}} w_i(a_i) \right) \left(\prod_{\{i,j\} \in \mathcal{E}} w_{\{i,j\}}(a_i, a_j) \right) \tag{8.2}$$

ここで $\mathcal{E}$ はすべての辺の集合である．各頂点 i の状態変数 a_i の状態空間は簡単のためすべて同じ空間 Ω により表される場合に限定して考えるものとする．画像は画素を基本要素とし，その画素を頂点としてそれが正方格子上に配列しているグラフ上で与えられるため，$M \times N$ のサイズの正方格子を考え

1) 一般にはハイパーグラフ上でマルコフ確率場は定義され，**ハイパーグラフ (hypergraph)** 上の**ハイパーエッジ (hyperedge)** は**クリーク (cleque)** という呼び方をされているが，本章では基本的マルコフ確率場に限定して解説したいという趣旨からハイパーグラフは考えないものとする．

た場合に $|\mathcal{V}| = MN$ であり，その i 番目の頂点の位置ベクトル $\boldsymbol{r}_i$ は

$$\boldsymbol{r}_i \equiv \left((i-1)\mathrm{mod}(M), \left\lfloor \frac{i-1}{M} \right\rfloor\right)\ (i{\in}\mathcal{V}) \tag{8.3}$$

により与えられる．本章では xy 平面上で x 軸方向と y 軸方向に対して周期境界条件をもつものとする．そして，$\mathcal{E}$ として画像処理で用いられる最も基本的な辺の集合としては

$$\begin{aligned}\mathcal{E} \equiv & \left\{\{i,j\}\middle| |\boldsymbol{r}_i - \boldsymbol{r}_j| = 1, i{\in}\mathcal{V}, j{\in}\mathcal{V}\right\} \\ & \bigcup \left\{\{i,j\}\middle| \boldsymbol{r}_i - \boldsymbol{r}_j = (M-1, 0), i{\in}\mathcal{V}, j{\in}\mathcal{V}\right\} \\ & \bigcup \left\{\{i,j\}\middle| \boldsymbol{r}_i - \boldsymbol{r}_j = (0, N-1), i{\in}\mathcal{V}, j{\in}\mathcal{V}\right\}\end{aligned} \tag{8.4}$$

のように与えられるすべての最近接画素対の集合があげられる．この場合，i と j の位置ベクトルが $\boldsymbol{r}_i = (x,y)$ と $\boldsymbol{r}_j = (x+1,y)$ $(x = 0,1,\cdots,M-2,$ $y = 0,1,\cdots,N-1)$, または $\boldsymbol{r}_i = (x,y)$ と $\boldsymbol{r}_j = (x,y+1)$ $(x = 0,1,\cdots,M-1,$ $y = 0,1,\cdots,N-2)$, という位置関係にある $\{i,j\}$ にまず辺が与えられている．そしてさらに，周期境界条件から $\boldsymbol{r}_i = (M-1,y)$ と $\boldsymbol{r}_j = (0,y)$ $(y = 0,1,\cdots,N-1)$, および $\boldsymbol{r}_i = (x,N-1)$ と $\boldsymbol{r}_j = (x,0)$ $(x = 0,1,\cdots,M-1)$ という位置関係にある対 $\{i,j\}$ にも辺が与えられていることを意味する．

この正方格子 $(\mathcal{V},\mathcal{E})$ 上で定義されたマルコフ確率場において，因子 $w_{\{i,j\}}(a_i,a_j)$ の形をうまく仮定することで画像の空間的滑らかさや平坦さを課すことが可能となる．α を正の定数として

$$w_{\{i,j\}}(a_i,a_j) = \exp\left(-\frac{1}{2}\alpha\left(a_i - a_j\right)^2\right) \tag{8.5}$$

とすることで，空間的滑らかさをもつ状態の出現確率が高くなる確率的グラフィカルモデルを実現することが可能となる．このマルコフ確率場は**ガウシアングラフィカルモデル (Gaussian graphical model)** と呼ばれる [7–9,12–14][2]．ガウシアングラフィカルモデルはこれに**線過程 (line process)** と呼ばれる状態ベクトルを組み合わせた**複合ガウス・マルコフ確率場 (compound**

[2] a_i のとりうる状態空間として $\Omega = (-\infty,+\infty)$ を選ぶとき，ガウシアングラフィカルモデルの統計量の計算は元々は $|\mathcal{V}|$ 重の多重積分の計算であるが，$|\mathcal{V}|$-次元ガウス積分の公式を用いることで厳密に $|\mathcal{V}|$ 行 $|\mathcal{V}|$ 列の行列の行列式や逆行列の計算に帰着される．

Gauss-Markov random fields) に拡張されている [2,15]. また,

$$w_{\{i,j\}}(a_i, a_j) = \exp\left(-\frac{1}{2}\alpha\left|a_i - a_j\right|^p\right) \ (\alpha > 0,\ 0 < p < 2) \tag{8.6}$$

という**一般化されたスパースガウシアングラフィカルモデル (generalized sparse Gaussian graphical model)** への拡張も行われている [16–19]. その一方で, クロネッカーのデルタ $\delta_{\xi,\zeta}$ を用いて

$$w_{\{i,j\}}(a_i, a_j) = \exp\left(-\frac{1}{2}\alpha\left(1 - \delta_{a_i,a_j}\right)\right) \tag{8.7}$$

とすることで, 空間的平坦さをもつ状態の出現確率が高くなる確率的グラフィカルモデルを実現することが可能となる. 式 (8.5) は主にノイズ除去などの画像修復に, 式 (8.7) は主に画像領域分割にそれぞれ用いられる. そして式 (8.6) は $p \to +0$ において式 (8.7) に帰着される.

1990 年代後半に式 (8.1) により与えられるマルコフ確率場の画像処理に対する有効性が参考文献 [1–4] により指摘されるが, 同時にこのマルコフ確率場が統計力学において従来から物性基礎論として研究されてきた古典スピン系 [24–29] とよばれるものと等価であることが意識されるようになる [30,31]. 具体的には, $\Omega = \{0, 1, 2, \cdots, q-1\}$ (q は自然数) として式 (8.7) を $w_{\{i,j\}}(a_i, a_j)$ にもつマルコフ確率場 (8.1) は統計力学における **q 状態ポッツモデル (q state potts model)** [23] と等価である. さらに式 (8.5) において $\Omega = \{0, 1\}$ の場合に限定すると $(a_i - \frac{1}{2})^2 = (a_j - \frac{1}{2})^2 = \frac{1}{4}$ が常に成り立ち, $w_{\{i,j\}}(a_i, a_j) = \exp\left(-\frac{1}{4}\alpha + \frac{1}{2}\alpha(a_i - \frac{1}{2})(a_j - \frac{1}{2})\right)$ と書き換えられる. ここで $s_i = 2(a_i - \frac{1}{2})$ と変数変換した上で $\psi_{\{i,j\}}(s_i, s_j) \equiv \exp(2\alpha s_i s_j)$ $(s_i, s_j \in \{-1, +1\})$ とすると, 式 (8.5) は $w_{\{i,j\}}(a_i, a_j) = \exp\left(-\frac{1}{4}\alpha\right)\psi_{\{i,j\}}(s_i, s_j)$ と書き換えられる. また $\Omega = \{0, 1\}$ の場合は, $(a_i - a_j)^p = 1 - \delta_{a_i,a_j} = (a_i - a_j)^2$ $(a_i, a_j \in \Omega)$ が常に成り立つ. このことは式 (8.5)–(8.7) によるマルコフ確率場は $\Omega = \{0, 1\}$ のときは互いに等価であることを意味し, この場合の式 (8.1) によるマルコフ確率場は, 特に統計力学では**イジングモデル (Ising model)** と呼ばれている [20–22, 26, 27]. 古典スピン系の統計力学の大きな目的の 1 つは相転移現象の解明である. 式 (8.5)–(8.7) において α は**相互作用 (interaction)** と呼ばれる. さらに式 (8.1) において任意の頂点 i に対して常に $w_i(a_i) = 1$ とすると,

α の逆数 $1/\alpha$ は $P(a_1, a_2, \cdots, a_{|\mathcal{V}|})$ で表される体系の**温度 (temperature)** というさらに重要な物理的役割も果たすことになる．上記で規定した周期境界条件をもつ $M\times N$ の正方格子に限定した場合に説明するが，式 (8.2) の $\mathcal{Z}$ から

$$f(\alpha) \equiv -\frac{1}{\alpha}\times \lim_{M\to+\infty}\lim_{N\to+\infty}\frac{1}{MN}\ln(\mathcal{Z}) \tag{8.8}$$

により定義される量 $f(\alpha)$ は熱力学的極限 (Thermodynamic Limit) における1頂点あたりの**自由エネルギー (free energy)** と呼ばれ，この $f(\alpha)$ が有限の値に存在することが，今考えている体系の「熱力学的極限が存在する」という言い方をする [3]．そして $f(\alpha)$ の α の n 階微分が α の関数として $\alpha=\alpha_{\mathrm{C}}$ で発散，不連続などの特異性をもつとき，式 (8.1) による体系は n **次相転移 (n-th order phase transition)** を起こすと言い，α_{C} は**相転移点 (phase transition point)** または**臨界点 (critical point)**($1/\alpha_{\mathrm{C}}$ は**転移温度 (transition temperature)** または**臨界温度 (critical temperature)**) と呼ばれる．最近接頂点対のみに相互作用をもつ正方格子上のイジングモデルは2次相転移，q 状態ポッツモデルは $|q|>4$ で1次相転移を起こすことが知られている [20–23].

マルコフ確率場による画像処理アルゴリズムの実装は，マルコフ確率場で与えられた推定に用いる確率分布を最大化する状態を最終的な推定結果とする最適化問題に帰着するもので，その計算手法は1980年代当初は**シミュレーテェッドアニーリング (simulated annealing)** [2, 33] による最適解探索が主流であった．これは確率分布に温度 $T(>0)$（逆温度 $\beta=1/T$）という物理的パラメータを，$T=1$ になるときに元の確率分布に等しくなり，$T\to+\infty$ においてすべての状態が等確率となり，$T\to+0$ の極限において状態変数が最適解以外の状態をとる確率がすべて0になるように導入し，温度 T を高温から低温に徐々に下げながら最適解探索を**熱浴法 (heat bath method)**，**メトロポリス法 (metropolis)** などの**モンテカルロ法 (monte carlo method)** により行うことでより精度の高い解を得る手法である．その計算過程は材料科学における結晶成長のアニーリングに似ていることからシミュレーテッドアニーリングという用語が用いられている [4]．また，**実空間繰り込み群法 (real space**

[3] 熱力学的極限の定義の詳細については参考論文 [32] を参照していただきたい．
[4] 最近ではマルコフ確率場における最大確率を与える状態の探索には**グラフカットの方法 (graph cut method)** という計算理論における最大流問題に帰着させる方法も用いられて

renormalization group method) [25,27–29] と呼ばれる統計力学の理論体系を導入することでマルコフ確率場を高階層化し，その上でシミュレーテッドアニーリングを用いることでマルコフ確率場の最適解探索の高精度化の提案もなされている [35]. 実空間繰り込み群法は**粗視化 (coase graining)** という概念を確率モデルの統計的性質の解析に導入したものであるが，これを画像処理における多重解像度処理という視点で応用した1つの事例と位置付けられる．

近年，もう1つの手法として**確率伝搬法 (belief propagation)** [8,9,12,40–48] という計算技法を，各頂点ごとの周辺確率分布および辺で結ばれた頂点対ごとの周辺確率分布の計算に適用することで推定結果を得るいくつかの方法が提案されている．確率伝搬法は統計力学における**ベーテ近似 (Bethe approximation)** と等価であることが知られている．さらに，確率伝搬法はベーテ近似の一般化である**クラスター変分法 (cluster variation method)** [24,49,50] の考え方を用いることで**一般化された確率伝搬法 (generalized belief propagation)** の提案へとつながっている [51,52].

確率的グラフィカルモデルによる画像領域分割は，通常はその確率分布の形を制御する**ハイパーパラメータ (hyperparameter)** が含まれる．式 (8.1)–(8.7) のマルコフ確率場の場合は α がこれにあたる．このハイパーパラメータを与えられたデータから推定した上で領域分割結果を出力することが求められる．マルコフ確率場のハイパーパラメータの推定は**周辺尤度最大化 (maximization of marginal likelihood)** と呼ばれる統計学の最尤推定に基づく方法により定式化され，そのアルゴリズムは**期待値最大化 (Expectation-Maximization; EM) アルゴリズム** [36–38] と呼ばれる方法によって実現される．期待値最大化アルゴリズムは，その処理過程の途中でマルコフ確率場の統計量の計算が要求されるが，この計算は一部の特殊な場合を除いては指数関数的な計算量が必要とされる．従来，この統計量の計算には主にマルコフ連鎖モンテカルロ法が用いられてきたが，近年，確率伝搬法を適用する方法も提案されている [14,19,39].

本章では，画像処理のなかでも画像領域分割を例にとって確率的計算モデ

いる [11,34].

ルを構成する処方箋について解説する．画像領域分割は画像からの文字や人物などの対象物の抽出を行う際に重要な要素技術の1つであり，基本的には画像の階調値などの特徴の類似した隣接した画素からなる複数の領域に分割する処理のことである．その応用範囲は，対象物をたとえば腫瘍などの病変に設定することによって医療診断への応用も行われるなど多岐にわたる [9]．このマルコフ確率場を画像の領域分割に応用する研究が1980年代半ばからさまざまに行われてきている．前半では，このマルコフ確率場による画像領域分割において与えられた1枚の画像データからのハイパーパラメータの自動推定を行いながら領域分割結果を出力するアルゴリズムについて，周辺尤度最大化に基づいた定式化と確率伝搬法による具体的な処理手順を参考文献 [53] に従って説明する．後半では，その確率伝搬法による周辺尤度最大化に基づく確率的画像領域分割アルゴリズムの実空間繰り込み群を用いたハイパーパラメータ推定の高速化ついて，参考文献 [54] をもとに紹介する．

8.2　確率伝搬法とマルコフ確率場による確率的画像領域分割

本章では画像を対象とするので，グラフとしては正方格子を考えることになる．画素の集合を $\mathcal{V}=\{1,2,\cdots,|\mathcal{V}|\}$, 画素 i と画素 j からなる最近接画素対 $\{i,j\}$ の集合を $\mathcal{E}$ と表すこととする．説明の簡単のため正方格子は2次元空間上で x 方向と y 方向に周期境界条件をもつものとする．このことは，画素 i のすべての隣接画素の集合を $\partial i\equiv\left\{j|\forall\{i,j\}\in\mathcal{E}\right\}$ とすると，$|\partial i|=4\ (\forall i\in\mathcal{V})$ が成り立つことを意味する．

領域分割においてデータは画像である．簡単のため，データとして与えられる画像はグレースケール画像を考えるものとし，まずその生成モデルを仮定する．各画素 i の階調値の状態変数 $d_i(i\in\mathcal{V})$ を，状態空間 $(-\infty,+\infty)$ 上において連続状態変数として定義する．さらに各画素 i は，q 種類の離散的な整数値 $\Omega=\{0,1,2,\cdots,q-1\}$ によってラベル付けされることにより，領域というもので分割されているものとする．この各画素 i のラベルに対する状態変数を $a_i(i\in\mathcal{V})$ とすると，この状態変数は状態空間 Ω 上で定義される

ことになる．この2種類の状態変数から，その状態ベクトルとして領域場 $\boldsymbol{a}=(a_1,a_2,\cdots,a_{|\mathcal{V}|})$ と強度場 $\boldsymbol{d}=(d_1,d_2,\cdots,d_{|\mathcal{V}|})$ を導入する．

領域場 $\boldsymbol{a}$ の状態ベクトルが仮に1つ与えられたときに，グレースケール画像 $\boldsymbol{d}$ は条件付き確率密度関数

$$P_{\mathrm{GMM}}(\boldsymbol{d}|\boldsymbol{a},\boldsymbol{m},\boldsymbol{\sigma}) \equiv \prod_{i\in\mathcal{V}} g(d_i|a_i,\boldsymbol{m},\boldsymbol{\sigma}) \tag{8.9}$$

$$g(d_i|a_i,\boldsymbol{m},\boldsymbol{\sigma}) \equiv \frac{1}{\sqrt{2\pi}\sigma(a_i)}\exp\left(-\frac{1}{2\sigma(a_i)^2}(d_i-m(a_i))^2\right) \tag{8.10}$$

$$\boldsymbol{m} \equiv (m(0),m(1),\cdots,m(q-1)) \tag{8.11}$$

$$\boldsymbol{\sigma} \equiv (\sigma(0),\sigma(1),\cdots,\sigma(q-1)) \tag{8.12}$$

に従って生成されるものと仮定する．そして問題設定として未知である領域場 $\boldsymbol{a}$ は

$$P_{\mathrm{Potts}}(\boldsymbol{a}|\alpha) = \frac{1}{\mathcal{Y}(\alpha)}\prod_{\{i,j\}\in\mathcal{E}} w(a_i,a_j|\alpha) \tag{8.13}$$

$$\mathcal{Y}(\alpha) \equiv \sum_{a_1\in\Omega}\sum_{a_2\in\Omega}\cdots\sum_{a_{|\mathcal{V}|}\in\Omega}\prod_{\{i,j\}\in\mathcal{E}}\exp\Big(-\frac{1}{2}\alpha\big(1-\delta_{a_i,a_j}\big)\Big) \tag{8.14}$$

$$w(\xi,\xi'|\alpha) \equiv \exp\Big(-\frac{1}{2}\alpha(1-\delta_{\xi,\xi'})\Big) \tag{8.15}$$

により与えられる確率分布 $P_{\mathrm{Potts}}(\boldsymbol{a}|\alpha)$ に従って生成されているものと仮定する．ここで δ_{a_i,a_j} は，$a_i=a_j$ のときに1, $a_i\neq a_j$ のときに0を与えるクロネッカーのデルタである．式 (8.13)–(8.15) における α は確率分布の関数形を決める正の定数であり，α が大きいほど互いに同じ状態 $a_i=a_j$ をとる最近接画素対 $\{i,j\}$ の個数が多い状態ベクトルが生成される確率が大きくなることを意味している．逆に言えば，$1-\delta_{a_i,a_j}$ は $a_i=a_j$ のときに0, $a_i\neq a_j$ のときに1を与えるため

$$\sum_{\{i,j\}\in\mathcal{E}}\big(1-\delta_{a_i,a_j}\big) \tag{8.16}$$

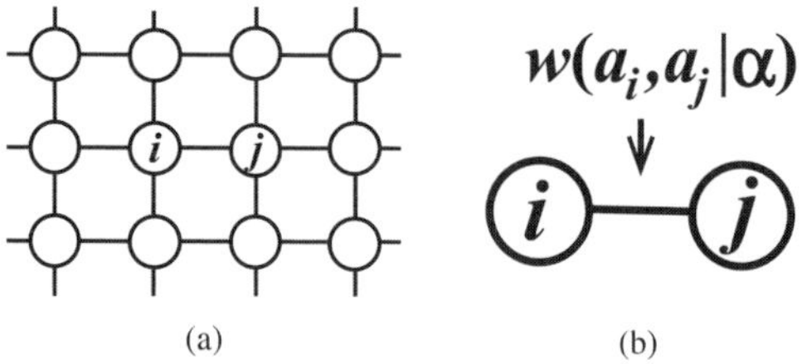

図 8.1　式 (8.13) の事前確率分布．(a) グラフ表現．(b) それぞれの辺に割り当てられた因子

が領域場として互いに異なる状態をもつ最近接画素対の個数を表すことになる．つまり領域間の境界の長さを表すものと理解され，α が大きいほどこの長さの短い状態ベクトルが生成されることを意味している．式 (8.13)–(8.15) の事前確率分布のグラフ表現を図 8.1 に与える．

式 (8.13) で与えられた $P_{\mathrm{Potts}}(\boldsymbol{a}|\alpha)$ を事前確率分布として，式 (8.9) の $P_{\mathrm{GMM}}(\boldsymbol{d}|\boldsymbol{a},\boldsymbol{m},\boldsymbol{\sigma})$ と共に Bayes の公式からデータ $\boldsymbol{d}$ が与えられたときのラベル $\boldsymbol{a}$ に対する事後確率分布

$$P(\boldsymbol{a}|\boldsymbol{d},\alpha,\boldsymbol{m},\boldsymbol{\sigma}) = \frac{P_{\mathrm{GMM}}(\boldsymbol{d}|\boldsymbol{a},\boldsymbol{m},\boldsymbol{\sigma})P_{\mathrm{Potts}}(\boldsymbol{a}|\alpha)}{P(\boldsymbol{d}|\alpha,\boldsymbol{m},\boldsymbol{\sigma})} \tag{8.17}$$

が構成される．式 (8.17) の分母の $P(\boldsymbol{d}|\alpha,\boldsymbol{m},\boldsymbol{\sigma})$ は，$(\alpha,\boldsymbol{m},\boldsymbol{\sigma})$ の値が 1 組与えられたときの強度場 $\boldsymbol{d}$ に対する確率密度関数であり，領域場 $\boldsymbol{a}$ と強度場 $\boldsymbol{d}$ の結合確率分布

$$P(\boldsymbol{a},\boldsymbol{d}|\alpha,\boldsymbol{m},\boldsymbol{\sigma}) = P_{\mathrm{GMM}}(\boldsymbol{d}|\boldsymbol{a},\boldsymbol{m},\boldsymbol{\sigma})P_{\mathrm{Potts}}(\boldsymbol{a}|\alpha) \tag{8.18}$$

を領域場 $\boldsymbol{a}$ について周辺化することにより次のように定義される．

$$\begin{aligned} P(\boldsymbol{d}|\alpha,\boldsymbol{m},\boldsymbol{\sigma}) &\equiv \sum_{a_1\in\Omega}\sum_{a_2\in\Omega}\cdots\sum_{a_{|\mathcal{V}|}\in\Omega} P(\boldsymbol{a},\boldsymbol{d}|\alpha,\boldsymbol{m},\boldsymbol{\sigma}) \\ &= \sum_{a_1\in\Omega}\sum_{a_2\in\Omega}\cdots\sum_{a_{|\mathcal{V}|}\in\Omega} P_{\mathrm{GMM}}(\boldsymbol{d}|\boldsymbol{a},\boldsymbol{m},\boldsymbol{\sigma})P_{\mathrm{Potts}}(\boldsymbol{a}|\alpha) \end{aligned} \tag{8.19}$$

以上により，定式化された正方格子上の確率的グラフィカルモデルにおいて，最尤推定では $\boldsymbol{d}$ がデータであり，$\boldsymbol{a}$ がパラメータとして位置づけられる．そして，α と $\{m(\zeta),\sigma(\zeta)|\zeta\in\Omega\}$ はハイパーパラメータとして位置づけられる．データ $\boldsymbol{d}$ が与えられたときの $(\alpha,\boldsymbol{m},\boldsymbol{\sigma})$ に対する尤度とし

ては，式 (8.19) で定義された $P(\boldsymbol{d}|\alpha,\boldsymbol{m},\boldsymbol{\sigma})$ が用いられる．この $P(\boldsymbol{d}|\alpha,\boldsymbol{m},\boldsymbol{\sigma})$ は，データ $\boldsymbol{d}$ が与えられている状況において，未知である $\boldsymbol{a}$ については式 (8.19) の右辺に表されるとおりに周辺化されたときのハイパーパラメータ $(\alpha,\boldsymbol{m},\boldsymbol{\sigma})$ に対する尤度としていることから**周辺尤度 (marginal likelihood)** と呼ばれ，この周辺尤度を $(\alpha,\boldsymbol{m},\boldsymbol{\sigma})$ について最大化するように，このハイパーパラメータの推定値 $\widehat{\alpha}(\boldsymbol{d})$, $\widehat{\boldsymbol{m}}(\boldsymbol{d}) \equiv (\widehat{m}(0,\boldsymbol{d}),\widehat{m}(1,\boldsymbol{d}),\cdots,\widehat{m}(q-1,\boldsymbol{d}))$, $\widehat{\boldsymbol{\sigma}}(\boldsymbol{d}) \equiv (\widehat{\sigma}(0,\boldsymbol{d}),\widehat{\sigma}(1,\boldsymbol{d}),\cdots,\widehat{\sigma}(q-1,\boldsymbol{d}))$ が決定される．

$$(\widehat{\alpha}(\boldsymbol{d}),\widehat{\boldsymbol{m}}(\boldsymbol{d}),\widehat{\boldsymbol{\sigma}}(\boldsymbol{d})) = \arg\max_{(\alpha,\boldsymbol{m},\boldsymbol{\sigma})} P\big(\boldsymbol{d}\big|\alpha,\boldsymbol{m},\boldsymbol{\sigma}\big) \tag{8.20}$$

式 (8.20) の周辺尤度最大化による推定値 $(\widehat{\alpha}(\boldsymbol{d}),\widehat{\boldsymbol{m}}(\boldsymbol{d}),\widehat{\boldsymbol{\sigma}}(\boldsymbol{d}))$ は，$P\big(\boldsymbol{d}\big|\alpha,\boldsymbol{m},\boldsymbol{\sigma}\big)$ のハイパーパラメータ $(\alpha,\boldsymbol{m},\boldsymbol{\sigma})$ についての以下の極値条件の解として与えられる．

$$\begin{aligned}&\frac{1}{|\mathcal{E}|}\sum_{\{i,j\}\in\mathcal{E}}\sum_{\zeta\in\Omega}\sum_{\zeta'\in\Omega}(1-\delta_{\zeta,\zeta'})P_{\{i,j\}}\big(\zeta,\zeta'\big|\boldsymbol{d},\widehat{\alpha}(\boldsymbol{d}),\widehat{\boldsymbol{m}}(\boldsymbol{d}),\widehat{\boldsymbol{\sigma}}(\boldsymbol{d})\big)\\&\quad=\frac{1}{|\mathcal{E}|}\sum_{\{i,j\}\in\mathcal{E}}\sum_{\zeta\in\Omega}\sum_{\zeta'\in\Omega}(1-\delta_{\zeta,\zeta'})P_{\{i,j\}}(\zeta,\zeta'|\widehat{\alpha}(\boldsymbol{d}))\end{aligned} \tag{8.21}$$

$$\frac{\displaystyle\sum_{i\in\mathcal{V}}d_iP_i(\xi|\boldsymbol{d},\widehat{\alpha}(\boldsymbol{d}),\widehat{\boldsymbol{m}}(\boldsymbol{d}),\widehat{\boldsymbol{\sigma}}(\boldsymbol{d}))}{\displaystyle\sum_{i\in\mathcal{V}}P_i(\xi|\boldsymbol{d},\widehat{\alpha}(\boldsymbol{d}),\widehat{\boldsymbol{m}}(\boldsymbol{d}),\widehat{\boldsymbol{\sigma}}(\boldsymbol{d}))} = \widehat{m}(\xi,\boldsymbol{d})\ (\xi\in\Omega) \tag{8.22}$$

$$\frac{\displaystyle\sum_{i\in\mathcal{V}}\big(d_i-\widehat{m}(\xi,\boldsymbol{d})\big)^2P_i(\xi|\boldsymbol{d},\widehat{\alpha}(\boldsymbol{d}),\widehat{\boldsymbol{m}}(\boldsymbol{d}),\widehat{\boldsymbol{\sigma}}(\boldsymbol{d}))}{\displaystyle\sum_{i\in\mathcal{V}}P_i(\xi|\boldsymbol{d},\widehat{\alpha}(\boldsymbol{d}),\widehat{\boldsymbol{m}}(\boldsymbol{d}),\widehat{\boldsymbol{\sigma}}(\boldsymbol{d}))} = \widehat{\sigma}(\xi,\boldsymbol{d})^2\ (\xi\in\Omega) \tag{8.23}$$

式 (8.21)–(8.23) において，$P_i(\xi|\boldsymbol{d},\alpha,\boldsymbol{m},\boldsymbol{\sigma})$ $(\xi\in\Omega)$, $P_{\{i,j\}}(\xi,\xi'|\boldsymbol{d},\alpha,\boldsymbol{m},\boldsymbol{\sigma})$ $(\xi\in\Omega,\xi'\in\Omega)$, $P_{\{i,j\}}(\xi,\xi'|\alpha)$ $(\xi\in\Omega,\xi'\in\Omega)$ は，事後確率分布および事前確率分布の周辺確率分布としてそれぞれ以下のように定義される．

$$P_i(\xi|\boldsymbol{d},\alpha,\boldsymbol{m},\boldsymbol{\sigma}) \equiv \sum_{a_1\in\Omega}\sum_{a_2\in\Omega}\cdots\sum_{a_{|\mathcal{V}|}\in\Omega}\delta_{\xi,a_i}P(\boldsymbol{a}|\boldsymbol{d},\alpha,\boldsymbol{m},\boldsymbol{\sigma}) \tag{8.24}$$

$$P_{\{i,j\}}(\xi,\xi'|\boldsymbol{d},\alpha,\boldsymbol{m},\boldsymbol{\sigma}) \equiv \sum_{a_1\in\Omega}\sum_{a_2\in\Omega}\cdots\sum_{a_{|\mathcal{V}|}\in\Omega}\delta_{\xi,a_i}\delta_{\xi',a_j}P\big(\boldsymbol{a}\big|\boldsymbol{d},\alpha,\boldsymbol{m},\boldsymbol{\sigma}\big) \tag{8.25}$$

$$P_{\{i,j\}}(\xi,\xi'|\alpha) \equiv \sum_{a_1\in\Omega}\sum_{a_2\in\Omega}\cdots\sum_{a_{|\mathcal{V}|}\in\Omega}\delta_{\xi,a_i}\delta_{\xi',\,a_j}P_{\mathrm{Potts}}(\boldsymbol{a}|\alpha) \tag{8.26}$$

式 (8.21)–(8.23) の $2|\Omega|+1$ 元連立非線形方程式の解として $2|\Omega|+1$ 個のハイパーパラメータ $\widehat{\alpha}(\boldsymbol{d}),\widehat{\boldsymbol{m}}(\boldsymbol{d}),\widehat{\boldsymbol{\sigma}}(\boldsymbol{d})$ が決定される．式 (8.22) と式 (8.23) は $\widehat{\boldsymbol{m}}(\boldsymbol{d})$ と $\widehat{\boldsymbol{\sigma}}(\boldsymbol{d})$ が $\widehat{\alpha}(\boldsymbol{d}),\widehat{\boldsymbol{m}}(\boldsymbol{d}),\widehat{\boldsymbol{\sigma}}(\boldsymbol{d})$ によって表されているので，固定点方程式とみなして，左辺を計算することで右辺の $\widehat{\boldsymbol{m}}(\boldsymbol{d})$ と $\widehat{\boldsymbol{\sigma}}(\boldsymbol{d})$ が更新されていくという反復法により解を求めることができる．しかし，式 (8.21) は固定点方程式の形をしていないので工夫が必要である．これを解くための1つの方法を紹介する．まず，式 (8.21) の左辺を計算してその値を $\widehat{u}(\boldsymbol{d})$ に設定する．

$$\widehat{u}(\boldsymbol{d}) = \frac{1}{|\mathcal{E}|}\sum_{\{i,j\}\in\mathcal{E}}\sum_{\zeta\in\Omega}\sum_{\zeta'\in\Omega}\left(1-\delta_{\zeta,\zeta'}\right)P_{\{i,j\}}\left(\zeta,\zeta'\middle|\boldsymbol{d},\widehat{\alpha}(\boldsymbol{d}),\widehat{\boldsymbol{m}}(\boldsymbol{d}),\widehat{\boldsymbol{\sigma}}(\boldsymbol{d})\right) \tag{8.27}$$

計算された u の値に式 (8.21) の右辺の値になるように

$$\frac{1}{|\mathcal{E}|}\sum_{\{i,j\}\in\mathcal{E}}\sum_{\zeta\in\Omega}\sum_{\zeta'\in\Omega}\left(1-\delta_{\zeta,\zeta'}\right)P_{\{i,j\}}\left(\zeta,\zeta'\middle|\widehat{\alpha}(\boldsymbol{d})\right) = \widehat{u}(\boldsymbol{d}) \tag{8.28}$$

を $\widehat{\alpha}(\boldsymbol{d})$ について解く．解くための方法として，たとえば勾配降下法などが考えられるが，ここでは勾配降下法をもとに構成された以下の更新式を $\widehat{\alpha}(\boldsymbol{d})$ が収束するまで繰り返すという方法で式 (8.28) の解を求めている．

$$\widehat{\alpha}(\boldsymbol{d})\leftarrow\widehat{\alpha}(\boldsymbol{d})\left(\frac{1}{\widehat{u}(\boldsymbol{d})|\mathcal{E}|}\sum_{\{i,j\}\in\mathcal{E}}\sum_{\zeta\in\Omega}\sum_{\zeta'\in\Omega}(1-\delta_{\zeta,\zeta'})P_{\{i,j\}}(\zeta,\zeta'|\widehat{\alpha}(\boldsymbol{d}))\right)^{1/4} \tag{8.29}$$

式 (8.29) の繰り返しにより $\widehat{\alpha}(\boldsymbol{d})$ が収束すれば，式 (8.28) の解が求められていることになる．

　式 (8.21)–(8.23) から，決定されたハイパーパラメータの推定値 $\widehat{\alpha}(\boldsymbol{d}),\widehat{\boldsymbol{m}}(\boldsymbol{d}),\widehat{\boldsymbol{\sigma}}(\boldsymbol{d})$ から領域分割結果 $\widehat{\boldsymbol{a}}(\boldsymbol{d}) = (\widehat{a}_1(\boldsymbol{d}),\widehat{a}_2(\boldsymbol{d}),\cdots,\widehat{a}_{|\mathcal{V}|}(\boldsymbol{d}))^{\mathrm{T}}$ が次のように与えられる．

$$\widehat{a}_i(\boldsymbol{d}) \equiv \underset{\zeta\in\Omega}{\mathrm{argmax}}P_i\left(\zeta\middle|\boldsymbol{d},\widehat{\alpha}(\boldsymbol{d}),\widehat{\boldsymbol{m}}(\boldsymbol{d}),\widehat{\boldsymbol{\sigma}}(\boldsymbol{d})\right)\ (i\in\mathcal{V}) \tag{8.30}$$

式 (8.30) は周辺事後確率分布を用いて画素ごとに領域分割の推定値 $\widehat{a}_i(\boldsymbol{d})$ を決める方法で，**周辺事後確率最大化 (Maximum Posterior Marginal: MPM)**

推定と呼ばれる[5]．

式 (8.21)–(8.23) は事後確率分布と事前確率分布の周辺確率分布 $P_i(\xi|\boldsymbol{d},\alpha,\boldsymbol{m},\boldsymbol{\sigma})$ $(\xi\in\Omega)$, $P_{\{i,j\}}(\xi,\xi'|\boldsymbol{d},\alpha,\boldsymbol{m},\boldsymbol{\sigma})$ $(\xi\in\Omega,\xi'\in\Omega)$, $P_{\{i,j\}}(\xi,\xi'|\alpha)$ $(\xi\in\Omega,\xi'\in\Omega)$ を用いて表されているため，この周辺確率分布を式 (8.21)–(8.23) を解く過程で計算していかなければならない．この周辺確率分布の計算は $P_i(\xi|\boldsymbol{d},\alpha,\boldsymbol{m},\boldsymbol{\sigma})$ $(\xi\in\Omega)$ および $P_{\{i,j\}}(\xi,\xi'|\boldsymbol{d},\alpha,\boldsymbol{m},\boldsymbol{\sigma})$ $(\xi\in\Omega,\xi'\in\Omega)$ に対する計算と，$P_{\{i,j\}}(\xi,\xi'|\alpha)$ $(\xi\in\Omega,\xi'\in\Omega)$ に対する計算に分けて，確率伝搬法による近似アルゴリズムとして構成される．式 (8.17) に式 (8.9) と式 (8.13) を代入することで事後確率分布の表式が次のように与えられる．

$$P(\boldsymbol{a}|\boldsymbol{d},\alpha,\boldsymbol{m},\boldsymbol{\sigma}) = \frac{1}{\mathcal{Z}(\boldsymbol{d},\alpha,\boldsymbol{m},\boldsymbol{\sigma})}\Big(\prod_{i\in\mathcal{V}} g(d_i|a_i,\boldsymbol{m},\boldsymbol{\sigma})\Big)\Big(\prod_{\{i,j\}\in\mathcal{E}} w(a_i,a_j|\alpha)\Big) \tag{8.31}$$

$$\mathcal{Z}(\boldsymbol{d},\alpha,\boldsymbol{m},\boldsymbol{\sigma}) \equiv \sum_{a_1\in\Omega}\sum_{a_2\in\Omega}\cdots\sum_{a_{|\mathcal{V}|}\in\Omega}\Big(\prod_{i\in\mathcal{V}} g(d_i|a_i,\boldsymbol{m},\boldsymbol{\sigma})\Big)\Big(\prod_{\{i,j\}\in\mathcal{E}} w(a_i,a_j|\alpha)\Big) \tag{8.32}$$

式 (8.31)–(8.32) の事後確率分布のグラフ表現を図 (8.2) に与える．

事後確率分布 (8.31)–(8.32) に対する確率伝搬法による周辺確率分布の近似表現は

$$P_i(\xi|\boldsymbol{d},\alpha,\boldsymbol{m},\boldsymbol{\sigma}) \simeq \frac{g(d_i|\xi,\boldsymbol{m},\boldsymbol{\sigma})\prod_{k\in\partial i}\mu_{k\to i}(\xi)}{\sum_{\zeta\in\Omega} g(d_i|\zeta,\boldsymbol{m},\boldsymbol{\sigma})\prod_{k\in\partial i}\mu_{k\to i}(\zeta)} \quad (\xi\in\Omega,\ i\in\mathcal{V}) \tag{8.33}$$

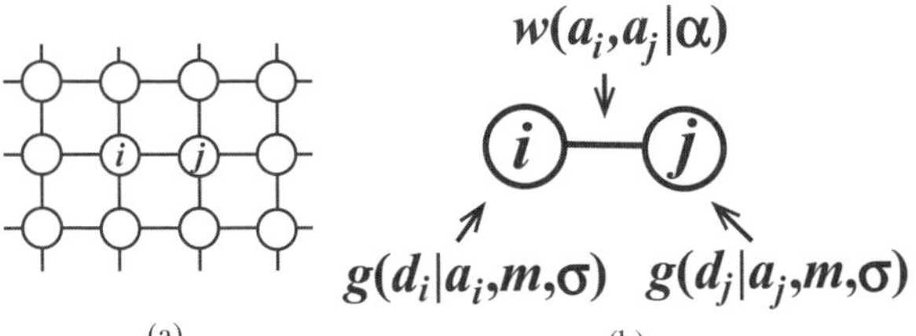

(a)　(b)

図 8.2　式 (8.31) の事後確率分布．(a) グラフ表現．(b) それぞれの頂点と辺に割り当てられた因子

[5] $P(\boldsymbol{a}|\boldsymbol{d},\widehat{\alpha}(\boldsymbol{d}),\widehat{\boldsymbol{m}}(\boldsymbol{d}),\widehat{\boldsymbol{\sigma}}(\boldsymbol{d}))$ を最大化する**最大事後確率推定 (Maximum A Posteriori: MAP) 推定**とは異なる枠組みであることに注意されたい．

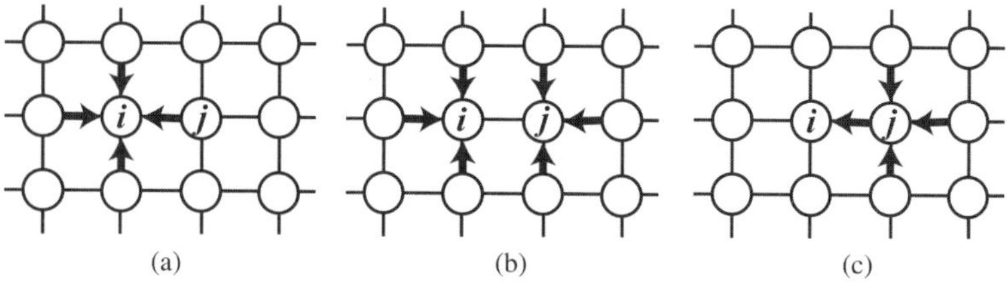

図 8.3　式 (8.33)–(8.35) の確率伝搬法による近似周辺確率分布とメッセージの決定方程式のグラフ表現. (a) 式 (8.33) の周辺確率分布 $P_i(a_i|\boldsymbol{d},\alpha,\boldsymbol{m},\boldsymbol{\sigma})$. (b) 式 (8.34) の周辺確率分布 $P_{\{i,j\}}(a_j,a_i|\boldsymbol{d},\alpha,\boldsymbol{m},\boldsymbol{\sigma})$. (c) 式 (8.35) のメッセージ $\{\mu_{j\to i}(a_i)\}$ の決定方程式

$$P_{\{i,j\}}(\xi,\xi'|\boldsymbol{d},\alpha,\boldsymbol{m},\boldsymbol{\sigma})$$
$$\simeq \frac{\left(\prod_{k\in\partial i\backslash\{j\}}\mu_{k\to i}(\xi)\right)g(d_i|\xi,\boldsymbol{m},\boldsymbol{\sigma})g(d_j|\xi',\boldsymbol{m},\boldsymbol{\sigma})w(\xi,\xi'|\alpha)\left(\prod_{l\in\partial j\backslash\{i\}}\mu_{l\to j}(\xi')\right)}{\sum_{\zeta\in\Omega}\sum_{\zeta'\in\Omega}\left(\prod_{k\in\partial i\backslash\{j\}}\mu_{k\to i}(\zeta)\right)g(d_i|\zeta,\boldsymbol{m},\boldsymbol{\sigma})g(d_j|\zeta',\boldsymbol{m},\boldsymbol{\sigma})w(\zeta,\zeta'|\alpha)\left(\prod_{l\in\partial j\backslash\{i\}}\mu_{l\to j}(\zeta')\right)}$$
$$(\xi\in\Omega,\ \xi'\in\Omega,\ \{i,j\}\in\mathcal{E}) \tag{8.34}$$

$$\mu_{j\to i}(\xi)=\frac{\sum_{\zeta\in\Omega}w(\xi,\zeta|\alpha)g(d_j|\zeta,\boldsymbol{m},\boldsymbol{\sigma})\prod_{k\in\partial j\backslash\{i\}}\mu_{k\to j}(\zeta)}{\sum_{\zeta\in\Omega}\sum_{\zeta'\in\Omega}w(\zeta',\zeta|\alpha)g(d_j|\zeta,\boldsymbol{m},\boldsymbol{\sigma})\prod_{k\in\partial j\backslash\{i\}}\mu_{k\to j}(\zeta)}\ (\xi\in\Omega,j\in\partial i,i\in\mathcal{V}) \tag{8.35}$$

式 (8.33)–(8.35) の確率伝搬法による近似周辺確率分布とメッセージの決定方程式のグラフ表現を図 (8.3) に与える.

事後確率分布 (8.31)–(8.32) に対する確率伝搬法の定式化は式 (8.33)–(8.35) により 1 つの閉じた形に与えられるが，もう 1 つのよく用いられる定式化であるファクターグラフによる確率伝搬法の表式について紹介する. 式 (8.31) のファクターグラフとしての事後確率分布のグラフ表現の変換過程の説明を図 8.4 に沿って進める. 図 8.4(a) のとおりの元のグラフ表現から出発する. 図 8.4(b) のとおりに元のグラフ表現における ◦ で表された各頂点を 1 個の ● と 4 個の ■ に分離する. 図 8.4(b) で生成された ■ を辺ごとに合体させて 1 個ずつの ■ を生成する. 図 8.4(b) で分割により生成された ■ は，辺 $\{i,j\}$ で

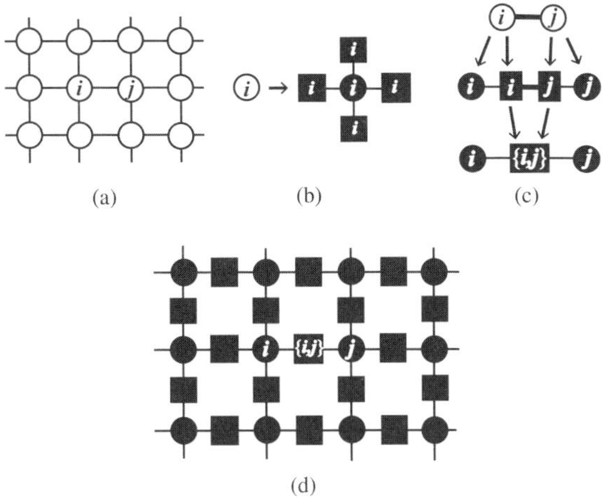

図 8.4 式 (8.31) のファクターグラフとしての事後確率分布のグラフ表現の変換過程．(a) 元々のグラフ表現．(b) 元のグラフ表現における ○ で表された各頂点を 1 個の ● と 4 個の ■ に分離する過程．(c) (b) で生成された ■ を辺ごとに合体させて 1 個ずつの ■ を生成する過程．(b) で分割により生成された ■ は辺 $\{i,j\}$ で見ると i と j から生成された ■ が 1 個ずつ配置されることになり，これらを合体させている．(d) (b) と (c) の手順によって (a) から変換されたファクターグラフ．生成されたファクターグラフは元のグラフでは辺の集合であった $\mathcal{E}$ も頂点の集合となり，$\mathcal{V}\cup\mathcal{E}$ が変換されたファクターグラフのすべての頂点からなる集合となる

見ると i と j から生成された ■ が 1 個ずつ配置されることになる．そこで，これらを図 8.4(c) のとおりに合体させている．図 8.4(b)–(c) の過程によって図 8.4(a) から変換されたファクターグラフが図 8.4(d) の 2 部グラフである．生成されたファクターグラフは，元のグラフでは辺の集合であった $\mathcal{E}$ も頂点の集合となり，$\mathcal{V}\cup\mathcal{E}$ が変換されたファクターグラフのすべての頂点からなる集合となる．式 (8.33)–(8.35) におけるメッセージ $\{\mu_{j\to i}(\xi)|\xi\in\Omega, j\in\partial i, i\in\mathcal{V}\}$ から次の変数変換による 2 種類のメッセージ $\{\mathcal{M}_{\{i,j\}\to i}(\xi)|\xi\in\Omega, j\in\partial i, i\in\mathcal{V}\}$ $\{\mathcal{M}_{j\to\{i,j\}}(\xi)|\xi\in\Omega, j\in\partial i, i\in\mathcal{V}\}$ および集合 $\partial\{i,j\}$ を導入する．

$$\mathcal{M}_{\{i,j\}\to i}(\xi) \equiv \mu_{j\to i}(\xi)\ (\xi\in\Omega, \{i,j\}\in\mathcal{E}) \tag{8.36}$$

$$\mathcal{M}_{\{i,j\}\to j}(\xi) \equiv \mu_{i\to j}(\xi)\ (\xi\in\Omega, \{i,j\}\in\mathcal{E}) \tag{8.37}$$

$$\mathcal{M}_{i\to\{i,j\}}(\xi) \equiv g(d_i|\xi,\boldsymbol{m},\boldsymbol{\sigma}) \prod_{k\in\partial i\setminus\{j\}} \mu_{k\to i}(\xi)\ (\xi\in\Omega, \{i,j\}\in\mathcal{E}) \tag{8.38}$$

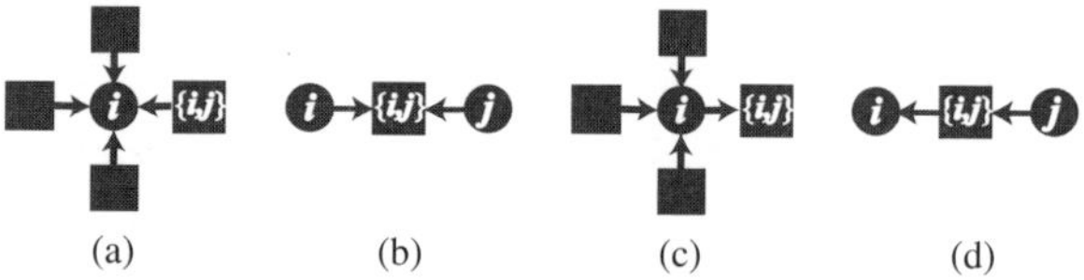

図 8.5　式 (8.42)–(8.45) の確率伝搬法による近似周辺確率分布とメッセージも決定方程式のグラフ表現. (a) 式 (8.42) の周辺確率分布 $P_i(a_i|\boldsymbol{d},\alpha,\boldsymbol{m},\boldsymbol{\sigma})$. (b) 式 (8.43) の周辺確率分布 $P_{\{i,j\}}(a_j,a_i|\boldsymbol{d},\alpha,\boldsymbol{m},\boldsymbol{\sigma})$. (c) 式 (8.44) と (d) 式 (8.45) によるメッセージ $\mathcal{M}_{i\to\{i,j\}}(a_i)$ および $\mathcal{M}_{\{i,j\}\to i}(a_i)$ の決定方程式

$$\mathcal{M}_{j\to\{i,j\}}(\xi) \equiv g(d_j|\xi,\boldsymbol{m},\boldsymbol{\sigma}) \prod_{k\in\partial j\setminus\{i\}} \mu_{k\to j}(\xi)\ (\xi\in\Omega, \{i,j\}\in\mathcal{E}) \tag{8.39}$$

$$\mathcal{D}b \equiv \{i|i\subset b, i\in\mathcal{V}\}\ (b\in\mathcal{E}) \tag{8.40}$$

$$\mathcal{D}i \equiv \{b|b\supset i, b\in\mathcal{E}\}\ (i\in\mathcal{V}) \tag{8.41}$$

これらの新しいメッセージを用いて，式 (8.33)–(8.35) は次のように書き換えられる.

$$P_i(\xi) \simeq \frac{g(d_i|\xi,\boldsymbol{m},\boldsymbol{\sigma})\prod_{b\in\mathcal{D}i}\mathcal{M}_{b\to i}(\xi)}{\sum_{\zeta\in\Omega} g(d_i|\zeta,\boldsymbol{m},\boldsymbol{\sigma})\prod_{b\in\mathcal{D}i}\mathcal{M}_{b\to i}(\zeta)} \tag{8.42}$$

$$P_{\{i,j\}}(\xi,\xi') \simeq \frac{\mathcal{M}_{i\to\{i,j\}}(\xi)w(\xi,\xi'|\alpha)\mathcal{M}_{j\to\{i,j\}}(\xi')}{\sum_{\zeta\in\Omega}\sum_{\zeta'\in\Omega}\mathcal{M}_{i\to\{i,j\}}(\zeta)w(\zeta,\zeta'|\alpha)\mathcal{M}_{j\to\{i,j\}}(\zeta')} \tag{8.43}$$

$$\mathcal{M}_{i\to b}(\xi) = g(d_i|\xi,\boldsymbol{m},\boldsymbol{\sigma}) \prod_{b'\in\mathcal{D}i\setminus\{b\}} \mathcal{M}_{b'\to i}(\xi)\ (\xi\in\Omega, b\in\mathcal{D}i, i\in\mathcal{V}) \tag{8.44}$$

$$\mathcal{M}_{b\to i}(\xi) = \frac{\sum_{\zeta\in\Omega} w(\xi,\zeta|\alpha) \prod_{k\in\mathcal{D}b\setminus\{i\}} \mathcal{M}_{k\to b}(\zeta)}{\sum_{\zeta\in\Omega}\sum_{\zeta'\in\Omega} w(\zeta',\zeta|\alpha) \prod_{k\in\mathcal{D}b\setminus\{i\}} \mathcal{M}_{k\to b}(\zeta)}\ (\xi\in\Omega, i\in\mathcal{D}b, b\in\mathcal{E}) \tag{8.45}$$

式 (8.42)–(8.45) は式 (8.33)–(8.35) から式 (8.36)–(8.41) の変数変換により導出されたものであり，両者は互いに等価である.

事前確率分布 (8.13)–(8.15) に対する確率伝搬法による周辺確率分布 $P_{\{i,j\}}(\xi,\xi'|\alpha)$ の近似表現は，式 (8.34)–(8.35) において $g(d_i|\zeta,\boldsymbol{m},\boldsymbol{\sigma})$ と $g(d_j|\zeta,\boldsymbol{m},\boldsymbol{\sigma})$ を 1 で置き換えたものとなるが，事前確率分布は空間的に周期境界条件を課してい

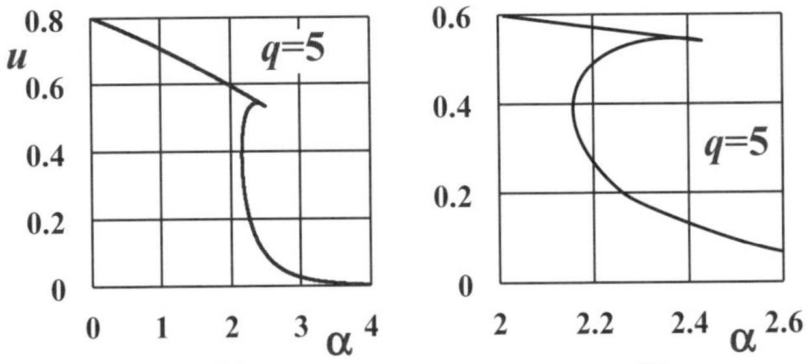

(a) (b)

図 8.6 式 (8.48) を満たす (α, u) 曲線. (b) は (a) を拡大したもの.

ることから，メッセージが空間的に一様性をもつため，$\mu_{k\to j}(\xi)$ は事前確率分布においては $\lambda(\xi)$ という表現に置き換えられる.

$$P_{\{i,j\}}(\xi,\xi'|\alpha) \simeq \frac{\lambda(\xi)^3 w(\xi,\xi'|\alpha)\lambda(\xi')^3}{\sum_{\zeta\in\Omega}\sum_{\zeta'\in\Omega}\lambda(\zeta)^3 w(\zeta,\zeta'|\alpha)\lambda(\zeta')^3}\ (\xi\in\Omega, \xi'\in\Omega, \{i,j\}\in\mathcal{E}) \tag{8.46}$$

$$\lambda(\xi) = \frac{\sum_{\zeta\in\Omega} w(\xi,\zeta|\alpha)\lambda(\zeta)^3}{\sum_{\zeta\in\Omega}\sum_{\zeta'\in\Omega} w(\zeta',\zeta|\alpha)\lambda(\zeta)^3}\ (\xi\in\Omega) \tag{8.47}$$

ここで，式 (8.46)–(8.47) により計算される $P_{\{i,j\}}(a_i, a_j|\alpha)$ に対して

$$\frac{1}{|\mathcal{E}|}\sum_{\{i,j\}\in\mathcal{E}}\sum_{\zeta\in\Omega}\sum_{\zeta'\in\Omega}(1-\delta_{\zeta,\zeta'})P_{\{i,j\}}(\zeta,\zeta'|\alpha) = u \tag{8.48}$$

を満たす点 (α, u) を考える．この (α, u) 曲線を描いたものが図 8.6 である．すでに述べたとおり，q 状態ポッツモデルは $q > 4$ で 1 次相転移を起こすことが知られている [23]. 確率伝搬法すなわちベーテ近似で 5 状態ポッツモデルを近似的に計算した場合の転移点は $\alpha = 2.1972\cdots$ であり，その付近で 1 次相転移を反映した挙動を示していることがわかる.

式 (8.33)–(8.35) および式 (8.46)–(8.47) を用いて $P_i(\xi|\boldsymbol{d},\alpha,\boldsymbol{m},\boldsymbol{\sigma})$ $(\xi\in\Omega)$, $P_{\{i,j\}}(\xi,\xi'|\boldsymbol{d},\alpha,\boldsymbol{m},\boldsymbol{\sigma})$ $(\xi\in\Omega,\xi'\in\Omega)$, $P_{\{i,j\}}(\xi,\xi'|\alpha)$ $(\xi\in\Omega,\xi'\in\Omega)$ を確率伝搬法の下で計算しながら，式 (8.21)–(8.23) を解くことでハイパーパラメータの推定値 $\widehat{\alpha}$, $\{m(\zeta),\sigma(\zeta)|\zeta\in\Omega\}$ が決定される．決定された推定値から領域分割結果 $\widehat{\boldsymbol{a}}(\boldsymbol{d}) = (\widehat{a}_1(\boldsymbol{d}), \widehat{a}_2(\boldsymbol{d}), \cdots, \widehat{a}_{|\mathcal{V}|}(\boldsymbol{d}))^{\mathrm{T}}$ が MPM 推定 (8.30) により計算される.

周辺尤度最大化における極値条件 (8.21)–(8.23) および確率伝搬法の下での事後周辺確率分布 $P_i(\xi|\boldsymbol{d},\alpha,\boldsymbol{m},\boldsymbol{\sigma})$ $(\xi\in\Omega)$, $P_{\{i,j\}}(\xi,\xi'|\boldsymbol{d},\alpha,\boldsymbol{m},\boldsymbol{\sigma})$ $(\xi\in\Omega,\xi'\in\Omega)$ と，事前確率分布 $P_{\{i,j\}}(\xi,\xi'|\alpha)$ $(\xi\in\Omega,\xi'\in\Omega)$ の決定方程式 (8.33)–(8.35) および式 (8.46)–(8.47) を解き，最終的に MPM 推定 (8.30) により領域分割結果 $\widehat{\boldsymbol{a}}(\boldsymbol{d})$ を計算する具体的なアルゴリズムを以下に与える．

確率的画像領域分割アルゴリズム（入力:$\boldsymbol{d}$, 出力:$\widehat{\alpha}(\boldsymbol{d})$, $\widehat{u}(\boldsymbol{d})$, $\widehat{\boldsymbol{m}}(\boldsymbol{d})$, $\widehat{\boldsymbol{\sigma}}(\boldsymbol{d})$, $\widehat{\boldsymbol{a}}(\boldsymbol{d})$）

Step 1　データ $\boldsymbol{d}$ を入力し，ハイパーパラメータ $\widehat{\alpha}(\boldsymbol{d})$, $\widehat{\boldsymbol{m}}(\boldsymbol{d})$, $\widehat{\boldsymbol{\sigma}}(\boldsymbol{d})$ および事後確率分布の確率伝搬法におけるメッセージ $\{\widehat{\mu}_{j\to i}(\xi,\boldsymbol{d})|i\in\mathcal{V},j\in\partial i,\xi\in\Omega\}$ に初期値を設定する．反復回数 t に $t\leftarrow 0$ を設定する．

Step 2　$t\leftarrow t+1$ と更新した上で $\widehat{\boldsymbol{m}}(\boldsymbol{d})$, $\widehat{\boldsymbol{\sigma}}(\boldsymbol{d})$, $\{\widehat{\mu}_{j\to i}(\xi,\boldsymbol{d})|\xi\in\Omega,i\in\mathcal{V},j\in\partial i\}$ を次の順に更新する．

$$\mu_{j\to i}(\xi) \leftarrow \frac{\displaystyle\sum_{\zeta\in\Omega} w(\xi,\zeta|\widehat{\alpha}(\boldsymbol{d}))g(d_j|\zeta,\widehat{\boldsymbol{m}}(\boldsymbol{d}),\widehat{\boldsymbol{\sigma}}(\boldsymbol{d}))\prod_{k\in\partial j\setminus\{i\}}\widehat{\mu}_{k\to j}(\zeta,\boldsymbol{d})}{\displaystyle\sum_{\zeta\in\Omega}\sum_{\zeta'\in\Omega} w(\xi,\zeta|\widehat{\alpha}(\boldsymbol{d}))g(d_j|\zeta,\widehat{\boldsymbol{m}}(\boldsymbol{d}),\widehat{\boldsymbol{\sigma}}(\boldsymbol{d}))\prod_{k\in\partial j\setminus\{i\}}\widehat{\mu}_{k\to j}(\zeta,\boldsymbol{d})} \quad (\xi\in\Omega,i\in\mathcal{V},j\in\partial i) \tag{8.49}$$

$$\widehat{\mu}_{j\to i}(\xi,\boldsymbol{d}) \leftarrow \mu_{j\to i}(\xi)\ (\xi\in\Omega,\ i\in\mathcal{V},\ j\in\partial i) \tag{8.50}$$

$$\mathcal{B}_i \leftarrow \sum_{\zeta\in\Omega} g(d_j|\zeta,\widehat{\boldsymbol{m}}(\boldsymbol{d}),\widehat{\boldsymbol{\sigma}}(\boldsymbol{d}))\prod_{k\in\partial i}\widehat{\mu}_{k\to i}(\zeta,\boldsymbol{d})\quad (i\in\mathcal{V}) \tag{8.51}$$

$$\begin{aligned}\mathcal{B}_{\{i,j\}} \leftarrow \sum_{\zeta\in\Omega}\sum_{\zeta'\in\Omega}&\Bigl(\prod_{k\in\partial i\setminus\{j\}}\widehat{\mu}_{k\to i}(\zeta,\boldsymbol{d})\Bigr)g(d_i|\zeta,\widehat{\boldsymbol{m}}(\boldsymbol{d}),\widehat{\boldsymbol{\sigma}}(\boldsymbol{d}))w(\zeta,\zeta'|\widehat{\alpha}(\boldsymbol{d}))\\ &\times g(d_j|\zeta',\widehat{\boldsymbol{m}}(\boldsymbol{d}),\widehat{\boldsymbol{\sigma}}(\boldsymbol{d}))\Bigl(\prod_{k\in\partial j\setminus\{i\}}\widehat{\mu}_{k\to j}(\zeta',\boldsymbol{d})\Bigr)\ (\{i,j\}\in\mathcal{E})\end{aligned} \tag{8.52}$$

$$m(\xi) \leftarrow \frac{\displaystyle\sum_{i\in\mathcal{V}}\frac{1}{\mathcal{B}_i}d_i g(d_j|\xi,\widehat{\boldsymbol{m}}(\boldsymbol{d}),\widehat{\boldsymbol{\sigma}}(\boldsymbol{d}))\Bigl(\prod_{k\in\partial i}\widehat{\mu}_{k\to i}(\xi,\boldsymbol{d})\Bigr)}{\displaystyle\sum_{i\in\mathcal{V}}\frac{1}{\mathcal{B}_i}g(d_j|\xi,\boldsymbol{m}(\boldsymbol{d}),\boldsymbol{\sigma}(\boldsymbol{d}))\Bigl(\prod_{k\in\partial i}\widehat{\mu}_{k\to i}(\xi,\boldsymbol{d})\Bigr)}\ (\xi\in\Omega) \tag{8.53}$$

$$\sigma(\xi) \leftarrow \sqrt{\frac{\displaystyle\sum_{i\in\mathcal{V}}\frac{1}{\mathcal{B}_i}\left(d_i-\widehat{m}(\xi,\boldsymbol{d})\right)^2 g(d_i|\xi,\widehat{\boldsymbol{m}}(\boldsymbol{d}),\widehat{\boldsymbol{\sigma}}(\boldsymbol{d}))\Big(\prod_{k\in\partial i}\widehat{\mu}_{k\to i}(\xi,\boldsymbol{d})\Big)}{\displaystyle\sum_{i\in\mathcal{V}}\frac{1}{\mathcal{B}_i}g(d_i|\xi,\widehat{\boldsymbol{m}}(\boldsymbol{d}),\widehat{\boldsymbol{\sigma}}(\boldsymbol{d}))\Big(\prod_{k\in\partial i}\widehat{\mu}_{k\to i}(\xi,\boldsymbol{d})\Big)}}\ (\xi\in\Omega) \tag{8.54}$$

さらに $\widehat{u}(\boldsymbol{d})$ を次の式により計算する．

$$\begin{aligned}\widehat{u}(\boldsymbol{d}) \leftarrow \frac{1}{|\mathcal{E}|}\sum_{\{i,j\}\in\mathcal{E}}\Bigg(&\frac{1}{\mathcal{B}_{\{i,j\}}}\sum_{\zeta\in\Omega}\sum_{\zeta'\in\Omega}(1-\delta_{\zeta,\zeta'})\Big(\prod_{k\in\partial i\setminus\{j\}}\widehat{\mu}_{k\to i}(\zeta,\boldsymbol{d})\Big)\\&\times g(d_i|\zeta,\widehat{\boldsymbol{m}}(\boldsymbol{d}),\widehat{\boldsymbol{\sigma}}(\boldsymbol{d}))g(d_j|\zeta',\widehat{\boldsymbol{m}}(\boldsymbol{d}),\widehat{\boldsymbol{\sigma}}(\boldsymbol{d}))\\&\times w(\zeta,\zeta'|\widehat{\alpha}(\boldsymbol{d}))\Big(\prod_{k\in\partial j\setminus\{i\}}\widehat{\mu}_{k\to j}(\zeta',\boldsymbol{d})\Big)\Bigg)\end{aligned} \tag{8.55}$$

$$\widehat{m}(\xi,\boldsymbol{d}) \leftarrow m(\xi)\ (\xi\in\Omega) \tag{8.56}$$

$$\widehat{\sigma}(\xi,\boldsymbol{d}) \leftarrow \sigma(\xi)\ (\xi\in\Omega) \tag{8.57}$$

Step 3　事前確率分布の確率伝搬法におけるメッセージ $\{\widehat{\lambda}(\xi)|\xi\in\Omega\}$ に初期値を設定し，次の更新式を $\widehat{\alpha}(\boldsymbol{d})$ と $\{\widehat{\lambda}(\xi)|\xi\in\Omega\}$ が収束するまで繰り返す．

$$\lambda(\xi) \leftarrow \frac{\displaystyle\sum_{\zeta\in\Omega}w(\xi,\zeta|\widehat{\alpha}(\boldsymbol{d}))\widehat{\lambda}(\zeta,\boldsymbol{d})^3}{\displaystyle\sum_{\zeta\in\Omega}\sum_{\zeta'\in\Omega}w(\zeta',\zeta|\widehat{\alpha}(\boldsymbol{d}))\widehat{\lambda}(\zeta,\boldsymbol{d})^3}\ (\xi\in\Omega) \tag{8.58}$$

$$\widehat{\lambda}(\xi,\boldsymbol{d}) \leftarrow \lambda(\xi)\ (\xi\in\Omega) \tag{8.59}$$

$$\widehat{\alpha}(\boldsymbol{d}) \leftarrow \widehat{\alpha}(\boldsymbol{d})\times\left(\frac{1}{\widehat{u}(\boldsymbol{d})}\frac{\displaystyle\sum_{\zeta\in\Omega}\sum_{\zeta'\in\Omega}(1-\delta_{\zeta,\zeta'})\widehat{\lambda}(\zeta,\boldsymbol{d})^3 w(\zeta',\zeta|\widehat{\alpha}(\boldsymbol{d}))\widehat{\lambda}(\zeta',\boldsymbol{d})^3}{\displaystyle\sum_{\zeta\in\Omega}\sum_{\zeta'\in\Omega}\widehat{\lambda}(\zeta,\boldsymbol{d})^3 w(\zeta',\zeta|\widehat{\alpha}(\boldsymbol{d}))\widehat{\lambda}(\zeta',\boldsymbol{d})^3}\right)^{1/4} \tag{8.60}$$

Step 4　出力 $\widehat{\boldsymbol{a}}(\boldsymbol{d}) = \left(\widehat{a}_1,\widehat{a}_2(\boldsymbol{d}),\cdots,\widehat{a}_{|\mathcal{V}|}(\boldsymbol{d})\right)$ を次の更新式で計算する．

$$\widehat{a}_i(\boldsymbol{d}) \leftarrow \underset{\zeta\in\Omega}{\mathrm{argmax}}\ g(d_i|\zeta,\boldsymbol{m}(\boldsymbol{d}),\boldsymbol{\sigma}(\boldsymbol{d}))\prod_{k\in\partial i}\widehat{\mu}_{k\to i}(\zeta,\boldsymbol{d})\ (i\in\mathcal{V}) \tag{8.61}$$

ハイパーパラメータ $\widehat{\alpha}(\boldsymbol{d}), \widehat{\boldsymbol{m}}(\boldsymbol{d}), \widehat{\boldsymbol{\sigma}}(\boldsymbol{d})$ が収束していれば終了する．収束していなければ **Step 2** に戻る．

このアルゴリズムで **Step 2** と **Step 3** は期待値最大化 (Expectation Maximization: EM) アルゴリズムの E ステップと M ステップに対応している．図 8.7 の各標準画像を入力の観測画像 $\boldsymbol{d}$ として，上記の確率的画像

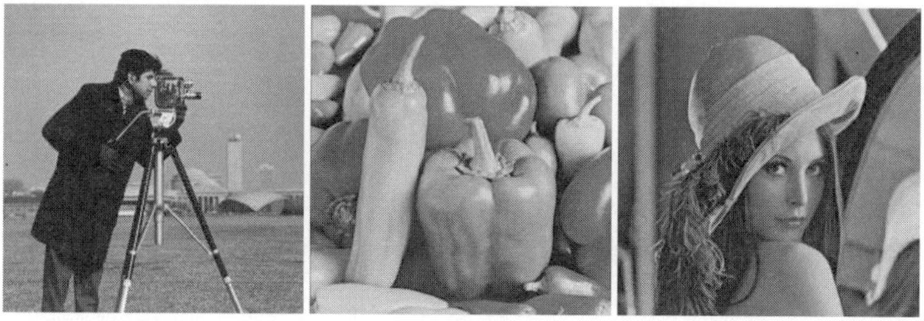

(a)　(b)　(c)

図 8.7　観測画像 $\boldsymbol{d}$. (a) Cameraman. (b) Pepper. (c) Lena

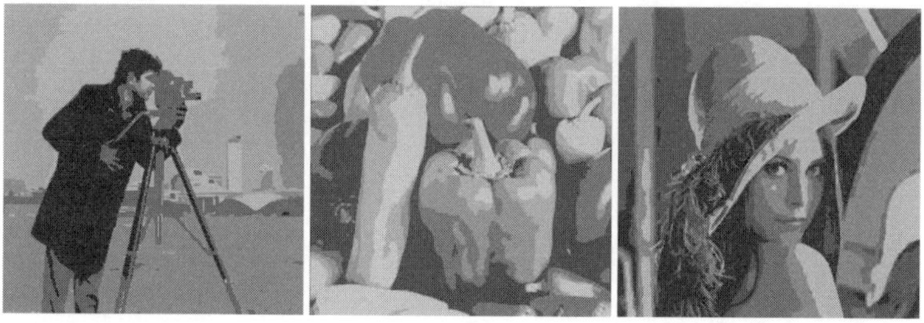

(a)　(b)　(c)

図 8.8　図 8.7 の各観測画像 $\boldsymbol{d}$ に対する画像領域分割結果 $\Big(\widehat{m}\big(\widehat{a}_i(\boldsymbol{d}),\boldsymbol{d}\big),\widehat{m}\big(\widehat{a}_i(\boldsymbol{d}),\boldsymbol{d}\big),\cdots,\widehat{m}\big(\widehat{a}_{|\mathcal{V}|}(\boldsymbol{d}),\boldsymbol{d}\big)\Big)$ $(q=5)$. (a) Cameraman. (b) Pepper. (c) Lena

領域分割アルゴリズムを適用して得られた出力としての領域分割結果を $\Big(\widehat{m}\big(\widehat{a}_1(\boldsymbol{d}),\boldsymbol{d}\big),\widehat{m}\big(\widehat{a}_2(\boldsymbol{d}),\boldsymbol{d}\big),\cdots,\widehat{m}\big(\widehat{a}_{|\mathcal{V}|}(\boldsymbol{d}),\boldsymbol{d}\big)\Big|i\in\mathcal{V}\Big)$ という形で画像の形に可視化したものを図 8.8 に与える．また，その際の $(\widehat{\alpha}(\boldsymbol{d}),\widehat{u}(\boldsymbol{d}))$ の収束過程は図 8.9 のとおりである．式 (8.19) の $P\big(\boldsymbol{d}\big|\alpha,\boldsymbol{m},\boldsymbol{\sigma}\big)=P\big(d_1,d_2,\cdots,d_{|\mathcal{V}|}\big|\alpha,\boldsymbol{m},\boldsymbol{\sigma}\big)$ を用いて

$$
\begin{aligned}
&\rho\big(\eta\big|\alpha,\boldsymbol{m},\boldsymbol{\sigma}\big)\\
&\quad\equiv\frac{1}{|\mathcal{V}|}\sum_{i\in\Omega}\int_{-\infty}^{+\infty}\int_{-\infty}^{+\infty}\cdots\int_{-\infty}^{+\infty}\delta(\eta-\eta_i)P\big(\eta_1,\eta_2,\cdots,\eta_{|\mathcal{V}|}\big|\alpha,\boldsymbol{m},\boldsymbol{\sigma}\big)d\eta_1 d\eta_2\cdots d\eta_{|\mathcal{V}|}\\
&\qquad\qquad\qquad\qquad\qquad\qquad\qquad\qquad\qquad\qquad\qquad\qquad(\eta\in(-\infty,+\infty))
\end{aligned}
\tag{8.62}
$$

により定義された $\rho\big(\eta\big|\alpha,\boldsymbol{m},\boldsymbol{\sigma}\big)$ を導入する．ここで $\delta(\eta)$ $(\eta\in(-\infty,+\infty))$ はディラックのデルタ関数である．データ $\boldsymbol{d}$ から上記の確率的画像領域分割アルゴリズムで得られた $(\widehat{\alpha}(\boldsymbol{d}),\widehat{\boldsymbol{m}}(\boldsymbol{d}),\widehat{\boldsymbol{\sigma}}(\boldsymbol{d}))$ の下で階調値のヒストグラムは

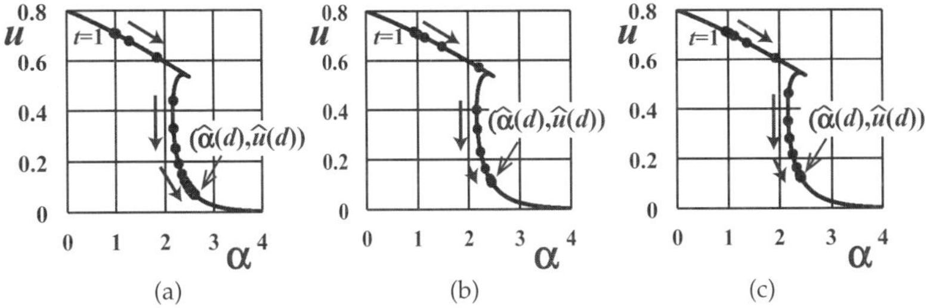

図 8.9 $(\widehat{\alpha}(\boldsymbol{d}),\widehat{u}(\boldsymbol{d}))$ の収束過程 ($q=5$). • は $t=1,2,\cdots$ の各ステップにおける $(\widehat{\alpha}(\boldsymbol{d}),\widehat{u}(\boldsymbol{d}))$. 各グラフの入力画像 $\boldsymbol{d}$ と $(\widehat{\alpha}(\boldsymbol{d}),\widehat{u}(\boldsymbol{d}))$ の最終的な推定点：(a) Cameraman, $(\widehat{\alpha}(\boldsymbol{d}),\widehat{u}(\boldsymbol{d}))=(2.60914,0.06846)$. (b) Pepper, $(\widehat{\alpha}(\boldsymbol{d}),\widehat{u}(\boldsymbol{d}))=(2.43933,0.11073)$. (c) Lena, $(\widehat{\alpha}(\boldsymbol{d}),\widehat{u}(\boldsymbol{d}))=(2.39800,0.12575)$. 実線は確率伝搬法の下での式 (8.48) を満たす (α,u) 曲線

$$\frac{1}{|\mathcal{V}|}\sum_{i\in\mathcal{V}}\delta_{\eta,d_i}\simeq\rho(\eta|\widehat{\alpha}(\boldsymbol{d}),\widehat{\boldsymbol{m}}(\boldsymbol{d}),\widehat{\sigma}(\boldsymbol{d}))\ (\eta\in\{0,1,2,\cdots,255\}) \tag{8.63}$$

と評価することができる．さらに $\rho\big(\xi\big|\widehat{\alpha}(\boldsymbol{d}),\widehat{\boldsymbol{m}}(\boldsymbol{d}),\widehat{\sigma}(\boldsymbol{d})\big)$ は，上記の画像領域分割アルゴリズムにより得られた量を用いて次のように計算される．

$$\rho\big(\eta\big|\widehat{\alpha}(\boldsymbol{d}),\widehat{\boldsymbol{m}}(\boldsymbol{d}),\widehat{\sigma}(\boldsymbol{d})\big)\simeq\sum_{\xi\in\Omega}g\big(\eta\big|\xi,\widehat{\alpha}(\boldsymbol{d}),\widehat{\boldsymbol{m}}(\boldsymbol{d}),\widehat{\sigma}(\boldsymbol{d})\big)\gamma\big(\xi\big|\widehat{\alpha}(\boldsymbol{d}),\widehat{\boldsymbol{m}}(\boldsymbol{d}),\widehat{\sigma}(\boldsymbol{d})\big)\quad\big(\eta\in(-\infty,+\infty)\big) \tag{8.64}$$

$$\gamma\big(\xi\big|\widehat{\alpha}(\boldsymbol{d}),\widehat{\boldsymbol{m}}(\boldsymbol{d}),\widehat{\sigma}(\boldsymbol{d})\big)\equiv\frac{1}{|\mathcal{V}|}\sum_{i\in\mathcal{V}}P_i\big(\xi\big|\widehat{\alpha}(\boldsymbol{d}),\widehat{\boldsymbol{m}}(\boldsymbol{d}),\widehat{\sigma}(\boldsymbol{d})\big)\ (\xi\in\Omega) \tag{8.65}$$

図 8.7 の各画像 $\boldsymbol{d}$ に対する確率伝搬法を用いた確率的画像領域分割アルゴリズムによる領域分割結果を図 8.10 に与える．この画像領域分割結果において評価した $\rho\big(\eta\big|\widehat{\alpha}(\boldsymbol{d}),\widehat{\boldsymbol{m}}(\boldsymbol{d}),\widehat{\sigma}(\boldsymbol{d})\big)$ $(\eta\in(-\infty,+\infty))$ を実線で，階調値のヒストグラム $\frac{1}{|\mathcal{V}|}\sum_{i\in\mathcal{V}}\delta_{\eta,d_i}$ $(\eta=0,1,2,\cdots,255)$ を白丸でそれぞれ与える．

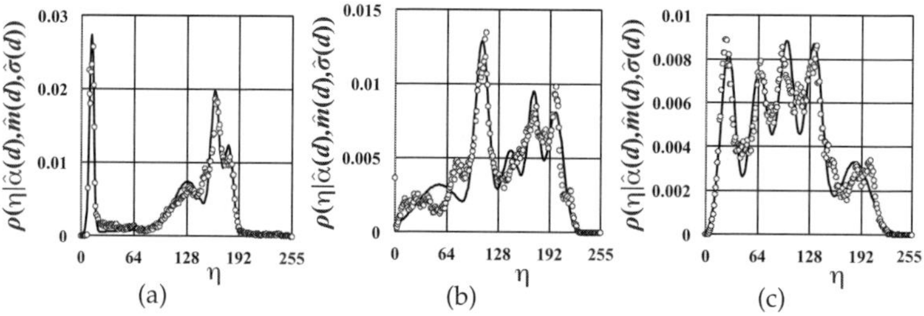

図 8.10　図 8.7 の各画像 $\boldsymbol{d}$ に対する確率伝搬法を用いた画像領域分割結果において評価した $\rho\big(\eta\big|\widehat{\alpha}(\boldsymbol{d}),\widehat{\boldsymbol{m}}(\boldsymbol{d}),\widehat{\boldsymbol{\sigma}}(\boldsymbol{d})\big)$ $(\eta\in(-\infty,+\infty))$（実線）と階調値のヒストグラム $\frac{1}{|\mathcal{V}|}\sum_{i\in\mathcal{V}}\delta_{\eta,d_i}$ $(\eta\in\{0,1,2,\cdots,255\})$（白丸）．(a) Cameraman. (b) Pepper. (c) Lena

8.3　実空間繰り込み群の方法による確率的画像領域分割の高速化

本節では，前節で与えた確率的画像領域分割アルゴリズムの実空間繰り込み群の方法を用いた高速化について紹介する．この実空間繰り込み群の方法は統計力学の手法の1つであり，一言で言えばグラフィカルモデルの粗視化という考え方が基本となる．繰り込み群の方法は，ハイパーパラメータによりパラメトライズされた確率的グラフィカルモデルに粗視化処理を繰り返し施すことによるハイパーパラメータの推移を分析することでその確率的グラフィカルモデルの統計的性質を抽出しようというものである．

まず，粗視化の操作を簡単な周期境界条件の下での $|\mathcal{V}|=2^L$ 個の頂点からなる1次元鎖グラフ $(\mathcal{V},\mathcal{E})$ において式 (8.13)–(8.15) で与えられる事前確率分布に対して説明する．辺の集合 $\mathcal{E}$ は

$$\mathcal{E}\equiv\Big\{\{1,2\},\{2,3\},\{3,4\},\cdots,\{|\mathcal{V}|-1,|\mathcal{V}|\},\{|\mathcal{V}|,1\}\Big\} \tag{8.66}$$

と与えられるので，式 (8.13) は $a_{|\mathcal{V}|+1}=a_1$ と規約することとして

$$P_{\mathrm{Potts}}(\boldsymbol{a}|\alpha)=\frac{1}{\mathcal{Y}(\alpha)}\prod_{i=1}^{|\mathcal{V}|}\exp\Big(-\frac{1}{2}\alpha\big(1-\delta_{a_i,a_{i+1}}\big)\Big) \tag{8.67}$$

と書き換えられる．ここで，次の等式が導かれることに着目する．

$$
\begin{aligned}
&\sum_{a_2\in\Omega}\sum_{a_4\in\Omega}\sum_{a_6\in\Omega}\cdots\sum_{a_{|\mathcal{V}|}\in\Omega}\prod_{i=1}^{|\mathcal{V}|}\exp\Big(-\frac{1}{2}\alpha\big(1-\delta_{a_i,a_{i+1}}\big)\Big)\\
&=\exp\Big(-\frac{|\mathcal{V}|}{2}\alpha\Big)\left(\sum_{a_2\in\Omega}\exp\Big(\frac{1}{2}\alpha\big(\delta_{a_1,a_2}+\delta_{a_2,a_3}\big)\Big)\right)\\
&\quad\times\left(\sum_{a_4\in\Omega}\exp\Big(\frac{1}{2}\alpha\big(\delta_{a_3,a_4}+\delta_{a_4,a_5}\big)\Big)\right)\left(\sum_{a_6\in\Omega}\exp\Big(\frac{1}{2}\alpha\big(\delta_{a_5,a_6}+\delta_{a_6,a_7}\big)\Big)\right)\\
&\quad\times\cdots\times\left(\sum_{a_{|\mathcal{V}|}\in\Omega}\exp\Big(\frac{1}{2}\alpha\big(\delta_{a_{|\mathcal{V}|-1},a_{|\mathcal{V}|}}+\delta_{a_{|\mathcal{V}|},a_1}\big)\Big)\right)\\
&=\exp\Big(-\frac{|\mathcal{V}|}{2}\alpha\Big)\left(\Big(|\Omega|-2+2\exp\Big(\frac{1}{2}\alpha\Big)\Big)^{1-\delta_{a_1,a_3}}\Big(|\Omega|-1+\exp\Big(\frac{1}{2}\alpha\Big)\Big)^{\delta_{a_1,a_3}}\right)\\
&\quad\times\left(\Big(|\Omega|-2+2\exp\Big(\frac{1}{2}\alpha\Big)\Big)^{1-\delta_{a_3,a_5}}\Big(|\Omega|-1+\exp\Big(\frac{1}{2}\alpha\Big)\Big)^{\delta_{a_3,a_5}}\right)\\
&\quad\times\left(\Big(|\Omega|-2+2\exp\Big(\frac{1}{2}\alpha\Big)\Big)^{1-\delta_{a_5,a_7}}\Big(|\Omega|-1+\exp\Big(\frac{1}{2}\alpha\Big)\Big)^{\delta_{a_5,a_7}}\right)\\
&\quad\times\cdots\times\left(\Big(|\Omega|-2+2\exp\Big(\frac{1}{2}\alpha\Big)\Big)^{1-\delta_{a_{|\mathcal{V}|-1},a_1}}\Big(|\Omega|-1+\exp\Big(\frac{1}{2}\alpha\Big)\Big)^{\delta_{a_{|\mathcal{V}|-1},a_1}}\right)\\
&=\exp\Big(-\frac{|\mathcal{V}|}{2}\alpha\Big)\Big(|\Omega|-2+2\exp\Big(\frac{1}{2}\alpha\Big)\Big)^{|\mathcal{V}|/2}\left(\frac{|\Omega|-1+\exp(\frac{1}{2}\alpha)}{|\Omega|-2+2\exp(\frac{1}{2}\alpha)}\right)^{\delta_{a_1,a_3}}\\
&\quad\times\left(\frac{|\Omega|-1+\exp(\frac{1}{2}\alpha)}{|\Omega|-2+2\exp(\frac{1}{2}\alpha)}\right)^{\delta_{a_3,a_5}}\left(\frac{|\Omega|-1+\exp(\frac{1}{2}\alpha)}{|\Omega|-2+2\exp(\frac{1}{2}\alpha)}\right)^{\delta_{a_3,a_5}}\\
&\quad\times\cdots\times\left(\frac{|\Omega|-1+\exp(\frac{1}{2}\alpha)}{|\Omega|-2+2\exp(\frac{1}{2}\alpha)}\right)^{\delta_{a_{|\mathcal{V}|-1},a_1}}\\
&=\exp\Big(-\frac{|\mathcal{V}|}{2}\alpha\Big)\Big(|\Omega|-1+\exp\Big(\frac{1}{2}\alpha\Big)\Big)^{-|\mathcal{V}|/2}\\
&\quad\times\prod_{i=0}^{\frac{|\mathcal{V}|}{2}-1}\exp\left(-\frac{1}{2}\big(1-\delta_{a_{2i+1},a_{2i+3}}\big)\times2\ln\Big(\frac{|\Omega|-1+\exp(\frac{1}{2}\alpha)}{|\Omega|-2+2\exp(\frac{1}{2}\alpha)}\Big)\right)
\end{aligned}
\tag{8.68}
$$

これにより，偶数番目の頂点の状態変数に対してのみ周辺化を行った結果，得られる奇数番目の頂点の状態変数のみからなる $\frac{|\mathcal{V}|}{2}$ 次元状態ベクトル $(a_1,a_3,a_5,\cdots,a_{|\mathcal{V}|-1})$ に対する周辺確率分布 $P_{\mathrm{Potts}}(a_1,a_3,a_5,\cdots,a_{|\mathcal{V}|-1}|\alpha)$ が次

のように与えられる．

$$P_{\mathrm{Potts}}\big(a_1, a_3, a_5, \cdots, a_{|\mathcal{V}|-1}\big|\alpha\big) \equiv \sum_{a_2\in\Omega}\sum_{a_4\in\Omega}\cdots\sum_{a_{|\mathcal{V}|}\in\Omega} P_{\mathrm{Potts}}\big(\boldsymbol{a}\big|\alpha\big)$$

$$= \frac{\displaystyle\prod_{i=0}^{\frac{|\mathcal{V}|}{2}-1} \exp\Big(-\tfrac{1}{2}\alpha^{(1)}\big(1-\delta_{a_{2i+1},a_{2i+3}}\big)\Big)}{\displaystyle\sum_{a_1\in\Omega}\sum_{a_3\in\Omega}\cdots\sum_{a_{|\mathcal{V}|-1}\in\Omega}\prod_{i=0}^{\frac{|\mathcal{V}|}{2}-1} \exp\Big(-\tfrac{1}{2}\alpha^{(1)}\big(1-\delta_{a_{2i+1},a_{2i+3}}\big)\Big)} \tag{8.69}$$

$$\alpha^{(1)} \equiv 2\ln\bigg(\frac{|\Omega|-1+\exp(\frac{1}{2}\alpha)}{|\Omega|-2+2\exp(\frac{1}{2}\alpha)}\bigg) \tag{8.70}$$

ここで，周辺化により残った奇数番目の状態変数の頂点の番号を再度1番からの通し番号で

$$\mathcal{V}^{(1)} \equiv \Big\{1, 2, \cdots, \frac{|\mathcal{V}|}{2}\Big\} \tag{8.71}$$

$$\mathcal{E}^{(1)} \equiv \Big\{\{1,2\}, \{2,3\}, \{3,4\}, \cdots, \{\frac{|\mathcal{V}|}{2}-1, \frac{|\mathcal{V}|}{2}\}, \{\frac{|\mathcal{V}|}{2}, 1\}\Big\} \tag{8.72}$$

$$a_i^{(1)} = a_{2i-1}\,(i = 1, 2, \cdots, |\mathcal{V}/2), a_{|\mathcal{V}|/2}^{(1)} = a_1^{(1)} \tag{8.73}$$

により振り直した状態変数 $a_i^{(1)}$ による状態ベクトル $\boldsymbol{a}^{(1)} \equiv \big(a_1^{(1)}, a_2^{(1)}, a_3^{(1)}, \cdots, a_{|\mathcal{V}|/2}^{(1)}\big)$ に対する新たな確率分布 $P_{\mathrm{Potts}}^{(1)}(\boldsymbol{a}^{(1)}|\alpha)$ を次のように定義する．

$$P_{\mathrm{Potts}}^{(1)}\big(\boldsymbol{a}^{(1)}\big|\alpha\big) \equiv \frac{\displaystyle\prod_{i=1}^{\frac{|\mathcal{V}|}{2}} \exp\Big(-\tfrac{1}{2}\alpha^{(1)}\big(1-\delta_{a_i^{(1)},a_{i+1}^{(1)}}\big)\Big)}{\displaystyle\sum_{a_1^{(1)}\in\Omega}\sum_{a_2^{(1)}\in\Omega}\cdots\sum_{a_{|\mathcal{V}|/2}^{(1)}\in\Omega}\prod_{i=1}^{\frac{|\mathcal{V}|}{2}} \exp\Big(-\tfrac{1}{2}\alpha^{(1)}\big(1-\delta_{a_i^{(1)},a_{i+1}^{(1)}}\big)\Big)} \tag{8.74}$$

$$\alpha^{(1)} \equiv 2\ln\bigg(\frac{|\Omega|-1+\exp(\frac{1}{2}\alpha)}{|\Omega|-2+2\exp(\frac{1}{2}\alpha)}\bigg) \tag{8.75}$$

これが1回の粗視化の操作であり

$$\mathcal{V}^{(r)} \equiv \Big\{1, 2, \cdots, \frac{|\mathcal{V}|}{2^r}\Big\} \tag{8.76}$$

$$\mathcal{E}^{(r)} \equiv \Big\{\{1,2\},\{2,3\},\{3,4\},\cdots,\{\frac{|\mathcal{V}|}{2^r}-1,\frac{|\mathcal{V}|}{2^r}\},\{\frac{|\mathcal{V}|}{2^r},1\}\Big\} \tag{8.77}$$

によるグラフ上で与えられた事前確率分布

$$P^{(r)}_{\mathrm{Potts}}(\boldsymbol{a}^{(r)}|\alpha) \equiv \frac{\displaystyle\prod_{i=1}^{\frac{|\mathcal{V}|}{2^{r+1}}} \exp\Big(-\tfrac{1}{2}\alpha^{(r)}\big(1-\delta_{a_i^{(r)},a_{i+1}^{(r)}}\big)\Big)}{\displaystyle\sum_{a_1^{(r)}\in\Omega}\sum_{a_2^{(r)}\in\Omega}\cdots\sum_{a_{|\mathcal{V}|/2^r}^{(r)}\in\Omega}\prod_{i=1}^{\frac{|\mathcal{V}|}{2^r}} \exp\Big(-\tfrac{1}{2}\alpha^{(r)}\big(1-\delta_{a_i^{(r)},a_{i+1}^{(r)}}\big)\Big)} \tag{8.78}$$

から $(\mathcal{V}^{(r+1)},\mathcal{E}^{(r+1)})$ 上で

$$a_i^{(r+1)} = a_{2i-1}^{(r)}\ (i=1,2,\cdots,|\mathcal{V}|/2^{r+1}), a_{|\mathcal{V}|/2^{r+1}+1}^{(r+1)} = a_1^{(r+11)} \tag{8.79}$$

により振り直した状態変数 $a_i^{(r+1)}$ による状態ベクトル $\boldsymbol{a}^{(r+1)}\equiv(a_1^{(r+1)},a_2^{(r+1)},a_3^{(r+1)},\cdots,a_{|\mathcal{V}|/2}^{(r+1)})$ に対する 1 回の粗視化による事前確率分布 $P^{(r+1)}_{\mathrm{Potts}}(\boldsymbol{a}^{(r+1)}|\alpha)$ は次のように与えられる.

$$P^{(r+1)}_{\mathrm{Potts}}(\boldsymbol{a}^{(r+1)}|\alpha) \equiv \frac{\displaystyle\prod_{i=1}^{\frac{|\mathcal{V}|}{2^{r+1}}} \exp\Big(-\tfrac{1}{2}\alpha^{(r+1)}\big(1-\delta_{a_i^{(r+1)},a_{i+1}^{(r+1)}}\big)\Big)}{\displaystyle\sum_{a_1^{(r+1)}\in\Omega}\sum_{a_2^{(r+1)}\in\Omega}\cdots\sum_{a_{|\mathcal{V}|/2^{r+1}}^{(r+1)}\in\Omega}\prod_{i=1}^{\frac{|\mathcal{V}|}{2^{r+1}}} \exp\Big(-\tfrac{1}{2}\alpha^{(r+1)}\big(1-\delta_{a_i^{(r+1)},a_{i+1}^{(r+1)}}\big)\Big)} \tag{8.80}$$

$$\alpha^{(r+1)} \equiv 2\ln\left(\frac{|\Omega|-1+\exp(\frac{1}{2}\alpha^{(r)})}{|\Omega|-2+2\exp(\frac{1}{2}\alpha^{(r)})}\right) \tag{8.81}$$

ここで, r 回の粗視化操作のなかの初期設定 $r=0$ は $\mathcal{V}^{(0)}=\mathcal{V}$, $\mathcal{E}^{(0)}=\mathcal{E}$, $\alpha^{(0)}=\alpha$, $\boldsymbol{a}^{(0)}=\boldsymbol{a}$, $P^{(0)}_{\mathrm{Potts}}(\boldsymbol{a}^{(0)}|\alpha^{(0)})=P_{\mathrm{Potts}}(\boldsymbol{a}|\alpha)$ により与えられる.

式 (8.81) は $\alpha^{(r)}$ から $\alpha^{(r+1)}$ の変換公式であるが, これを逆に解くことで $\alpha^{(r+1)}$ から $\alpha^{(r)}$ への変換公式が導かれる.

$$\alpha^{(r)} = 2\ln\left(\exp(\frac{1}{2}\alpha^{(r+1)}) + \sqrt{\Big(\exp(\frac{1}{2}\alpha^{(r+1)})-1\Big)\Big(\exp(\frac{1}{2}\alpha^{(r+1)})-1+|\Omega|\Big)}\right) \tag{8.82}$$

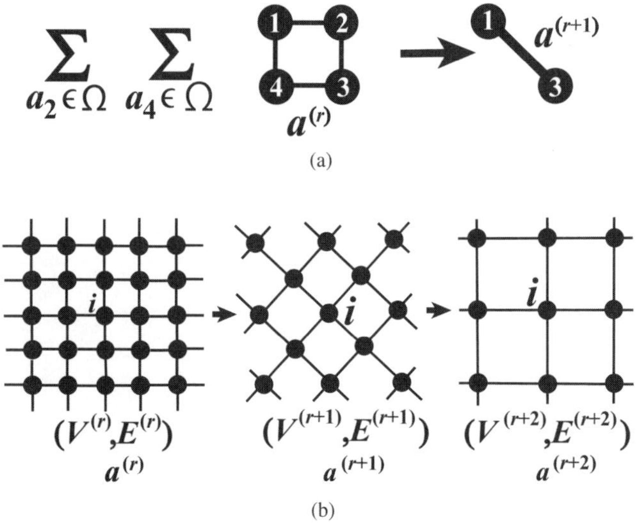

図 8.11　事前確率分布に対する実空間繰り込み変換．(a) 式 (8.83) の繰り込み変換の可視化．(b) 式 (8.83) の繰り込み変換を 2 回実行することによる正方格子の粗視化過程．正方格子の画素数は 1/4 になる

仮に粗視化されたグラフ $(\mathcal{V}^{(R)},\mathcal{E}^{(R)})$ 上の事前確率分布 $P^{(R)}_{\mathrm{Potts}}\big(\boldsymbol{a}^{(R)}\big|\alpha^{(R)}\big)$ に対する $\alpha^{(R)}$ をデータから推定できた場合，式 (8.82) を $r=R-1,R-2,R-3,\cdots,2,1,0$ の順に操作することによって $\alpha=\alpha^{(0)}$ が求められることになる．このことを前節の確率的画像領域分割アルゴリズムの高速化に転用しようというのが本節の着想である．粗視化されたグラフ $(\mathcal{V}^{(R)},\mathcal{E}^{(R)})$ 上の事前確率分布 $P^{(R)}_{\mathrm{Potts}}\big(\boldsymbol{a}^{(R)}\big|\alpha^{(R)}\big)$ は，もともとの事前確率分布 $P_{\mathrm{Potts}}\big(\boldsymbol{a}\big|\alpha\big)$ に比べて頂点数が 2^R 分の 1 なので，その分だけ計算時間が削減されることが期待される．

式 (8.13)–(8.15) の事前確率分布は 1 次元鎖ではなく正方格子であるため，上記の操作を厳密な意味で行うことはできないが，最初のステップの近似として実空間繰り込み群のペア近似と呼ばれるものがある [25,27–29]．基本的なアイディアは図 8.11 のとおりである．図 8.11(a) を具体的に式で表すと

$$\exp\Big(\frac{1}{2}\alpha^{(r)}\delta_{a_1,a_3}\Big)\propto\sum_{a_2\in\Omega}\sum_{a_4\in\Omega}\exp\Big(\frac{1}{2}\alpha^{(r-1)}\big(\delta_{a_1,a_2}+\delta_{a_2,a_3}+\delta_{a_1,a_4}+\delta_{a_4,a_3}\big)\Big)\ (r=1,2,\cdots,R) \tag{8.83}$$

となり，式 (8.83) は次の式に帰着される．

$$\alpha^{(r+1)} = 4\ln\left(\frac{|\Omega| - 1 + e^{\alpha^{(r)}}}{|\Omega| - 2 + 2e^{\frac{1}{2}\alpha^{(r)}}}\right) \tag{8.84}$$

r 回目の粗視化操作により近似的に生成される事前確率分布は

$$P^{(r+1)}(\boldsymbol{a}^{(r+1)}|\alpha^{(r+1)}) \propto \prod_{\{i,j\}\in\mathcal{E}^{(r+1)}} \exp\left(\frac{1}{2}\alpha^{(r+1)}\delta_{a_i^{(r+1)},a_j^{(r+1)}}\right) \tag{8.85}$$

と表される．式 (8.84) の逆変換公式は次のように導かれる．

$$\alpha^{(r)} = 2\ln\left(\exp\left(\frac{1}{4}\alpha^{(r+1)}\right) + \sqrt{\left(\exp\left(\frac{1}{4}\alpha^{(r+1)}\right) - 1\right)\left(\exp\left(\frac{1}{4}\alpha^{(r+1)}\right) - 1 + |\Omega|\right)}\right) \tag{8.86}$$

そこで，データ $\boldsymbol{d}$ から R を偶数として R 回の粗視化により残された画素 i のデータ d_i から構成したデータベクトル $\boldsymbol{d}^{(R)}$ を入力として推定された $\alpha^{(R)}$ から逆に式 (8.86) によって $\alpha^{(0)} = \alpha$ を推定することができる．データ $\boldsymbol{d}$ から R 回の粗視化により残された画素 i のデータ d_i からどのようにデータベクトル $\boldsymbol{d}^{(R)}$ を構成するかの方針にはさまざまの選択肢があるが，たとえば図 8.11 に従えば R 回の操作を行う場合に，データ $\boldsymbol{d}$ における $R\times R$ の各ブロック画素ごとに 1 個のデータ d_i を選ぶこととして粗視化後の正方格子 $(\mathcal{V}^{(R)},\mathcal{E}^{(R)})$ 上の対応する画素の階調値として並べ直すことで $\boldsymbol{d}^{(R)}$ が構成されるという選択肢が考えられる．本章の実験では，各ブロックごとに左上の画素の値を採用することとしている．

以上，述べてきた手順を具体的にアルゴリズムとしてまとめると以下のようになる．

実空間繰り込み群の下での確率的画像領域分割アルゴリズム（入力: $\boldsymbol{d}$, R, 出力: $\widehat{\alpha}(\boldsymbol{d})$, $\widehat{\boldsymbol{m}}(\boldsymbol{d})$, $\widehat{\boldsymbol{\sigma}}(\boldsymbol{d})$, $\widehat{\boldsymbol{a}}(\boldsymbol{d})$）

Step 1　正方格子 $(\mathcal{V},\mathcal{E})$ 上で定義された入力データ $\boldsymbol{d}$ から，図 8.11(b) による R 回の粗視化操作によって粗視化された正方格子 $(\mathcal{V}^{(R)},\mathcal{E}^{(R)})$ および粗視化されたデータ $\boldsymbol{d}^{(R)}$ を生成する．ここで正方格子 $(\mathcal{V}^{(R)},\mathcal{E}^{(R)})$ 上の任意の画素 i の最近接画素の集合を $\partial^{(R)}i\equiv\{j|\{i,j\}\in\mathcal{E}^{(R)}\}$ と表すことにする．ハイパーパラメータ $\widehat{\alpha}(\boldsymbol{d}^{(R)})$, $\widehat{\boldsymbol{m}}(\boldsymbol{d}^{(R)})$, $\widehat{\boldsymbol{\sigma}}(\boldsymbol{d}^{(R)})$ および事後確率分布の確率伝搬法におけるメッセージ $\{\widehat{\mu}_{j\to i}(\xi,\boldsymbol{d}^{(R)})|i\in\mathcal{V}^{(R)}, j\in\partial i, \xi\in\Omega\}$ に初期値を設定する．反復回数 t に $t \leftarrow 0$ を設定する．

Step 2　$t \leftarrow t+1$ と更新した上で，$\widehat{\boldsymbol{m}}(\boldsymbol{d}^{(R)}), \widehat{\boldsymbol{\sigma}}(\boldsymbol{d}^{(R)}), \{\widehat{\mu}_{j\to i}(\xi, \boldsymbol{d}^{(R)}) | \xi \in \Omega, i \in \mathcal{V}^{(R)}, j \in \partial i\}$ を次の順に更新する．

$$\mu_{j\to i}(\xi) \leftarrow \frac{\displaystyle\sum_{\zeta\in\Omega} w(\xi,\zeta|\widehat{\alpha}(\boldsymbol{d}^{(R)}))g\left(d_j^{(R)}|\zeta,\widehat{\boldsymbol{m}}(\boldsymbol{d}^{(R)}),\widehat{\boldsymbol{\sigma}}(\boldsymbol{d}^{(R)})\right)\prod_{k\in\partial^{(R)}j\backslash\{i\}}\widehat{\mu}_{k\to j}(\zeta,\boldsymbol{d}^{(R)})}{\displaystyle\sum_{\zeta\in\Omega}\sum_{\zeta'\in\Omega} w(\xi,\zeta|\widehat{\alpha}(\boldsymbol{d}^{(R)}))g\left(d_j^{(R)}|\zeta,\widehat{\boldsymbol{m}}(\boldsymbol{d}^{(R)}),\widehat{\boldsymbol{\sigma}}(\boldsymbol{d}^{(R)})\right)\prod_{k\in\partial^{(R)}j\backslash\{i\}}\widehat{\mu}_{k\to j}(\zeta,\boldsymbol{d}^{(R)})} \quad (\xi\in\Omega, i\in\mathcal{V}^{(R)}, j\in\partial^{(R)}i) \tag{8.87}$$

$$\widehat{\mu}_{j\to i}(\xi,\boldsymbol{d}^{(R)}) \leftarrow \mu_{j\to i}(\xi)\ (\xi\in\Omega,\ i\in\mathcal{V}^{(R)},\ j\in\partial^{(R)}i) \tag{8.88}$$

$$\mathcal{B}_i \leftarrow \sum_{\zeta\in\Omega} g\left(d_j^{(R)}|\zeta,\widehat{\boldsymbol{m}}(\boldsymbol{d}^{(R)}),\widehat{\boldsymbol{\sigma}}(\boldsymbol{d}^{(R)})\right)\prod_{k\in\partial^{(R)}i}\widehat{\mu}_{k\to i}(\zeta,\boldsymbol{d}^{(R)}) \quad (i\in\mathcal{V}^{(R)}) \tag{8.89}$$

$$\begin{aligned}\mathcal{B}_{\{i,j\}} \leftarrow \sum_{\zeta\in\Omega}\sum_{\zeta'\in\Omega}&\left(\prod_{k\in\partial^{(R)}i\backslash\{j\}}\widehat{\mu}_{k\to i}(\zeta,\boldsymbol{d}^{(R)})\right)\\ &\times g\left(d_i^{(R)}|\zeta,\widehat{\boldsymbol{m}}(\boldsymbol{d}^{(R)}),\widehat{\boldsymbol{\sigma}}(\boldsymbol{d}^{(R)})\right)g\left(d_j^{(R)}|\zeta',\widehat{\boldsymbol{m}}(\boldsymbol{d}^{(R)}),\widehat{\boldsymbol{\sigma}}(\boldsymbol{d}^{(R)})\right)\\ &\times w(\zeta,\zeta'|\widehat{\alpha}(\boldsymbol{d}^{(R)}))\left(\prod_{k\in\partial^{(R)}j\backslash\{i\}}\widehat{\mu}_{k\to j}(\zeta',\ \boldsymbol{d}^{(R)})\right)\ (\{i,j\}\in\mathcal{E}^{(R)})\end{aligned} \tag{8.90}$$

$$m(\xi) \leftarrow \frac{\displaystyle\sum_{i\in\mathcal{V}^{(R)}}\frac{1}{\mathcal{B}_i}d_i g\left(d_j^{(R)}|\xi,\widehat{\boldsymbol{m}}(\boldsymbol{d}^{(R)}),\widehat{\boldsymbol{\sigma}}(\boldsymbol{d}^{(R)})\right)\left(\prod_{k\in\partial^{(R)}i}\widehat{\mu}_{k\to i}(\xi,\boldsymbol{d}^{(R)})\right)}{\displaystyle\sum_{i\in\mathcal{V}^{(R)}}\frac{1}{\mathcal{B}_i}g\left(d_j^{(R)}|\xi,\boldsymbol{m}(\boldsymbol{d}^{(R)}),\boldsymbol{\sigma}(\boldsymbol{d}^{(R)})\right)\left(\prod_{k\in\partial^{(R)}i}\widehat{\mu}_{k\to i}(\xi,\boldsymbol{d}^{(R)})\right)} \quad (\xi\in\Omega) \tag{8.91}$$

$$\sigma(\xi) \leftarrow \sqrt{\frac{\displaystyle\sum_{i\in\mathcal{V}^{(R)}}\frac{1}{\mathcal{B}_i}\left(d_i^{(R)}-\widehat{m}(\xi,\boldsymbol{d}^{(R)})\right)^2 g\left(d_i^{(R)}|\xi,\widehat{\boldsymbol{m}}(\boldsymbol{d}^{(R)}),\widehat{\boldsymbol{\sigma}}(\boldsymbol{d}^{(R)})\right)\left(\prod_{k\in\partial^{(R)}i}\widehat{\mu}_{k\to i}(\xi,\boldsymbol{d}^{(R)})\right)}{\displaystyle\sum_{i\in\mathcal{V}^{(R)}}\frac{1}{\mathcal{B}_i}g\left(d_i^{(R)}|\xi,\widehat{\boldsymbol{m}}(\boldsymbol{d}^{(R)}),\widehat{\boldsymbol{\sigma}}(\boldsymbol{d}^{(R)})\right)\left(\prod_{k\in\partial^{(R)}i}\widehat{\mu}_{k\to i}(\xi,\boldsymbol{d}^{(R)})\right)}} \quad (\xi\in\Omega) \tag{8.92}$$

さらに $\widehat{u}(\boldsymbol{d}^{(R)})$ を次の式により計算する．

$$\begin{aligned}\widehat{u}(\boldsymbol{d}^{(R)}) \leftarrow \frac{1}{|\mathcal{E}^{(R)}|}\sum_{\{i,j\}\in\mathcal{E}^{(R)}}\Bigg(&\frac{1}{\mathcal{B}_{\{i,j\}}}\sum_{\zeta\in\Omega}\sum_{\zeta'\in\Omega}(1-\delta_{\zeta,\zeta'})\left(\prod_{k\in\partial^{(R)}i\backslash\{j\}}\widehat{\mu}_{k\to i}(\zeta,\boldsymbol{d}^{(R)})\right)\\ &\times g\left(d_i^{(R)}|\zeta,\widehat{\boldsymbol{m}}(\boldsymbol{d}^{(R)}),\widehat{\boldsymbol{\sigma}}(\boldsymbol{d}^{(R)})\right)g\left(d_j^{(R)}|\zeta',\widehat{\boldsymbol{m}}(\boldsymbol{d}^{(R)}),\widehat{\boldsymbol{\sigma}}(\boldsymbol{d}^{(R)})\right)\\ &\times w(\zeta,\zeta'|\widehat{\alpha}(\boldsymbol{d}^{(R)}))\left(\prod_{k\in\partial^{(R)}j\backslash\{i\}}\widehat{\mu}_{k\to j}(\zeta',\ \boldsymbol{d}^{(R)})\right)\Bigg)\end{aligned} \tag{8.93}$$

$$\widehat{m}(\xi,\boldsymbol{d}^{(R)}) \leftarrow m(\xi)\ (\xi\in\Omega) \tag{8.94}$$

$$\widehat{\sigma}(\xi,\boldsymbol{d}^{(R)}) \leftarrow \sigma(\xi)\ (\xi\in\Omega) \tag{8.95}$$

Step 3 事前確率分布の確率伝搬法におけるメッセージ $\{\widehat{\lambda}(\xi,\boldsymbol{d}^{(R)})|\xi\in\Omega\}$ に初期値を設定し，次の更新式を $\widehat{\alpha}(\boldsymbol{d}^{(R)})$ と $\{\widehat{\lambda}(\xi,\boldsymbol{d}^{(R)})|\xi\in\Omega\}$ が収束するまで繰り返す．

$$\lambda(\xi) \leftarrow \frac{\sum_{\zeta\in\Omega} w(\xi,\zeta|\widehat{\alpha}(\boldsymbol{d}^{(R)}))\widehat{\lambda}(\zeta,\boldsymbol{d}^{(R)})^3}{\sum_{\zeta\in\Omega}\sum_{\zeta'\in\Omega} w(\zeta',\zeta|\widehat{\alpha}(\boldsymbol{d}^{(R)}))\widehat{\lambda}(\zeta,\boldsymbol{d}^{(R)})^3}\ (\xi\in\Omega) \tag{8.96}$$

$$\widehat{\lambda}(\xi,\boldsymbol{d}^{(R)}) \leftarrow \lambda(\xi)\ (\xi\in\Omega) \tag{8.97}$$

$$\widehat{\alpha}(\boldsymbol{d}^{(R)}) \leftarrow \widehat{\alpha}(\boldsymbol{d}^{(R)}) \times\left(\frac{1}{\widehat{u}(\boldsymbol{d}^{(R)})}\frac{\sum_{\zeta\in\Omega}\sum_{\zeta'\in\Omega}(1-\delta_{\zeta,\zeta'})\widehat{\lambda}(\zeta,\boldsymbol{d}^{(R)})^3 w(\zeta',\zeta|\widehat{\alpha}(\boldsymbol{d}^{(R)}))\widehat{\lambda}(\zeta',\boldsymbol{d}^{(R)})^3}{\sum_{\zeta\in\Omega}\sum_{\zeta'\in\Omega}\widehat{\lambda}(\zeta,\boldsymbol{d}^{(R)})^3 w(\zeta',\zeta|\widehat{\alpha}(\boldsymbol{d}))\widehat{\lambda}(\zeta',\boldsymbol{d}^{(R)})^3}\right)^{1/4} \tag{8.98}$$

Step 4 ハイパーパラメータ $\widehat{\alpha}(\boldsymbol{d}^{(R)}), \widehat{\boldsymbol{m}}(\boldsymbol{d}^{(R)}), \widehat{\boldsymbol{\sigma}}(\boldsymbol{d}^{(R)})$ が収束していなければ **Step 2** に戻る．収束していれば **Step 5** に進む．

Step 5 ハイパーパラメータ $\widehat{\alpha}(\boldsymbol{d}), \widehat{\boldsymbol{m}}(\boldsymbol{d}), \widehat{\boldsymbol{\sigma}}(\boldsymbol{d})$ を次の手順で計算する．

$$\widehat{\boldsymbol{m}}(\boldsymbol{d}) \leftarrow \widehat{\boldsymbol{m}}(\boldsymbol{d}^{(R)}) \tag{8.99}$$

$$\widehat{\boldsymbol{\sigma}}(\boldsymbol{d}) \leftarrow \widehat{\boldsymbol{\sigma}}(\boldsymbol{d}^{(R)}) \tag{8.100}$$

$$\widehat{\alpha}(\boldsymbol{d}^{(r)}) \leftarrow 2\ln\left(\exp\left(\frac{1}{4}\alpha(\boldsymbol{d}^{(r+1)})\right) + \sqrt{\left(\exp\left(\frac{1}{4}\alpha(\boldsymbol{d}^{(r+1)})\right)-1\right)\left(\exp\left(\frac{1}{4}\alpha(\boldsymbol{d}^{(r+1)})\right)-1+|\Omega|\right)}\right)$$
$$(r=R-1,,R-2,\cdots,2,1,0) \tag{8.101}$$

$$\widehat{\alpha}(\boldsymbol{d}) \leftarrow \widehat{\alpha}(\boldsymbol{d}^{(0)}) \tag{8.102}$$

Step 6 出力 $\widehat{\boldsymbol{a}}(\boldsymbol{d}) = \left(\widehat{a}_1(\boldsymbol{d}),\widehat{a}_2(\boldsymbol{d}),\cdots,\widehat{a}_{|\mathcal{V}|}(\boldsymbol{d})\right)$ を次の更新式が収束するまで繰り返しで計算したうえで終了する．

$$\mu_{j\to i}(\xi) \leftarrow \frac{\sum_{\zeta\in\Omega} w(\xi,\zeta|\widehat{\alpha}(\boldsymbol{d}))g\big(d_j\big|\zeta,\widehat{\boldsymbol{m}}(\boldsymbol{d}),\widehat{\boldsymbol{\sigma}}(\boldsymbol{d})\big)\prod_{k\in\partial j\setminus\{i\}}\widehat{\mu}_{k\to j}(\zeta,\boldsymbol{d})}{\sum_{\zeta\in\Omega}\sum_{\zeta'\in\Omega} w(\xi,\zeta|\widehat{\alpha}(\boldsymbol{d}))g\big(d_j|\zeta,\widehat{\boldsymbol{m}}(\boldsymbol{d})\widehat{\boldsymbol{\sigma}}(\boldsymbol{d})\big)\prod_{k\in\partial j\setminus\{i\}}\widehat{\mu}_{k\to j}(\zeta,\boldsymbol{d})}$$
$$(\xi\in\Omega, i\in\mathcal{V}, j\in\partial i) \tag{8.103}$$

$$\widehat{\mu}_{j\to i}(\xi,\boldsymbol{d}) \leftarrow \mu_{j\to i}(\xi)\ (\xi\in\Omega,\ i\in\mathcal{V},\ j\in\partial i) \tag{8.104}$$

$$\widehat{a}_i(\boldsymbol{d}) \leftarrow \underset{\zeta\in\Omega}{\mathrm{argmax}}\ g(d_i|\zeta,\boldsymbol{m}(\boldsymbol{d}),\boldsymbol{\sigma}(\boldsymbol{d}))\prod_{k\in\partial i}\widehat{\mu}_{k\to i}(\zeta,\boldsymbol{d})\ (i\in\mathcal{V}) \tag{8.105}$$

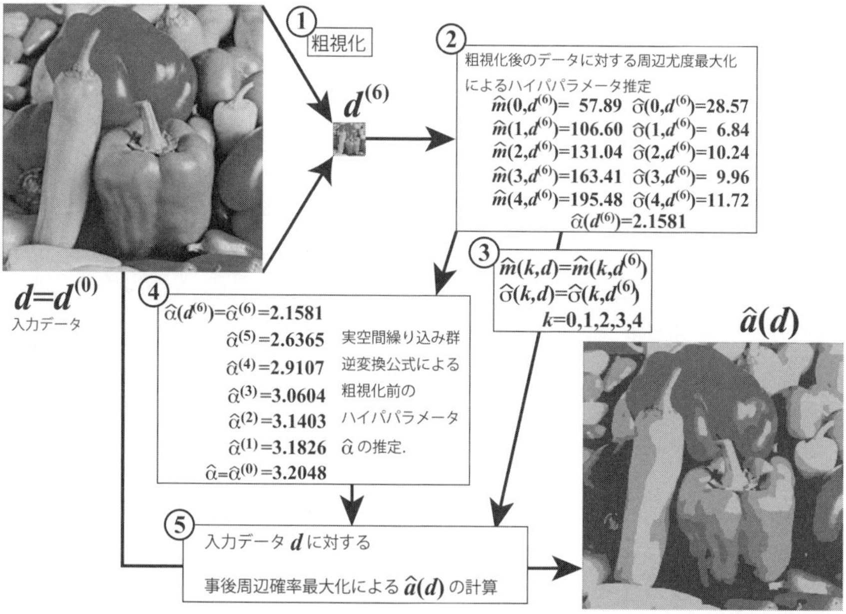

図 8.12　実空間繰り込み群の方法により高速化された確率的画像領域分割アルゴリズムの処理過程の可視化．図中の **1** が **Step 1**，**2** が **Step 2** から **Step 4** までの粗視化されたデータ $\boldsymbol{d}^{(R)}$ に対する期待値最大化アルゴリズムによる繰り返し操作．**3** と **4** が **Step 5** の実空間繰り込み群の逆変換操作，**5** が **Step 6** に周辺事後確率最大化による最終出力 $\widehat{\boldsymbol{a}}(\boldsymbol{d})$ の計算に対応する

以上が実空間繰り込み群の方法により高速化された確率的画像領域分割アルゴリズムの具体的過程であり，この過程を可視化したものが図 8.12 である．図 8.7 の各画像 $\boldsymbol{d}$ に対する確率伝搬法に実空間繰り込み群の方法を組み合わせることで，高速化されたアルゴリズムによる画像領域分割結果を図 8.13 に与える．また，その際の $(\widehat{\alpha}(\boldsymbol{d}^{(6)}),\widehat{u}(\boldsymbol{d}^{(6)}))$ の収束過程は図 8.14 のとおりである．この画像分割結果において評価した $\rho(\eta|\widehat{\alpha}(\boldsymbol{d}),\widehat{\boldsymbol{m}}(\boldsymbol{d}),\widehat{\boldsymbol{\sigma}}(\boldsymbol{d}))$ $(\eta\in(-\infty,+\infty))$ を実線で，階調値のヒストグラム $\frac{1}{|\mathcal{V}|}\sum_{i\in\mathcal{V}}\delta_{\eta,d_i}$ $(\eta=0,1,2,\cdots,255)$ を白丸で図 8.15 与える． 計算速度については，たとえば図 8.8 (a) の結果を得るために市販のパーソナルコンピュータで 1200 秒以上かかっていたものが，図 8.13 (a) の結果を得るために 60 秒程度で終了している．他の結果についても同様であり，計算時間が 10 分の 1 から 20 分の 1 程度に削減されてい

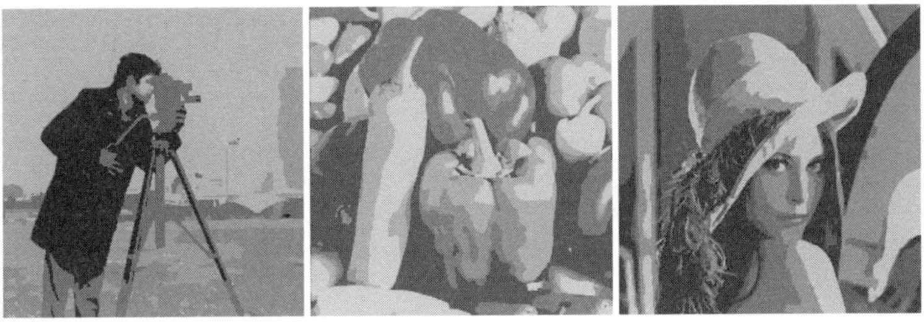

(a) (b) (c)

図 8.13 図 8.7 の各観測画像 $\boldsymbol{d}$ に対する実空間繰り込み群逆変換と確率伝搬法を用いた画像領域分割結果 $\left(\widehat{m}\left(\widehat{a}_i(\boldsymbol{d}),\boldsymbol{d}\right),\widehat{m}\left(\widehat{a}_i(\boldsymbol{d}),\boldsymbol{d}\right),\cdots,\widehat{m}\left(\widehat{a}_{|\mathcal{V}|}(\boldsymbol{d}),\boldsymbol{d}\right)\right)$ $(q = 5)$. (a) Cameraman. (b) Pepper. (c) Lena

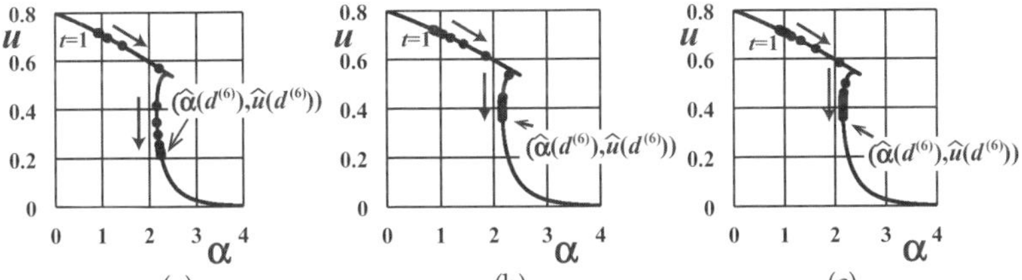

(a) (b) (c)

図 8.14 $(\widehat{\alpha}(\boldsymbol{d}^{(6)}),\widehat{u}(\boldsymbol{d}^{(6)}))$ の収束過程 $(q = 5, R = 6)$. • は $t = 1,2,\cdots$ の各ステップにおける $(\widehat{\alpha}(\boldsymbol{d}^{(6)}),\widehat{u}(\boldsymbol{d}^{(6)}))$. 各グラフの入力画像 $\boldsymbol{d}$ と $(\widehat{\alpha}(\boldsymbol{d}^{(6)}),\widehat{u}(\boldsymbol{d}^{(6)}))$ の最終的な推定点：(a) Cameraman, $(\widehat{\alpha}(\boldsymbol{d}^{(6)}),\widehat{u}(\boldsymbol{d}^{(6)})) = (2.22398, 0.22139)$. (b) Petter, $(\widehat{\alpha}(\boldsymbol{d}^{(6)}),\widehat{u}(\boldsymbol{d}^{(6)})) = (2.15812, 0.38150)$. (c) Lena, $(\widehat{\alpha}(\boldsymbol{d}^{(6)}),\widehat{u}(\boldsymbol{d}^{(6)})) = (2.15840, 0.37717)$. 実線は確率伝搬法の下での式 (8.48) を満たす (α, u) 曲線

る．しかも，図 8.8 と図 8.13 を比較すると，見た目だけではなく定量的にもほとんど変わらない結果が得られていることがわかる．

8.4 まとめ

本章では，[53] と [54] の形で最近公開した研究成果をもとに，マルコフ確率場による確率的画像領域分割と実空間繰り込み群の方法を組み合わせることによる高速化について紹介した．本章で紹介した方法は確率伝搬法に基づ

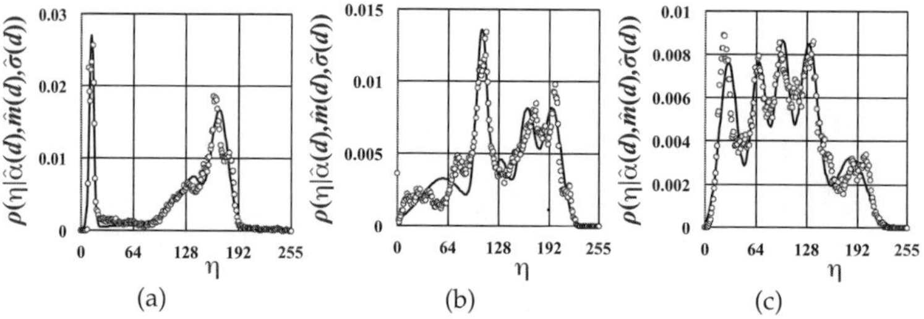

図 8.15　図 8.7 の各画像 $\boldsymbol{d}$ に対して実空間繰り込み群逆変換と確率伝搬法を用いた画像領域分割結果において評価した $\rho\big(\eta\big|\widehat{\alpha}(\boldsymbol{d}),\widehat{\boldsymbol{m}}(\boldsymbol{d}),\widehat{\boldsymbol{\sigma}}(\boldsymbol{d})\big)$ $(\eta\in(-\infty,+\infty))$（実線）と，観測画像 $\boldsymbol{d}$ の階調値のヒストグラム $\frac{1}{|\mathcal{V}|}\sum_{i\in\mathcal{V}}\delta_{\eta,d_i}$ $(\eta\in\{0,1,2,\cdots,255\})$（白丸）．(a) Cameraman. (b) Pepper. (c) Lena

いているが，確率伝搬法は統計力学において 20 世紀半ばから大規模確率モデルの統計的性質の解析を目的として発達してきた平均場法やクラスター変分法と数理構造が同じであることは最近 20 年ほどの研究のなかで明らかになっている [43–47,51,52]．そして従来の統計力学において定着していた確率伝搬法の手法に統計的機械学習理論という新たな視点を加えることでさらに大きく展開しようとしている [48]．

謝辞

本章で紹介した確率的画像領域分割の処理過程は [53] および [54] ですでに公開した研究成果をもとにしたものであり，Chiou-Ting Hsu 教授 (National Tsing Hua University, Taiwan)，安田宗樹准教授（山形大学），大関真之助教（京都大学），片岡駿助教（東北大学），和泉勇治准教授（日本大学）との共同研究から得られたものである．

参考文献

[1] H. Derin, H. Elliott, R. Cristi, D. Geman, Bayes Smoothing Algorithms for Segmentation of Binary Images Modeled by Markov Random Fields, *IEEE Transactions on Pattern Analysis and Machine Intelligence*, Vol. 6. No. 6, pp. 707–720, 1984.

[2] S. Geman and D. Geman, Stochastic Relaxation, Gibbs Distributions, and the Bayesian Restoration of Images, *IEEE Transactions on Pattern Analysis and Machine Intelligence*, Vol. 6, No. 6, pp. 721–741, 1984.

[3] J. Besag, On the Statistical Analysis of Dirty Pictures, *Journal of the Royal Statistical Society*, Series B (Methodological), Vol. 48, No. 3, pp. 259–302, 1986.

[4] D. Geman, *"Random Fields and Inverse Problems in Imaging"*, Lecture Notes in Mathematics, No. 1427, pp. 113–193, Springer-Verlag, 1990.

[5] R. Chellappa and A. Jain (eds), *"Markov Random Fields: Theory and Applications"*, Academic Press, New York, 1993.

[6] S. Z. Li, *"Markov Random Field Modeling in Computer Vision"*, Springer-Verlag, Tokyo, 1995.

[7] A. S. Willsky, Multiresolution Markov Models for Signal and Image Processing, *Proceedings of IEEE*, Vol. 90, No. 8, pp. 1396–1458, 2002.

[8] K. Tanaka, Statistical-mechanical approach to image processing, *Journal of Physics A: Mathematical and General*, Vol. 35, No. 37, pp. R81–R150, 2002.

[9] 田中和之,『確率モデルによる画像処理技術入門』, 森北出版, 2006.

[10] 安田宗樹, 片岡駿, 田中和之, 大規模確率場と確率的画像処理の深化と展開,『コンピュータビジョン最先端ガイド 3』(CVIM チュートリアルシリーズ), 八木康史, 斎藤英雄編, pp. 137–179, アドコム・メディア株式会社, 2010.

[11] A. Blake, P. Kohli, C. Rother (eds), *"Markov Random Fields for Vision and Image Processing"*, MIT Press, Cambridge, 2011.

[12] Y. Weiss, W. T. Freeman, Correctness of Belief Propagation in Gaussian Graph-

ical Models of Arbitrary Topology, *Neural Computation*, Vol. 13, No. 10, pp. 2173–2020, 2001.

[13] K. Tanaka, H. Shouno, M. Okada and D. M. Titterington, Accuracy of the Bethe Approximation for Hyperparameter Estimation in Probabilistic Image Processing, *Journal of Physics A: Mathematical and General*, Vol. 37, No. 36, pp. 8675–8696, 2004.

[14] K. Tanaka and D. M. Titterington, Statistical Trajectory of Approximate EM Algorithm for Probabilistic Image Processing, *Journal of Physics A: Mathematical and Theoretical*, Vol. 40, No. 37, pp. 11285–11300, 2007.

[15] F.-C. Jeng and J. W. Woods, Compound Gauss-Markov Random Fields for Image Estimation, *IEEE Transactions on Signal Processing*, Vol. 39, No. 3, pp. 683–697, 1991.

[16] S. S. Saquib, C. A. Bouman, and K. Sauer, ML Parameter Estimation for Markov Random Fields with Applications to Bayesian Tomography, *IEEE Transactions on Image Processing*, Vol. 7, No. 7, pp. 1029–1044, 1998.

[17] A. Levin, Y. Weiss, F. Durand, W. T. Freeman, Understanding Blind Deconvolution Algorithms, *IEEE Transactions on Pattern Analysis and Machine Intelligence*, Vol. 33, No. 12, pp. 2354–2367, 2011.

[18] H. Zhang, Y. Zhang, H. Li and T. S. Huang, Generative Bayesian Image Super Resolution With Natural Image Prior, *IEEE Transactions on Image Processing*, Vol. 21, No. 9, pp. 4054–4067, 2012.

[19] K. Tanaka, M. Yasuda and D. M. Titterington, Bayesian Image Modeling by Means of Generalized Sparse Prior and Loopy Belief Propagation, Journal of the Physical Society of Japan, Vol. 81, No. 11, Article ID.114802, 2012.

[20] C. Domb, On the Theory of Cooperative Phenomena in Crystals, *Advanced in Physics*, Vol. 9, No. 34, pp. 149–244, 1960.

[21] C. Domb, On the Theory of Cooperative Phenomena in Crystals, *Advanced in Physics*, Vol. 9, No. 35, pp. 245–361, 1960.

[22] B. McCoy and T. T. Wu, "*The Two-Dimensional Ising Model*", Harvard University Press, 1973.

[23] F. Y. Wu, The Potts Model, *Review of Modern Physics*, Vol. 54, No. 1, pp. 235–268, 1982.

[24] 小口武彦,『磁性体の統計理論』, 裳華房, 1970.

[25] 宮下精二,『熱・統計力学』, 培風館, 1993.

[26] D. Lavis and G. M. Bell, "*Statistical Systems Mechanics of Lattice Systems: Volume 1: Closed-Form and Exact Solutions (Theoretical and Mathematical Physics)*", Springer-Verlag, 1999.

[27] D. Lavis and G. M. Bell, "*Statistical Systems Mechanics of Lattice Systems: Volume 2: Exact, Series and Renormalization Group Methods (Theoretical and Mathematical*

Physics)", Springer-Verlag, 1999.

[28] 西森秀稔,『相転移・臨界現象の統計物理学』, 培風館, 2005.

[29] H. Nishimori and G. Ortiz, *"Elements of Phase Transitions and Critical Phenomena"*, Oxford University Press, 2011.

[30] 西森秀稔,『スピングラス理論と情報統計力学』, 岩波書店, 1999.

[31] H. Nishimori, *"Statistical Physics of Spin Glasses and Information Processing: An Introduction"*, Oxford University Press, 2001.

[32] 田崎晴明, 原隆,『相転移と臨界現象の数理』, 共立出版, 2015.

[33] S. Lakshmanan and H. Derin, Simultaneous Parameter Estimation and Segmentation of Gibbs Random Fields using Simulated Annealing, *IEEE Transactions on Pattern Analysis and Machine Intelligence*, Vol. 11, No. 8, pp. 799–813, 1989.

[34] 石川博, グラフカット,『コンピュータビジョン最先端ガイド 1』(CVIM チュートリアルシリーズ), 八木康史, 斎藤英雄編, pp. 39–74, アドコム・メディア株式会社, 2008.

[35] B. Gidas, A Renormalization Group Approach to Image Processing Problems, *IEEE Transactions on Pattern Analysis and Machine Intelligence*, Vol. 11, No. 2, pp. 164–180, 1989.

[36] A. P. Dempster, N. M. Laird, D. B. Rubin and J. Royal, Maximum Likelihood from Incomplete Data via the EM Algorithm, *Journal of the Royal Statistical Society*, Series B, Vol. 39, No. 1, pp. 1–38, 1977 (with discussiond).

[37] W. Qian and D. M. Titterington, Stochastic Relaxations and EM Algorithms for Markov Random Fields, *Journal of Statistical Computation and Simulation*, Vol. 40, Nos.1-2, pp. 55–69, 1992.

[38] J. Zhang, The Mean Field Theory in EM Procedures for Markov Random Fields, *IEEE Transactions on Signal Processing*, Vol. 40, No. 10, pp. 2570–2583, 1992.

[39] S. Kataoka, M. Yasuda, K. Tanaka and D. M. Titterington, Statistical Analysis of the Expectation-Maximization Algorithm with Loopy Belief Propagation in Bayesian Image Modeling, *Philosophical Magazine: The Study of Condensed Matter*, Vol. 92, Nos.1-3, pp. 50–63, 2012.

[40] Y. Weiss, Correctness of local probability propagation in graphical models with loops, *Neural Computation*, Vol. 12, No. 1, pp. 1–41, 2000.

[41] F. R. Kschischang, B. J. Frey and H.-A. Loeliger, Factor Graphs and the Sum-Product Algorithm, *IEEE Transations on Information Theory*, Vol. 47, No. 2, pp. 498–519, 2001.

[42] Y. Weiss and W. T. Freeman, On the optimality of solutions of the max-product belief propagation algorithm in arbitrary graphs, *IEEE Transactions on Information Theory*, Vol. 47, No. 2, pp. 723–735, 2001.

[43] M. Opper and D. Saad (eds), "*Advanced Mean Field Methods — Theory and Practice —*", MIT Press, 2001.

[44] 汪金芳，田栗正章，手塚集，樺島祥介，上田修功，『計算統計 I —確率計算の新しい手法—』，統計科学のフロンティア，岩波書店，2003.

[45] M. J. Wainwright and M. I. Jordan, "*Graphical Models, Exponential Families, and Variational Inference*", now Publishing Inc, 2008.

[46] M. Mézard and A. Montanari, "*Information, Physics and Computation*", Oxford University Press, 2009.

[47] 田中和之，『ベイジアンネットワークの統計的推論の数理』，コロナ社，2009.

[48] K. P. Murphy, "*Machine Learning: A Probabilistic Perspective*", MIT Press, 2012.

[49] 守田　徹，フラストレートした磁性体の統計力学，『新しい物性』，石原明，和達三樹 編，共立出版，1990.

[50] 菊池良一，毛利哲雄，『クラスター変分法 —材料物性論への応用—』，森北出版，1997.

[51] J. S. Yedidia, W. T. Freeman and Y. Weiss, Constructing Free-Energy Approximations and Generalized Belief Propagation Algorithms, *IEEE Transactions on Information Theory*, Vol. 51, No. 7, pp. 2282–2312, 2005.

[52] A. Pelizzola Cluster Variation Method in Statistical Physics and Probabilistic Graphical Models, *Journal of Physics A: Mathematical and General*, Vol. 38, No. 33, pp. R309–R339, 2005.

[53] K. Tanaka, S. Kataoka, M. Yasuda, Y. Waizumi and C.-T. Hsu, Bayesian Image Segmentations by Potts Prior and Loopy Belief Propagation, *Journal of the Physical Society of Japan*, Vol. 83, No. 12, article No. 124002, 2014.

[54] K. Tanaka, S. Kataoka, M. Yasuda and M. Ohzeki, Inverse Renormalization Group Transformation in Bayesian Image Segmentations, *Journal of the Physical Society of Japan*, Vol. 84, No. 4, article No. 045001, 2015.

第 V 部

応用

第9章

ベイジアンネットワークと確率的潜在意味解析による確率的行動モデリング

9.1 はじめに

近年，生活中で日々生み出される膨大なデータ，いわゆるビッグデータはその重要性をさらに増してきている．ビッグデータはインターネット上のデータにとどまらず，企業内に集積される業務データや，各種のセンサにより記録される人の行動記録（ライフログ）やID付のカードや端末の利用履歴（パーソナルデータ），電子マネーや共通ポイントカード履歴，交通系ICカード利用履歴など多岐に渡りすでに利用可能なものになっている．しかし個人IDのついたデータはパーソナルとしてプライバシーへの配慮が必要であり，データを活用するメリットが理解されながらも，リスク懸念のために活用が進んでいない現状がある．また大量に蓄積されたデータを有効に活用する技術が十分でないことから，活用方法がデータ可視化程度にとどまり，活用の効果は属人スキルに依存するために，データ活用人材の不足や育成の問題がボトルネックとなる事態も顕在化している．

一方，多くの企業がビッグデータの活用に注目し，業務を通じて得られるデータを日々収集し，これを分析することで，業務効率の向上や経費の削減，施策の改善による顧客満足度や収益性の向上に役立てている事例も増えつつある．たとえばID-POSデータなどは店舗ごとにそのデータを蓄積しており，さらにそれらのデータは全国から集められ分析が行われている．

ID-POSデータに関しては，顧客のIDや買った商品のIDそのままでは，個々の商品や顧客について分析できたとしても全体の傾向を理解することが難しいことから，顧客や商品を意味のあるクラスタに分類することがマーケティングに活用するためには必要となる．しかしビッグデータの場合，従来のクラスタリングでは対応しきれない問題が発生する．たとえば，顧客数が数千を越え，商品点数も数千を越えるようなスーパーマーケットの購買データなどでは，顧客に対して購入した商品の個数をベクトルとすると，個数が0の商品が非常に多いベクトルになるため類似度に基づくクラスタリングでは適切に分類することが難しい．こうしたビッグデータに対する分析を行うために確率的潜在意味解析 (PLSA) [1] とベイジアンネットワークを組み合わせたグラフィカルモデル，確率的潜在意味構造モデルを応用したビッグデータの分析や事例を解説する．

9.2　ビッグデータを活用する確率的モデリング技術

人の行動は毎回同じとは限らず決まったとおりに動くものではない．したがって，不確実性を考慮したモデルが必須になる．また実生活場面の現象を説明するモデル化においては記述量・計算量の点から，扱う対象自体を完全に記述することは無理であるので，現象を確率的・統計的なものとして扱うことにする．人の行動が起こる確率を考えて，その行動が起こる条件として典型的な（相互情報量が高い）状況を見つけると，条件付き確率P（行動|状況）という形で不確実性を含めて表すことができる．さらに人のタイプごとにとる行動が異なる場合には，さらにこれを条件部に加えてP（行動|状況，人のタイプ）とすればよい．この人のタイプは利用者の「異質性」とも呼ばれる．この人の異質性はサービスにおける基本的な特性であり，これをいかに取り扱うかはサービス工学における重要な課題である．この条件付き確率の条件部に入る変数を加えていくことで，来店行動やある商品を買う購買行動の確率を精度良く予測できれば，あるタイプの顧客が店に来る人数やその顧客が買いそうな商品の数も推定できるので，適切な人員配置や商品の準備

をすることで人員不足や品切れを防ぐことができる．つまりサービスの最適化が図れる．また，日常業務の中でその日の状況や顧客のデータをさらに大量に持続的に集め，確率モデルも新たなデータによって更新することができれば，予測精度をさらに高めることができる．これを実現するためにベイジアンネットワークを用いることができる．

利用者の異質性については，行動が似ている人を集めてセグメントを作ることが行動の予測を行う場合には適している．実サービス中に集積されている購買行動のデータであれば，行動は購入した製品の ID として見分けられる．会員カードなどの顧客 ID と製品 ID が記録された ID-POS データに対して確率的潜在意味解析 (PLSA) を活用して，利用者の異質性を潜在クラスとして発見する事例もある．数年分の大規模な ID-POS データを使って，数千人の顧客を比較的少数のセグメントに分類し，セグメントごとに商品選択確率や来店行動などの予測精度が向上することなどが確認されている．個人の ID 付きデータの場合，プライバシーの保護が問題になるのに対して，適切なセグメントにより異質性を表す方法は情報量を失わずにプライバシーも保護できる．こうした適切なセグメントを探索するアルゴリズムとして確率的潜在意味解析が応用できる．

本章では，ベイジアンネットワークと確率的潜在意味解析 (PLSA) を用いて，購買履歴や共通ポイントカードなどのビッグデータから人の確率的な行動モデルを構築し，これをサービス現場の生産性向上や付加価値向上のために活用する事例などを紹介する．

9.3 ベイジアンネットワーク

ベイジアンネットワークは，現象のモデルを事前知識と実データから構造学習とパラメータ学習によって構築し，そのモデルを計算モデルとして用いることで予測や制御，不確実性の下での合理的な意思決定などに応用できるという特長がある．

複数の確率変数の間の定性的な依存関係をグラフ構造によって表すことで

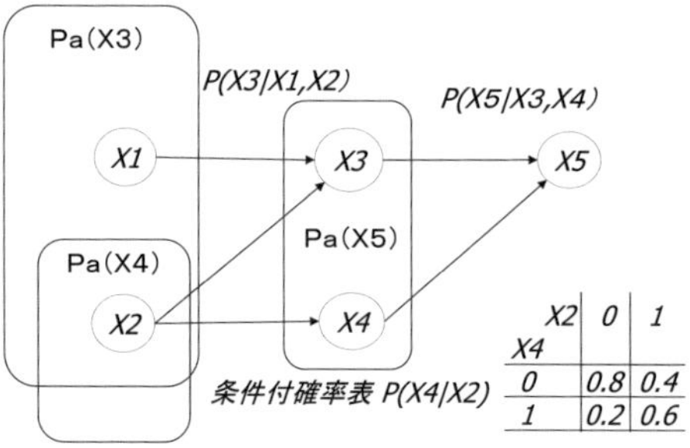

図 9.1　ベイジアンネットワーク

事前知識を導入することができる．個々の変数の間の定量的な関係は条件付き確率表で表され，グラフ構造や条件付き確率パラメータをデータから学習することでモデルを構築することができる．確率変数をノード，変数間の依存関係は，原因から結果となる変数の向きに張った有向リンクで表し，リンクの先に来るノードを子ノード，リンクの元にあるノードを親ノードと呼ぶ．たとえば，先の確率変数 X_i, X_j の間の条件付き依存性をベイジアンネットワークでは向きのついたリンクによって $X_i \to X_j$ と表し，X_i が親ノード，X_j が子ノードである．親ノードが複数あるとき，子ノード X_j の親ノードの集合を $\pi(X_j) = \{X_1, \cdots, X_i\}$ と書くことにする．この変数 X_j と $\pi(X_j)$ の間の依存関係は条件付き確率，

$$P(X_j \mid \pi(X_j)) \tag{9.1}$$

により定量的に表される．

さらに n 個の確率変数 $X_1 \cdots, X_n$ のそれぞれについてを子ノードとして同様に考えると，すべての確率変数の同時確率分布は式 (9.2) のようになる．こうして各子ノードとその親ノードの間にリンクを張って構成したベイジアンネットワーク（図 9.1 ）により変数間の確率的な関係がモデル化される．

$$P(X_1, \cdots, X_n) = \prod_j P(X_j \mid \pi(X_j)) \tag{9.2}$$

式 (9.2) の右辺にある条件付き確率は，変数が離散の場合には $P($子ノード $=$ $y|$ 親ノード $= x1, x2, \cdots) = 0.5$ のような，子ノードと親ノードがとるすべての状態のそれぞれにおける確率値を列挙した表（条件付き確率表：CPT）に

より表現される．たとえば親ノードがある状態 $\pi(X_j) = \boldsymbol{x}$（$\boldsymbol{x}$ 親ノード群の各値で構成したベクトル）の下での n 通りの離散状態 $(y_1, \cdots, y_n)$ をもつ変数 X_j の条件付き確率分布を $p(X_j = y_1|\boldsymbol{x}), \cdots, p(X_j = y_n|\boldsymbol{x})$ とする（ただし $\sum_{i=1}^{n} p(y_i|\boldsymbol{x}) = 1.0$）．これを各行として，親ノードがとりうるすべての状態 $\pi(X_j) = \boldsymbol{x_1}, \cdots, \boldsymbol{x_m}$ のそれぞれについて列を構成した表 9.1 の各項に確率値を定めたものが X_j にとっての条件付き確率表 (CPT) である．

表 9.1　条件付き確率表 (CPT)

$p(y_1\|\pi(X_j) = \boldsymbol{x_1})$	$\cdots$	$p(y_n\|\pi(X_j) = \boldsymbol{x_1})$
$\vdots$	$\ddots$	$\vdots$
$p(y_1\|\pi(X_j) = \boldsymbol{x_m})$	$\cdots$	$p(y_n\|\pi(X_j) = \boldsymbol{x_m})$

このベイジアンネットワークのある 1 つの子ノードに注目した依存関係を，1 つの目的変数（従属変数：Y）と，それに対する説明変数（独立変数：X）の間の依存関係として見ると，ベイジアンネットワークは $X - Y$ 空間を条件付き確率表に従って離散化し，個々の確率値を割り当てた不連続な確率分布によるモデル化である．その自由度は比較的高いものになっており，線形から非線形な依存関係まで柔軟に近似することができる．また各項目ごとに十分な数の統計データがあれば，変数の各状態についての頻度を正規化して，各項目の確率値を求めることが容易にできる．

しかし，顧客の数や商品点数が数千を越えるビッグデータに対してベイジアンネットワークをそのまま適用しようとすると，離散確率変数の状態数が膨大になることから条件付き確率表のサイズが巨大になる一方，条件付き確率を求めるための頻度分布（クロス集計表）が疎になるためモデル構築が困難になる．

9.4　確率的潜在意味構造モデル

顧客 ID のついた購買行動履歴や共通ポイントカード履歴に対して確率的

潜在意味解析を適用して顧客のセグメント化を行い，さらにベイジアンネットワークを用いて顧客セグメントを説明する構造モデルを構築する方法を筆者らは提案している [10]．この手法はソフトウェアとして実際のビジネス現場などで使われはじめており，さまざまな種類のデータを統合したビッグデータに対する適用事例も蓄積されている [5,8,13–15]．

9.5　確率的潜在意味解析

確率的潜在意味解析 (PLSA: Probabilistic Latent Semantic Analysis) は比較的疎な共起行列に対しても EM アルゴリズムにより相互情報量の高い潜在セグメントを抽出する目的に使用することができる．ID-POS データに適用すると商品と顧客を同時にセグメント化することや，そのセグメント内の顧客に商品を推奨することなどができる．

具体的にはまず，顧客 x_i と商品 y_j の共起行列を作成し，共起頻度を $n(i,j)$ と表す．また，顧客と商品が所属する潜在クラスを $z_k(k=1,2,\cdots)$ と表す．ユーザ x_i，アイテム y_j，潜在クラス z_k の関係を次式

$$P(x_i, y_i) = \sum_k P(x_i|z_k)P(y_i|z_k)P(z_k) \tag{9.3}$$

としてモデル化する．また以下の対数尤度を最大化する EM アルゴリズムにより，$P(z)$, $P(x|z)$, $P(y|z)$ を決定する．

$$L = \sum_i \sum_j n(i,j) \log P(x_i, y_i) \tag{9.4}$$

最適なカテゴリの数を事前に決めることは難しいため，情報量規準 (AIC) に基づいて最適なクラスタ数を探索する．このアルゴリズムによって，数千から数万の膨大な数の顧客と商品を比較的少数の潜在クラスへ分類する確率ベクトル $P(x|z)$, $P(y|z)$ が得られる．この結果を顧客と商品が潜在クラスに所属する確率として用いることで，クラスタリングが行われる．

また，商品ではなく時間に注目することで，似たような行動をとる顧客とその顧客がよく購入している商品を分類することもできる．購入される商品

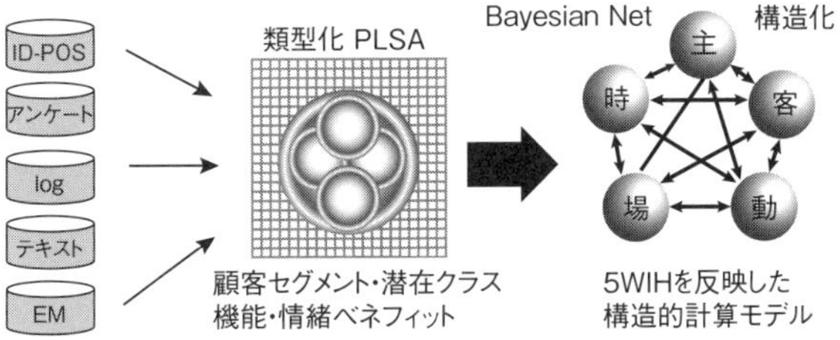

図 9.2　確率的潜在意味解析とベイジアンネットワーク

と，その商品が購入される時間帯に着目し，PLSA を用いてクラスタリングを行い，特定の商品と時間帯の関連性を購買行動のコンテクストとしてモデル化した例がある [2]．また PLSA は EM アルゴリズムによる情報量の極大化を図っていることから，そこで得られたセグメントは情報損失の少ない次元圧縮にもなっている．顧客の個人情報漏洩を防ぐために，PLSA による集団匿名化を行った結果，従来の匿名化手法より情報損失が少ないことを示した例がある [3,4]．PLSA によって匿名化した集団と，属性の一般化により匿名化した集団の来店店舗予測精度を比較したところ，PLSA による匿名化の方が，来店店舗予測精度が高い結果も得られている．

PLSA を用いて潜在クラスを抽出した分析はビッグデータに対して有効ではあるが，抽出された潜在クラスが何を表しているかが明示的に表されるものではないため，その潜在クラスの意味を直感的に理解することが難しく，潜在クラスを抽出した後の分析を人手で行う場合には大きな問題になっている．またベイジアンネットワークをそのままビッグデータに適用する場合には，事前に適切な粒度の状態にクラスタリングしておくことが必要になる．このとき，前処理として PLSA により適切な数の潜在クラスにデータを分類しておくことで，頻度分布が疎になる問題が解決できる．そこで PLSA で抽出した潜在クラスを，さらにベイジアンネットワークで構造化するモデリングを行い，潜在クラス間の関係性もモデル化できる確率的潜在意味構造モデルを考える．これにより潜在クラスに対して他の説明変数との関係がモデル化されることで，直感的には理解しにくかった潜在クラスを関連する説明変数により特徴付けが行えるメリットがある．

9.6　確率的潜在意味構造モデルの応用

サービスの現場において，顧客の異質性を考慮することは必須であり，そのためにビッグデータからいかに適切な顧客セグメントを見つけるかが重要な課題になっている．従来のサービス現場で利用されている顧客セグメンテーションの代表的なものはRFM分析と呼ばれる，直近の来店日，来店回数，購入金額などの数値指標で顧客の特性をモデル化するものであり，そこから直接商品へのニーズなど真の生活者理解を行うことは難しい．そこで顧客と商品の双方について，有効な施策の実施が可能な顧客セグメントや商品カテゴリを，大規模データから利用者の商品選択行動の類似性に基づいて自動的に抽出する方法が必要とされている．また得られたカテゴリに基づいた購買状況や購買パターンの関係から顧客行動を推定できれば，提供する商品や情報を適応的に変化させることで利用者や提供者にとって望ましいサービスの最適化が可能になる．マーケティング分野においてはターゲティング，セグメンテーション，ポジショニングとして知られている基本戦略でもある．

そこで，こうしたマーケティングへの応用として確率的潜在意味構造モデルを適用した研究が行われてきた．PLSAを適用する際に，潜在変数を潜在顧客カテゴリと潜在商品カテゴリの2つに増やし，クラスタリングを行う方法もある [5]．顧客のライフスタイルをモデルに反映させるために，1年以上に被購買があった126の基本アイテム，1年間に23件以上の購買があった20,158人分の顧客IDを対象として，PLSAによる自動分類を行い，AIC規準によって最適なモデルを選択した．その結果，商品を8個のカテゴリと，顧客変数，状況変数を用いてベイジアンネットワークを構築したところ，時間帯別による状況依存的な変数の関係と，適切な状況変化を抽出し，顧客の確率的行動モデリングを行った．

映画推薦においてPLSAとベイジアンネットワークを使った手法の適用では，PLSAによる協調フィルタリングを行って，ユーザのセグメントを作成した後，ベイジアンネットワークを使って，ユーザのセグメントから，年齢や性別，趣味といった属性を用いて推薦を行った [6]．その結果，元の推薦と同様の性能を確保することが可能で，ユーザがどの映画を見るかを決定する要素が個人の趣味や年齢に依存していることを発見した．

9.7 確率的潜在意味構造モデルによる消費者理解

提供する商品を顧客セグメントごとに変更するのであれば，商品選択傾向が異なるセグメントに顧客を分類すべきである．また，ある日に実施する施策を来店する顧客によって変更するのであれば，日ごとに来店傾向が異なる顧客ごとにセグメントに分類し，各セグメントに対して最適な施策を決定すべきであろう．また，ショッピングモール内の複数店舗を買い回る消費者の行動を理解し，場所に応じた案内広告やナビゲーションを行うのであれば，購買する場所に応じた空間情報に基づいて顧客を分類したセグメントに対して最適な施策を考えることが適切である．

複数の店舗が共通ポイント制度に参加することで，異なる場所に存在する複数の店舗での買いまわり行動が共通のデータベースに集積できる．ショッピングモール内にある約 200 店舗の共通ポイントカード履歴を対象として確率的潜在意味構造モデルを適用した事例を紹介する．

PLSA の y_j として来店した店舗のエリア ID を用いることで，空間情報を考慮した潜在クラス分析を行う．ショッピングモール（店舗数約 200）の 15 万人分の共通ポイントカードの利用履歴データについて顧客 ID と利用した店舗のエリア ID の共起行列を作成し，PLSA を実行した．AIC の値からクラスタ数は 7 のモデルが採用された．

結果として得られた潜在クラスによる 7 クラス (A～G) ごとの来店エリアをショッピングモールのマップ上に表示したものを図 9.3 に示す．

PLSA の結果，この 7 つの潜在クラスに所属するエリアでの購買（正確にはポイントカードの利用行動）に特徴づけられる顧客が 7 つのセグメントに分類されていることになる．さらに，この 7 つのセグメントに分類された顧

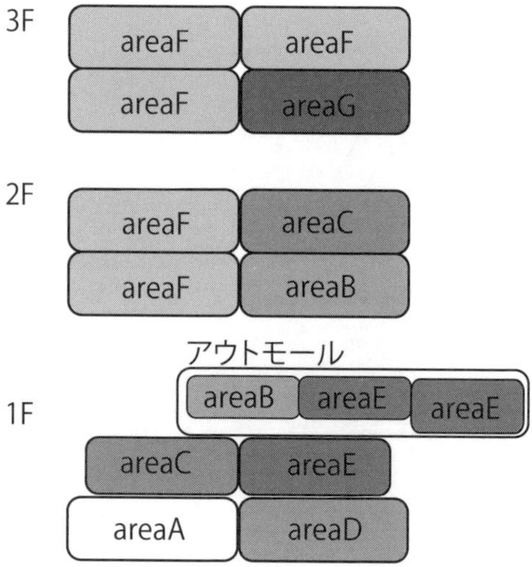

図9.3　各エリアが所属する潜在クラス(A〜G)

客がどのような顧客であるかを知るために，各潜在クラスを説明する構造化モデルをベイジアンネットワークにより構築する．具体的には，所属する確率が最大となる潜在クラスを顧客属性値として，これを年代，性別，主な利用店舗，平均利用金額，来店周期などの顧客属性をもつ顧客マスタデータに追加する，このデータを学習データとしてベイジアンネットワークを構築する．このようにして作成したエリアセグメントAに関する確率的潜在意味構造モデルを図9.4に示す．

このベイジアンネットワークの上で確率推論を実行することにより，このセグメントの顧客がもつ特徴が他のセグメントとの差として定量的に計算で

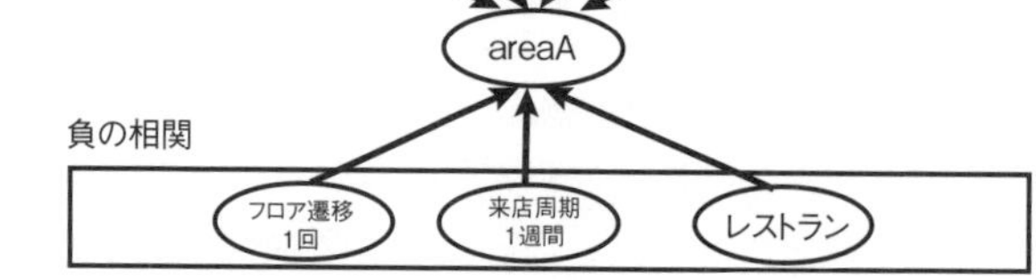

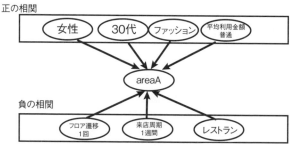

図9.4　潜在クラス[エリアA]に属する顧客モデル

きる．たとえば，エリアAに所属する顧客は30代女性，ファッション関連店舗利用が多く，平均利用金額は相対的に普通である一方，「レストラン利用」や「フロア遷移が1回」，「来店周期が1週間（相対的に短い）」といった特徴に対してはネガティブな傾向がある．こうした特徴からこのセグメントに対するアプローチを詳細に検討することが可能になり，またこのセグメントの来店傾向や来店人数などがわかることから，このエリアに属する店舗の店員の業務スケジュールや接客準備などにも役立てることができる．

9.8 おわりに

本章では確率的潜在意味解析とベイジアンネットワークを組み合わせた確率的潜在意味構造モデルについて紹介し，それを実際のサービスの中で得られる利用者の行動履歴データから消費者の行動予測モデルを構築し，消費者理解をする事例についても述べた．このようにビッグデータを実社会の中で活用するためには，現場で必要とされるニーズに応える機械学習技術を実際に導入することにより，十分なデータを獲得し，有用な課題を解決するために新たな手法を開発するという研究プロセスを繰り返す必要がある．

機械学習やビッグデータを活用する技術により，複雑な問題を大量データにより解決できるようになった．しかし，モデルが実社会の複雑な現象を表すものであれば，学習のために必要なデータはこうした複雑な現象を網羅的に観測したものにする必要がある．表層的に観測可能なセンサデータなどは比較的容易に取得できるが，人間行動の内部的状態は心理的なものであるため，それを十分に反映したデータを集めるためには被験者を用いたアンケート調査も必須になりコストが大きい．またデータを取得する上で，プライバシーの問題や，単に研究目的のためには協力が得られにくいという現実的な問題もある．また，たとえ外部的な要因で観測容易な事象だとしても，実際に使う場面において，状況依存性の高い説明変数を網羅的に収集するためには，データを観測する環境が日常的な利用環境とできるだけ合致するように統制しておく必要がある．

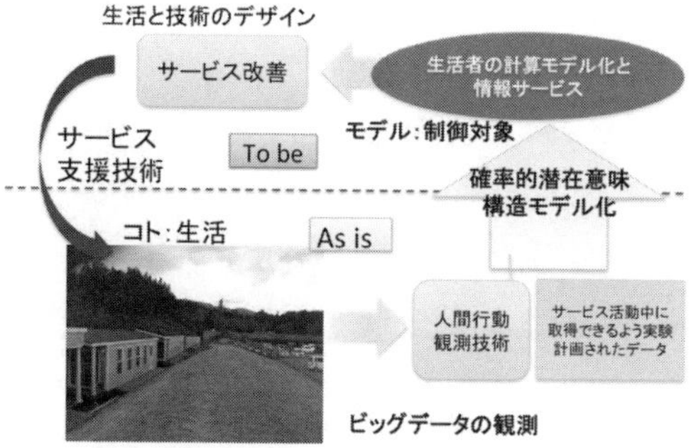

図 9.5　サービス工学の PDCA ループ

そこで，ビッグデータから実社会の現象を計算モデル化する機械学習の応用に対して，実サービスと調査・研究を一体化すべきであるとする「サービスとしての調査・研究 (Research as a service)」と呼ぶ方法論が有効になる [16]．調査・モデル化の段階とそのモデルを用いた応用を切り離すことなく，情報サービスを社会の中で実行しながら，そこで得られる観測や評価アンケート，利用者のフィードバック（心理的調査）の結果を網羅的に収集する．これは古くはサイバネティクス，また信頼性工学ではデミングサイクルとして知られる PDCA(Plan, Do, Check, Action) サイクルを，実問題を通じて回し続けることで，モデルを常に修正していくというものである．実社会の不確実性や変動性に対する本質的な解決のためには，対象を実データによりモデル化し，そのモデルを用いて制御しながらさらにデータを収集する，というサイクルを持続的に続ける必要がある．ビッグデータを活用した実サービスの開発と応用が一般的になることで，多様な生活者の特性を継続的に計算モデル化し，これを有用な知識や計算モジュールとして社会全体で活用する仕組みが確立することが期待できる．こうした仕組みを社会基盤として社会の中で共有することができれば，さらに多くの情報サービスの実現が容易になる．これによりさまざまな産業の生産性を向上し，生活の質も向上できる社会システムのインテリジェント化が今後期待される．

参考文献

[1] Thomas Hofman, Probabilistic Latent Semantic Analysis, *Uncertainity in Artificial Intelligence*, UAI'99, Stockholm.

[2] 吉田真，藤居誠，佐々木憲二，本村陽一，Context に基づいた ID 付き POS データの分析方法，第 28 回人工知能学会全国大会.

[3] 山下真一郎，本村陽一，実質的個人識別を不可能にする情報損失の少ない集団匿名化法，日本行動計量学会大会発表論文抄録集，41, pp. 218–221, 2013.

[4] 山下真一郎，本村陽一，確率的潜在意味解析による集団匿名化法における来店店舗予測制度の評価，第 28 回人工知能学会全国大会.

[5] 石垣司，竹中殻，本村陽一，百貨店 ID 付き POS データからのカテゴリ別状況依存的変数間関係の自動抽出法，オペレーションズ・リサーチ，Vol. 56, No. 2, pp. 77–83, 2011.

[6] 吉田真，本村陽一，ベイジアンネットワークによるセグメント説明モデルと映画推薦への応用，*ARG WI2*, No. 7, 2013.

[7] 本村陽一，岩崎弘利，『ベイジアンネットワーク技術—ユーザ・顧客のモデル化と不確実性推論』，東京電機大学出版局，2006.

[8] 本村陽一，竹中毅，石垣司，『サービス工学の技術—ビッグデータの活用と実践—』，東京電機大学出版局，2012.

[9] 吉川弘之，サービス工学序説—サービスを理論的に取り扱うための枠組み—，シンセシオロジー，Vol. 1, No. 2, pp. 111–122, 2008.

[10] 産業技術総合研究所，『社会の中で社会のためのサービス工学—モノ・コト・ヒトづくりのための研究最前線』，カナリア書房，2014.

[11] 経済産業省サービス工学技術ロードマップ策定委員会報告書，2007.

[12] 本村陽一，西田佳史，持丸正明，赤松幹之，内藤耕，橋田浩一，サービスイノベーションのための大規模データの観測・モデリング・サービス設計・適用のループ，人工知能学会誌，Vol. 23, No. 6, pp. 736–742, 2008.

[13] 石垣司，竹中毅，本村陽一，確率的潜在意味解析を用いた大規模 ID-POS と

顧客アンケートの統合利用による顧客――商品の同時カテゴリ分類，電子情報通信学会技術研究報告．NC, ニューロコンピューティング，Vol. 109, No. 461, pp. 425–430, 2010.

[14] 石垣司，竹中毅，本村陽一，日常購買行動に関する大規模データの融合による顧客行動予測システム：実サービス支援のためのカテゴリマイニング技術，人工知能学会論文誌，Vol. 26, No. 6, pp. 670–681, 2011.

[15] T.Ishigaki, T.Takenaka, Y.Motomura，Category Mining by Heterogeneous Data Fusion Using PdLSI Model in a Retail Service, *IEEE International Conference on Data Mining (ICDM)*, pp. 857–862, 2010.

[16] 本村陽一，大規模データからの日常生活行動予測モデリング，シンセシオロジー，Vol. 2, No. 1, pp. 1–11, 2009.

[17] 本村陽一，小柴等，竹中毅，小島実，田島健蔵，大規模データからの潜在クラス構造化モデリングを用いた消費者行動理解技術，人工知能学会 社会における AI 研究会，2013.

[18] 本村陽一，データに基づく生活機能構造理解と分析―大規模データ活用による日常へのアプローチ―，情報処理，Vol. 54, No. 8, pp. 787–790, 2013.

第10章

ゲノム解析への応用

10.1　はじめに

本章では，確率的グラフィカルモデルのゲノム解析への応用事例として，遺伝子ネットワーク推定・解析について述べる．生体の細胞内において，遺伝子に対応するタンパクなどが産生されることを遺伝子発現という．遺伝子発現は他の遺伝子によって制御されている．遺伝子ネットワークとは，この遺伝子発現の依存関係を有向グラフで表現したものである．各遺伝子を確率変数とみなし，各遺伝子から産生される RNA の量をその観測値として，確率的グラフィカルモデルの1つであるベイジアンネットワークの構造学習アルゴリズムを用いることにより，観測データから遺伝子ネットワークを推定することができる．しかし，ゲノム解析固有の問題があり，既存のソフトウェアやアルゴリズムをそのまま適用することでは，有用な情報を抽出することは難しい．本章では，筆者らによる遺伝子ネットワーク推定アルゴリズムを用いたゲノム解析研究の実例を，ゲノム解析固有の問題を説明しながら紹介する．具体的には，全ゲノム遺伝子ネットワーク推定アルゴリズムによる悪性黒色腫データ解析事例，および，マイクロ RNA と メッセンジャー RNA 混在データからの遺伝子ネットワーク推定アルゴリズムを用いた肺腺癌関連遺伝子の同定事例である．ゲノム解析に限らず，解析手法の研究開発は応用分野における研究と不可分である．したがって，研究対象となる生命科学領域への理解と専門の研究者との密な共同研究が欠かせない．そのため，本章においても，問題をより深く理解するための最低限の生物学的知識の解説を付けた．

10.2　ゲノム解析と遺伝子ネットワーク

遺伝子とは生体の細胞内で産生されるタンパクの設計図である．細胞内ではさまざまな遺伝子が適切な時期に機能することでその生命システムを維持している．ある遺伝子が機能するには，その遺伝子に対応する特定部位のDNA配列が読み込まれ，その配列がまずメッセンジャーリボ核酸(mRNA)と呼ばれる物質に転写される必要がある（図10.1）．転写されたすべての

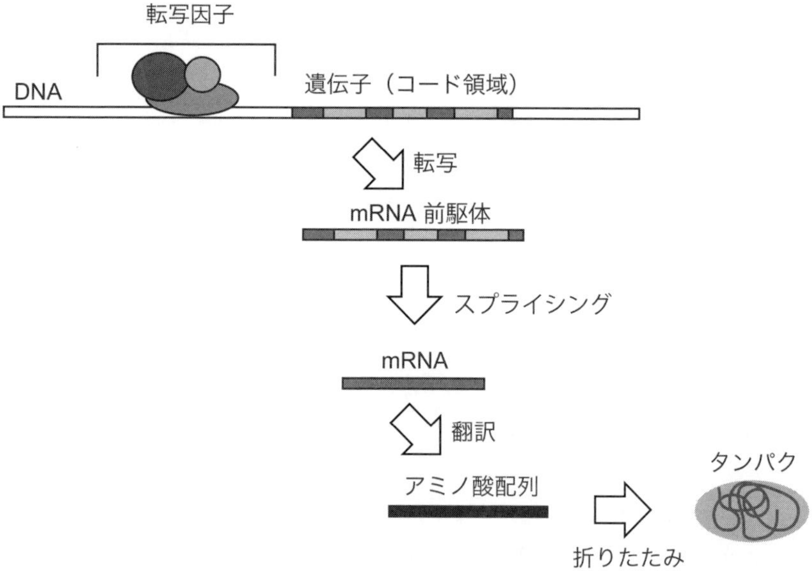

図10.1　転写と翻訳．転写は遺伝子のDNA上流部位に特定の転写因子が結合することにより開始される．転写されたRNAはmRNA前駆体と呼ばれ，スプライシングという作用により不要部分が切り取られmRNAとなる．mRNAを元として翻訳によりアミノ酸配列が産生される．アミノ酸配列はその後安定した状態へと自然に折りたたまることによって立体構造を取り，一般的に言われるタンパクとなる

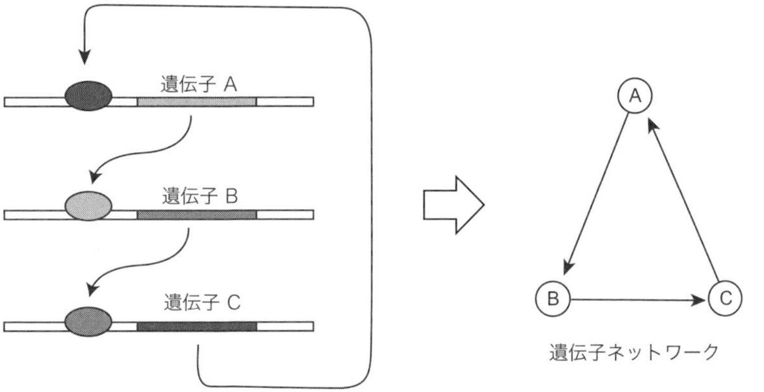

図 10.2 転写制御と遺伝子ネットワーク．遺伝子 A が転写因子で，それが B を，同じく B が C を，C が A を制御していると仮定すると，これら A, B, C が制御のネットワークを構成しているとみなせる（左）．これを有向グラフで表現すると右図のようになる．通常，この有向グラフによる遺伝子間の発現制御の表現を遺伝子ネットワークと呼ぶ

mRNA がタンパクの設計図として使われるわけではなく，必要部位が切り取られるスプライシングを経て，アミノ酸の列（＝タンパク）に翻訳される．これを遺伝子発現と呼ぶ．遺伝子発現は，転写因子と呼ばれるタンパクにより誘導または抑制される．転写因子にはさまざまな種類があり，それぞれ特定の遺伝子の発現を制御する．転写因子には遺伝子の発現を活性化させるもののほか，抑制させるものもある．転写因子自体もタンパクであり，すなわち遺伝子による産物である．したがって，遺伝子発現は，遺伝子同士が互いに制御し合う複雑なネットワークとみなすことができる．これをここでは遺伝子ネットワークと呼ぶ．通常，遺伝子を点で，それらの発現制御の関係を有効枝で表現した有向グラフを用いて遺伝子ネットワークを表現する（図 10.2）．

さまざまな病気が遺伝子制御の変化が原因で起きていることが知られている．その代表例が癌である．癌はゲノムの病気とも言われる．すなわち，遺伝子発現制御にかかわるさまざまな遺伝子に傷（変異）が入ることによって正常な機能を失い，正しい制御のネットワークが失われた状態であると言える．故障した遺伝子ネットワークがどのような状態かわかれば，病気の原因遺伝子の同定や新たな治療法の開発につながることが期待されるが，そもそも正常な細胞での遺伝子ネットワークですらその全貌は明らかになっておらず，また，個々人で少しずつ異なる遺伝子ネットワークを形成していることが想定される．さらに，遺伝子発現に影響を与えているのは転写因子だけではなく，温度の変化や薬剤投与など外部からの刺激によっても変化する．最近では，タンパクに翻訳されない非翻訳性RNAが遺伝子発現制御に重要な役割を担っていることが発見されており，今後も新たな転写制御因子が見つかる可能性もある．

これまで分子生物学的な実験によって，さまざまな遺伝子間の制御関係が明らかになってきた．病気の原因と思われる遺伝子の当たりを半ば直感的につけ，その遺伝子の発現を阻害するなどして他の遺伝子の発現への影響を確かめる，という人海戦術的な方法が遺伝子発現制御の従来の解析方法である．この方法では大量の仮説を1つひとつ実験によって確かめる必要があり，時間費用ともに膨大な実験コストがかかる．近年になってDNAチップあるいはマイクロアレイと呼ばれる遺伝子発現を網羅的に計測できる技術が開発された．また，最近では次世代シークエンサーを用いて遺伝子発現量を計測することもできるようになった．これによって計測したデータを一般的に遺伝子発現データと呼ぶ．ある瞬間にどの遺伝子がどの程度発現しているかを数値で表したものである．この技術により，これまで時間のかかっていた遺伝子発現量の計測が大規模かつ比較的短時間で行えるようになった．細胞内のタンパクを網羅的にかつ定量的に計測することは難しい．一方，mRNAならば，その相補的な配列を用いて転写された量を網羅的に計測することができる．したがって，遺伝子発現データはタンパクの量ではなく，実際にはmRNAの発現量を計測したデータである．

マイクロアレイの登場により，単一の遺伝子の発現変化や薬剤投与など特定条件下での遺伝子発現への影響を網羅的にかつ迅速に計測することができるようになった．これらのデータを，旧来の実験方法から得られるデータとの比較からハイ・スループット（大規模）データと呼ぶ．しかし，複数の遺伝子間の制御関係，すなわち遺伝子ネットワークを明らかにするためには，人間による解析には自ずと限界がある．またさまざまな条件での実験を繰り返す必要もあり，そこで得られた膨大なデータを人間が処理することはほぼ不可能であるといってよい．遺伝子ネットワーク推定は手間と時間のかかる従来型の解析ではなく，計算機を用いることにより大量のデータから複雑な遺伝子間の制御関係の推定を自動で行おうとする解析手法である．

10.3 遺伝子ネットワーク推定固有の問題点

本節では，ベイジアンネットワークによる因果推論を遺伝子ネットワーク推定に応用した際の一般的な問題点を紹介し，その解決方法を説明する．

10.3.1 遺伝子発現データは連続値データ

遺伝子発現データは連続値データである．したがって，それを扱うベイジアンネットワークも連続値モデルであることが望ましい．また，上述のとおり，すべての制御にかかわる因子が解明されているわけではない．したがって，遺伝子発現のモデル化に特定の関数系を仮定することは問題を単純化する一方で，生物学的には重要な情報を無視してしまう結果になる可能性があるとも言える．筆者らはモデルの柔軟性および計算の高速性という観点から，遺伝子間の発現制御のモデルとして *B*-スプラインを用いた回帰モデルを用いている [1]．ベイジアンネットワークが遺伝子ネットワーク推定に応用された当初は，3 値に離散化された遺伝子発現データと多項分布によるモデルが用いられた [2]．離散モデルは単純さ，計算の高速さ，また発現パターンの組合せによる効果の記述が可能な点などメリットも多いが，データの離散化による情報の欠損や離散化方法の選択の問題，また推定すべきパラメータ数が親の数に対して指数的に増加するなどデメリットも多い．*B*-スプライン回帰モデルの場合，パラメータ数は親の数に対して線形に増加するだけである．

10.3.2 遺伝子ネットワークの大きさと構造学習

ベイジアンネットワークの構造学習問題を非巡回グラフの探索として考えると，NP 困難な問題であることが知られている [3]．したがって，ごく小規模，具体的には数十遺伝子のネットワークを除いて，与えられた観測データに対して最適な遺伝子ネットワークの構造を推定することは不可能といってよい．筆者らはこの問題に対して，発見的な方法の1つである greedy hill-climbing (HC) アルゴリズムと呼ばれる方法を用いている．HC アルゴリズムを用いることにより，数百遺伝子程度の遺伝子ネットワークが比較的高い精度で推定可能であるが，これは発見的な方法であるため，推定されたネットワーク構造は局所最適解であり，その解の良さは保証されない．そのため，筆者らはブートストラップ法と呼ばれるサンプリング手法を組み合わせることにより，得られた遺伝子ネットワークの信頼性の評価を行っている．これにより 1000 遺伝子程度の遺伝子ネットワークの推定およびそれを用いた応用に成功している．筆者らが用いている HC アルゴリズムとブートストラップ法については 10.4.2 項および 10.4.3 項で詳しく解説している．

一方で，NP 困難な問題である最適構造探索を，アルゴリズムの工夫や計算機の力を用いて半ば強引に解こうとする研究もある．Ott らは，動的計画法を用いて最適構造探索が $O(n \cdot 2^n)$ で計算可能であることを初めて示した [4]．計算量としては，変数の数に対して指数時間かかることには変わりがないが，数十遺伝子程度の小規模の遺伝子ネットワークであれば，最適解を求めることが可能となった．筆者らはこのアルゴリズムに基づいた並列アルゴリズムを提案し，連続モデルで 31 変数，離散モデルで 32 変数のベイジアンネットワークの構造推定が現実的な時間内で可能であることを示している [5]．また Nikolova らは Hyper-cube を利用することにより，離散モデルによる 33 変数のベイジアンネットワークを計算したと主張している [6]．これらはスーパーコンピュータを利用して，膨大な CPU とメモリを使用しているが，大型計算機の性能向上は著しく，将来的には 100 遺伝子程度であれば，発見的アルゴリズムに頼らずにデータに最適な構造の遺伝子ネットワークを推定できるようになると期待されている．

10.3.3 np 問題

高次元データにおける np 問題とは，サンプルの数 n が変数の数 p に比較してはるかに少ないことを指す (small n, large p problem) [7]．すなわち $n \ll p$ である．前述のように，分子生物学の実験はハイスループットといわれるデータでさえ，非常に時間と費用のかかるものであり，大規模なデータが従来と比較的して容易に取得可能になった現在でも，依然として $n \ll p$ のままである．ヒトゲノム中には約 2 万ほどの遺伝子があるとされており，それらすべてを含んだ遺伝子ネットワークを推定することは，2 万変数のグラフィカルモデルを考えることと同じである．一方サンプルについては，多くても数百〜数千サンプルである場合がほとんどである．

ゲノム研究において論文に用いられた遺伝子発現データは，公共データベースに登録することが一般的である [8]．これらのデータは独自の解析や解析法の開発に利用可能であるが，遺伝子ネットワーク解析に使用するには，同一条件で計測した，ある程度サンプル数のあるデータセットが必要である．しかしながら，そのようなデータは意外に少なく，しかもそのほとんどが遺伝子ネットワーク推定・解析を目的としたものではない．ゲノム解析では，実験計画段階からデータの解析法を検討することが一般的である．したがって，これら公共データを遺伝子ネットワーク解析に用いるのは理想とは言いがたいが，現実には遺伝子ネットワーク解析に限らずさまざまな手法の開発や生物学の研究にこういった公共データが利用されている．

サンプル数が十分でない場合は，データから推定したモデルは過学習の状態に陥っている可能性がある．遺伝子ネットワーク推定では，モデルに制約を課す，たとえば可能な親の数を制限するなどして，推定するパラメータが増えすぎないように制限することで，これをある程度は抑制可能である．*B*-スプライン回帰モデルでは，推定される曲線の自由度をデータに基づき最適化するが，その自由度を比較的小さいものに制限することでも，過学習を抑制することが可能である．

10.3.4 データの多様性

マイクロアレイによる遺伝子発現データは，近年では一般的になったが，黎明期には実験ごとのサンプル数は非常に少なく，またノイズの多いデータと言われていた．これは時代が進むにつれ新しい製品が次々と登場し，次第に改善されていった．近年では，ゲノム解析技術の進展により，マイクロアレイとは別の原理で発現データを計測する技術が登場している．すなわち，細胞中に存在する mRNA を配列データとして直接読み取り，そこから発現量を数値化する，という方法である（mRNA-seq と呼ばれている）．このようにゲノム解析ではさまざまな計測技術が次々と開発されている．当然，データに合わせた解析法が必要で，しかもその寿命は短いということになる．今後も新しい種類のデータが出てくると容易に予想できる．

また，計測可能なデータ以外にも，次々と新しい生物学的発見があるのもゲノム解析研究の特徴である．たとえば，発見当初は意味のない無駄なものと考えられてきた遺伝子間のDNAなども，その機能が次第にわかりつつある．遺伝子発現制御についても，上述の説明した点以外にもさまざまな因子がかかわっており，また新しい発見も相次いでいる．本章で扱っているマイクロRNAもまさにこの手の新しいデータであり，近年急速に解析・利用が始まったものの1つである．

10.4　遺伝子ネットワーク推定アルゴリズム

本節では筆者らが用いている，基本となる遺伝子ネットワーク推定アルゴリズムを紹介する [1]．まず *B*-スプライン回帰モデルを用いた連続値型ベイジアンネットワークを紹介し，次にその構造推定アルゴリズムとしてHCアルゴリズムの詳細を述べる．

10.4.1　*B*-スプライン回帰モデル

今，p 個の遺伝子からなる遺伝子ネットワークを推定する場合を考える．各遺伝子の発現量を確率変数とみなし，それぞれ $X_1,\dots,X_p$ で表す．また $n\times p$ 行列 $\boldsymbol{X}$ を入力データである遺伝子発現データとする．ここで n は入力データのサンプル数である．$\boldsymbol{X}$ の (i,j) 成分 x_{ij} は i 番目のサンプルにおける j 番目の遺伝子 X_j の発現量である．連続値型のベイジアンネットワークでは，同時確率密度関数が次の式で与えられる．

$$f(x_{i1},\dots,x_{ip};\boldsymbol{\theta}_G)=\prod_{j=1}^{p}f(x_{ij}|pa^G(x_{ij});\boldsymbol{\theta}_j)$$

ここで $pa^G(x_{ij})=(pa_{i1}^{(j)},\dots,pa_{iq_j}^{(j)})$ は i 番目のサンプルにおける j 番目の遺

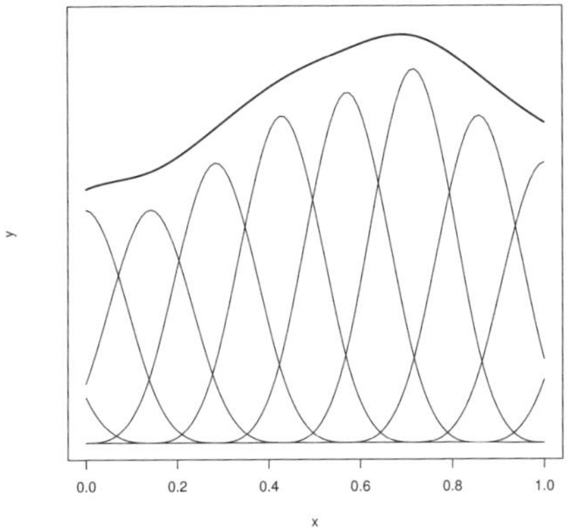

図 10.3 B-スプライン曲線の例．太線が $y = \sum_{m=1}^{M} \gamma_m b_m(x)$ である．$b_m(\cdot)$ が 1 つの 3 次 B-スプライン曲線で γ_m はその係数である．それぞれの $\gamma_m b_m(x)$ を細線で示した．この例では x の値域を $[0,1]$，また $M = 10$ とした

伝子の，ネットワーク構造 G での親遺伝子の遺伝子発現データである．q_j は j 番目の遺伝子の親遺伝子の数，$\boldsymbol{\theta}_G = (\boldsymbol{\theta}_1, ..., \boldsymbol{\theta}_p)$ は条件付き確率密度関数 $f(x_{ij}|pa^G(x_{ij});\boldsymbol{\theta}_j)$ のパラメータベクトルである．この条件付き確率密度関数は B-スプライン回帰を用いてモデル化を行う．すなわち

$$x_{ij} = m_1(pa_{i1}^{(j)}) + m_2(pa_{i2}^{(j)}) + \cdots + m_{q_j}(pa_{iq_j}^{(j)}) + \varepsilon_{ij}$$

ここで m_k は

$$m_k(pa_{ik}^{(j)}) = \sum_{m=1}^{M_{jk}} \gamma_{mk}^{(j)} b_{mk}^{(j)}(pa_{ik}^{(j)})$$

なる関数で，$b_{mk}^{(j)}$ はあらかじめ $\boldsymbol{pa}_{(j)} = (pa_{1k}^{(j)}, \ldots, pa_{nk}^{(j)})^T$ の値域 $[\min(\boldsymbol{pa}_{(j)}), \max(\boldsymbol{pa}_{(j)})]$ を $M_{jk} - 3$ 個に等分割して得られる k 個目の 3 次 B-スプライン曲線，$\gamma_{mk}^{(j)}$ はぞれぞれの B-スプライン曲線の係数である．また ε_{ij} は平均 0，分散 σ_j^2 の正規分布に従う誤差項である．図 10.3 に 3 次 B-スプライン曲線の例を示した．後述のハイパーパラメータおよび M_{jk} の値によって，推定される B-スプライン曲線の自由度を変えることができる．筆者らが実際にこのモデルを使用する際は，自由度の調整はハイパーパラメータの選択によってのみ行い，M_{jk} は，実データに対して十分な自由度をもたせられる値に固定している．具体的には $M_{jk} = 20$ としている．

ベイジアンネットワークの構造の推定にはさまざまな考え方があるが，ここでは構造推定をモデル選択と考え，入力データ $\boldsymbol{X}$ が与えられた下でのグラフ構造 G の事後確率を最大とする構造（＝各変数の親集合）を探索することにより行う．すなわち，最適なグラフ $\hat{G}$ は以下の式で与えられる．

$$\hat{G} = \arg\max_{G} \pi(G) \int \prod_{i=1}^{n} f(x_{i1}, \ldots, x_{ip}; \boldsymbol{\theta}_G) \pi(\boldsymbol{\theta}_G | \boldsymbol{\lambda}) d\boldsymbol{\theta}_G$$

ただし $\hat{G}$ は非巡回有向グラフ (Directed Acyclic Graph: DAG)，$\pi(G)$ は G の事前分布，$\pi(\boldsymbol{\theta}_G|\boldsymbol{\lambda})$ はハイパーパラメータ $\boldsymbol{\lambda}$ で規定される $\boldsymbol{\theta}_G$ の事前分布である．この事後確率は $\hat{G}$ のスコアとみなすこともできる．すなわち，ベイジアンネットワーク推定問題は

$$\hat{G} = \arg\min_{G} \sum_{j=1}^{p} s(X_j, Pa^G(X_j), \boldsymbol{X}) \tag{10.1}$$

を満たす DAG 探索問題とみなすこともできる．ここで G は DAG, $Pa^G(X_j)$ は X_j の G における親遺伝子の集合，$s(X_j, Pa^G(X_j), \boldsymbol{X})$ は j 番目の遺伝子の局所スコアである．この局所スコアは，われわれのモデルではすなわち

$$\begin{aligned} s(X_j, &Pa^G(X_j), \boldsymbol{X}) = \\ &-2\log\Big\{\pi_j(G) \int \prod_{i=1}^{n} f_j(x_{ij}|pa^G(x_{ij}); \boldsymbol{\theta}_j) \pi_j(\boldsymbol{\theta}_j|\boldsymbol{\lambda}_j) d\boldsymbol{\theta}_j\Big\} \end{aligned} \tag{10.2}$$

であり，ここで $\pi_j(G)$, $f_j(\cdot)$, および $\pi_j(\boldsymbol{\theta}_j|\boldsymbol{\lambda}_j)$ はグラフ構造 G における遺伝子 j の局所密度関数，局所条件付き密度関数，および，パラメータベクトル $\boldsymbol{\theta}_j$ の局所事前密度関数である．筆者らはこのスコア関数を BNRC と呼んでいる．式 (10.2) は，パラメータベクトル $\boldsymbol{\theta}_j$ の事前分布 $\pi_j(\boldsymbol{\theta}_j|\boldsymbol{\lambda}_j) = \prod_{k=1}^{q_j} \pi_{jk}(\gamma_{jk}|\lambda_{jk})$ に正規分布を仮定し，ラプラス近似による積分を行うことにより，最終的に

$$\begin{aligned} s(X_j, Pa^G(X_j), \boldsymbol{X}) \;=\; & C_j + (n - 2q_j - 2)\log\hat{\sigma}_j^2 \\ & + \sum_{k=1}^{q_j} \left\{ \frac{n\beta_{jk}}{\hat{\sigma}_j^2} \hat{\gamma}_{jk}^T K_{jk} \hat{\gamma}_{jk} + \log|\Lambda_{jk}| - (M_{jk} - 2)\log\beta_{jk} \right\} \end{aligned}$$

となる [1]．ここで $\beta_{jk} = \sigma_j^2 \lambda_{jk}$ はハイパーパラメータ，また

$$C_j \;=\; -2\log\pi_j(G) + (n + \bar{M}_{j\cdot} - 2q_j)\log(2\pi) + n - \log 2$$

$$
\begin{aligned}
& -2(\bar{M}_{j.} - q_j)\log n - \sum_{k=1}^{q_j} \log |K_{jk}|_+, \\
\Lambda_{jk} &= B_{jk}^T B_{jk} + n\beta_{jk} K_{jk}, \\
\bar{M}_{j.} &= \sum_{k=1}^{q_j} M_{jk}
\end{aligned}
$$

K_{jk} は $\gamma_{jk}^T K_{jk} \gamma_{jk} = \sum_{l=3}^{M_{jk}} (\gamma_{lk}^{(j)} - 2\gamma_{l-1,k}^{(j)} + \gamma_{l-2,k}^{(j)})^2$ となる $M_{jk} \times M_{jk}$ 行列，$|K_{jk}|_+$ は K_{jk} の $M_{jk} - 2$ 個の非ゼロ固有値の積である．また，B_{jk} は $b_{mk}^{(j)}(p_{ik}^{(j)})$ を (i, m) 成分としてもつ $n \times M_{jk}$ の計画行列である．最終的に $\hat{\gamma}_{jk}$ を推定する必要があるが，これは backfitting アルゴリズムを用いることによって求めることができる [9]．すなわち $\gamma_{jk} = 0$ を初期値とし，$k = 1, \ldots, q_j, 1, \ldots$ に対し，

$$
\gamma_{jk} = (B_{jk}^T B_{jk} + n\beta_{jk} K_{jk})^{-1} B_{jk}^T (\boldsymbol{x}_{(j)} - \sum_{k' \neq k} B_{jk'} \gamma_{jk'})
$$

を収束するまで繰り返し求めればよい．ここで $\boldsymbol{x}_{(j)} = (x_{1j}, \ldots, x_{nj})^T$，また $\hat{\sigma}_j^2 = ||\boldsymbol{x}_{(j)} - \sum_{k=1}^{q_j} B_{jk} \hat{\gamma}_{jk}||^2 / n$ である．ハイパーパラメータ β_{jk} によって $\hat{\gamma}_{jk}$ および $\hat{\sigma}_j^2$ の値が変わるが，β_{jk} は罰則項による平滑化パラメータとなっており，β_{jk} の値が大きいほど，隣り合う B-スプラインに対する係数 $\hat{\gamma}_{jk}$ の二階差分はゼロに近くなる．すなわち，より直線に近い B-スプライン曲線が推定されるようになる．β_{jk} の値は，他のパラメータ同様，BNRC スコアによって選択可能であるため，ここではグリッドサーチによって決める．筆者らは $\beta_{jk} = 10^h$ に対し $-6 < h < 2$ の範囲で等間隔に h を分割し，上述の BNRC スコアが最小となる β_{jk} を採用している．この探索範囲を大きい値に絞ることにより，モデルの過学習を防ぐことができる．筆者らはサンプル数が少ない場合などは h の範囲を $0 < h < 2$ 程度に絞って実際の遺伝子ネットワークの推定に用いている．

10.4.2 greedy hill-climbing アルゴリズムによる構造推定

上述のとおり，式 (10.1) による構造推定は NP 困難であることが知られている．そこで発見的な方法による構造推定アルゴリズム，貪欲山登り法 (greedy hill-climbing: HC) アルゴリズムを用いる．HC アルゴリズムによる

構造推定は非常に単純である．まず空グラフ，つまり何も枝のないグラフを初期値としてアルゴリズムを開始する．そして，乱数で巡回するノードを決める．巡回したノードに対して，スコアが最も良くなる操作を1つ探す．ここで操作とは，親を1つ追加する，もしすでにそのノードに対して親がついていたら取る，あるいは親から接続している枝を逆向きにする，のいずれかである．そしてスコアがもっとも良くなる操作を1つ選び，実際にそれを採用する．そして次の巡回先のノードに行く．これをスコアが良くならなくなるまで繰り返す．枝の操作時にはグラフが巡回グラフにならないように制約を与える．基本は以上である．

ただし，このままではノード数（遺伝子数）が増えると，すべての遺伝子に対して上述の操作を試しスコアを計算する必要があるため非常に計算量が多くなる．したがって，あらかじめ1対1のスコア，つまりすべてのノード（遺伝子）X_J に対して

$$s(X_j, \{X_i\}, \boldsymbol{X}) \quad (i \neq j)$$

を事前に計算し，上位 Q 個のみを X_j の親候補とする．上述の操作で親をつける際にはこの親候補のみから選択する．HC アルゴリズムでは，すでについている枝を逆転させる，という操作も行うため，親候補以外の遺伝子が親になる可能性もある．また親候補の制限だけでなく実際の親の数も制限する，すなわち各ノードの入り次数を C 個に制限する．

この方法によって得られる構造は局所解であり，解の良さに保証はない．それを補うために，上記のプロセスを複数回（ここでは T 回と表す）繰り返し実行する．実行ごとに巡回するノードの順番が変わるので，異なる局所最適解が得られる．T 個の局所最適解の中で最もスコアの良かったグラフ構造を最終的な推定結果とする．アルゴリズム1に，HC アルゴリズムをまとめる．筆者らは基本的に $Q = 20, C = 10, T = 10$ の設定で HC アルゴリズムを使用している．またサンプル数が少ない場合は，$C = 2 \sim 3$ 程度にすることにより，過学習を抑制することができる．

10.4.3　ブートストラップ法を用いた高信頼遺伝子ネットワーク推定

HC アルゴリズムでは，1000 遺伝子程度までの遺伝子ネットワークが現実

アルゴリズム 1：HC アルゴリズム

入力: X: $n \times p$ 遺伝子発現データ行列，T: 繰り返し数，Q: 親候補数，C: 親最大数，

出力: G: 遺伝子ネットワーク

1: {親候補の計算}
2: **for** $j = 1$ to p **do**
3:    **for** $k = 1$ to p $(k \neq j)$ **do**
4:       $s_{kj} \leftarrow s(X_j, \{X_k\}, X)$
5:    **end for**
6:    s_{kj} を k について昇順（スコアの良い順）にソートする．すなわち $s_{r_1 j} \leq s_{r_2 j} \leq \cdots \leq s_{r_{p-1} j}$.
7:    $C_j \leftarrow \{X_{r_k} | 1 \leq k \leq q\}$ （上位 q 個の遺伝子集合）．
8: **end for**
9: {構造の探索}
10: **for** $t = 1$ to T **do**
11:    $G' \leftarrow G$
12:    $G \leftarrow$ 空グラフ．
13:    **repeat**
14:       $P \leftarrow (P_1, \ldots, P_p)$：乱数による順列
15:       **for** $j = 1$ to p **do**
16:          1) もし X_{P_j} に親がある場合，それを取り除いた場合と逆転した場合のスコアを計算する．
17:          2) C_{P_j} を 1 つずつ親としてつけてみて，スコアを計算する．
18:          上記 1), 2) のうち最もスコアが向上した操作を実際に G に適用する．ただし G に巡回路ができないようにし，また親の数は c を越えない．
19:       **end for**
20:    **until** $s(G) < s(G')$
21:    $s(G) < s(G)$ ならば $G \leftarrow G$．
22: **end for**

的な時間で推定可能である．しかしHCアルゴリズムによる構造推定は，最適な構造に対してどれだけ劣っているか不明であるため，推定された結果が信頼するに値するか評価することが難しい．推定された制御関係がどの程度信頼のおけるものなのかを定量化する方法として，HCアルゴリズムにブートストラップ法を組み合わせた方法が提案されている．ブートストラップ法によるネットワーク推定は，入力データから直接推定するのではなく，入力データをリサンプリングしたデータを用いてHCアルゴリズムで推定を行う．そしてこれを十分な回数繰り返す．それぞれのネットワーク推定は完全に独立しているため，並列に処理が可能である．難しい並列プログラミングをせずに，計算機システム側に用意されたGrid Engineなどのジョブディスパッチシステムで並列実行が可能なため，大型計算機による大規模並列計算も手軽に利用できる．最終的なネットワーク構造は，個々の枝に対し，ブートストラップによる繰り返し推定した複数のネットワークに含まれる頻度が閾値以上のものを採用する．したがって，最終的に得られる構造には巡回枝を含むため，厳密にはベイジアンネットワークとはいえない．しかしネットワーク構造だけが解析対象であるような限定された遺伝子ネットワーク解析ではこれで十分である．

今，$r_1^k, \ldots, r_n^k \in \mathbb{N}$ $(1 \le r_i^k \le n)$ を 自然数の乱数とする．リサンプルされたデータセットを $\boldsymbol{X}^{(k)}$ とすると，その (i,j) 成分は $x_{r_i^k, j}$ である．ここで k はブートストラップごとの番号である．K をブートストラップ回数（繰り返し数）とすると $1 \le k \le K$ である．$\boldsymbol{X}^{(k)}$ から推定された遺伝子ネットワークを $G^{(k)} = (V, E^{(k)})$ とする．最終的なネットワーク構造は $G_{bs} = (V, E_{bs})$ と定義する．ここで $E_{bs} = \{(u,v) : |e_{bs}(u,v)|/K > \theta\}$ はグラフ G_{bs} の枝集合，$e_{bs}(u,v) = \{k : (u,v) \in E^{(k)} \ (1 \le k \le K)\}$ は K 個のネットワークのうち枝 (u,v) が含まれるブートストラップ番号，θ は閾値である．すなわち，推定結果のネットワーク構造は，単純にブートストラップ法によって推定された枝の推定頻度のうち閾値以上のものを抽出したものになる．ここで $|e_{bs}(u,v)|/K$ を枝 (u,v) のブートストラップ確率と呼んでいる．

この方式では大型計算機を用いることによって，1000遺伝子程度の遺伝子ネットワークを，1000回から10000回程度のブートストラップ回数でも現実的な時間で計算が可能である．また，一般的に閾値は $\theta = 0.05$ とする．

すなわち，ブートストラップ確率が 0.05 以下の枝は偶然に推定された，信頼のおけない結果とみなす．

10.4.4　ダイナミックベイジアンネットワークによる時系列遺伝子ネットワーク推定

これまでは入力データの各サンプルは独立であると仮定していた．特定の病気の患者由来サンプルや，遺伝子ノックダウンという特定の遺伝子の発現を抑制する方法によって得られたデータは独立であると仮定できるので，このようなデータが上述の方法の解析対象となる．一方，細胞に薬剤を投与後，一定時間間隔で遺伝子発現データを計測したような，いわゆる時系列データにはサンプル間の依存性が存在する．こういった時系列データにはダイナミックベイジアンネットワークを用いることにより，遺伝子ネットワークの推定ができる [10]．ダイナミックベイジアンネットワークは時点 $t-1$ と t の間に発現の依存性を仮定し，通常のベイジアンネットワークと同様に B-スプライン回帰モデルを用いて，その関係を記述する．すなわち，今時刻 t のサンプルを $\boldsymbol{x}_{(t)} = (x_{t1}, \ldots, x_{tp})^T$ とすると，ダイナミックベイジアンネットワークでは，同時確率密度関数が次式で与えられる．

$$f(\boldsymbol{x}_{(t)}; \boldsymbol{\theta}_G) = \prod_{j=1}^{p} f(x_{tj} | pa^G(\boldsymbol{x}_{(t-1)}); \boldsymbol{\theta}_j)$$

ここで $pa^G(\boldsymbol{x}_{(t-1)})$ は時刻 $t-1$ における遺伝子 X_j の親遺伝子の発現データベクトルである．ダイナミックベイジアンネットワークの推定は，図 10.4 のように時刻 $t-1$ と t の変数間の 2 部グラフの構造を探すことと同様である．時刻 $t-1$ と t の変数を同一視すれば，図 10.4（右）のように通常の有向グラフによる遺伝子ネットワーク表現となる．ダイナミックベイジアンネットワークの構造探索は DAG の制約が不要なため，単純に各遺伝子ごとに最適な親の組合せを探せばよい．しかし，それでも組合せ爆発により探索空間は膨大なため，通常のベイジアンネットワーク同様，HC アルゴリズムとブートストラップ法を組み合わせることにより遺伝子ネットワークを推定する．ただし HC アルゴリズムにおいて，各変数の親の探索は独立しているためノードの巡回を乱数によって繰り返す必要はなく，またそのため何度繰り返しても同様の結果になる．

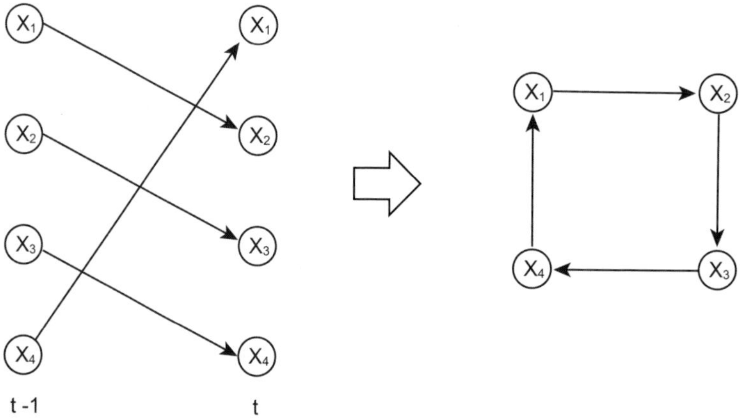

図 10.4 ダイナミックベイジアンネットワークの推定．ダイナミックベイジアンネットワークの推定は時刻 $t-1$ から t への関係を予測することになる．これは時刻 $t-1$ の遺伝子発現と t の遺伝子発現という 2 つの部分グラフの間の関係を考えることと等しい．つまり 2 部グラフを推定している（左）．時刻 $t-1$ と t のノードを同一視すれば閉路を許した遺伝子ネットワークとなる（右）

ダイナミックベイジアンネットワークでは，上述のブートストラップ法はそのままでは使えない．なぜならば，サンプル間に依存性を仮定しているため，ランダムなリサンプリングを行うと，それが破壊されてしまうからである．その解決方法として，ダイナミックベイジアンネットワークでは繰り返し実験による結果を用いたブートストラップ法を用いる [11]．一般に時系列のマイクロアレイデータは時点数が非常に少ない．しかし，発現差解析などを行うために複数回，同一の実験を繰り返し，複数のデータを計測するのが普通である．今，時点数を T, 繰り返し実験数を N とする．サンプル数の合計は $T \times N$ である．時点 t における s 回目の実験のサンプルベクトルを $\boldsymbol{x}_{(t)}^{(s)}$ と仮定する．$r_i \in \mathbb{N}$ $(1 \leq r_i \leq N,\ 1 \leq i \leq T)$ を自然数の乱数とする．$\boldsymbol{x}_{(1)}^{(r_1)}, \ldots, \boldsymbol{x}_{(T)}^{(r_t)}$ をリサンプルされたブロックと定義する．つまり，1 つのブロックは繰り返し実験を各時点ごとにランダムに組み合わせたものである．時点数が T, 繰り返し数が N ならば N^T 個のブロックの可能性が存在する．これを複数回，たとえば l 回繰り返せば，$N \times l$ サンプル分の擬似的にリサンプルされたブートストラップ時系列データが完成する．このデータから遺伝子ネットワークを推定する．通常のブートストラップ法と同様に，閾値以上の推定頻度の枝を集め，最終的な遺伝子ネットワーク構造とする．

実際に使用する時系列データは $T = 8, N = 3$ などが多い．この場合，$l = 25$ とすれば，200 サンプル分の仮想的な時系列データを使用していることになる．疑似ブートストラップ法を利用したダイナミックベイジアンネットワークの推定では，このようにデータが非常に限られているため，筆者らは HC アルゴリズムのパラメータも $C = 2$ とし，B-スプライン曲線推定時のハイパーパラメータ $\beta_{jk} = 10^h$ も $h \in \{1,2\}$ と非常に制限した上で推定している．

10.5 遺伝子ネットワーク解析によるゲノム解析事例

10.5.1 全ゲノム遺伝子ネットワーク推定アルゴリズムによる悪性黒色腫データ解析

HC アルゴリズムとブートストラップ法を組み合わせた方法により，1000 遺伝子前後の比較的大きなサイズの遺伝子ネットワーク推定が実用的となったが，たとえばヒトには 20000 程度の遺伝子があり，全ゲノムを対象とした遺伝子ネットワーク推定には十分ではない．この遺伝子ネットワーク推定アルゴリズムを使用している限り，解析の対象となる遺伝子をあらかじめ 1000 遺伝子程度選択しなくてはならず，この遺伝子選択が重要なものになってしまい，遺伝子ネットワーク解析の適用範囲を狭めることになりかねない．そこで，このデメリットを解消すべく，遺伝子選択を必要としない，全遺伝子（ゲノム）のネットワークを推定可能なアルゴリズムを筆者らは考案した．それを用いた悪性黒色腫データ解析事例を合わせて紹介する [12].

全ゲノム遺伝子ネットワーク推定アルゴリズム NNSR

HC アルゴリズムによる大規模なネットワークの構造探索は，時間のかかる処理である．全遺伝子を対象にして，これにブートストラップ法を組み合わせることは現実的ではない．構造推定アルゴリズムの高速化のためにはHC アルゴリズムを高速化すればよいが，そのためにはアルゴリズムの並列化が必要である．しかしHC アルゴリズムは，逐次アルゴリズムであるため高並列化は難しい．筆者らが開発したNeighbor Node Sampling & Repeat (NNSR) アルゴリズムは，大量の部分グラフを並列に計算することで全遺伝子を対象とした遺伝子ネットワークを推定することのできるアルゴリズムである [13]．鍵となるのは部分グラフ推定のための遺伝子集合の同定で，これにはスコアに応じた遺伝子選択と，計算過程においてグラフ構造上でランダムウォークをすることによって得られる近傍遺伝子の抽出を行う．これにより単純に乱数によって無作為に部分グラフを抽出・推定する場合と比較して，人工データによる評価ではるかに良い推定精度が比較的短時間で得られる．

NNSR アルゴリズムには大規模な超並列型計算機が必要である．超並列型計算機は計算ノードと呼ばれる多数の独立した計算機が，高速な通信ネットワークを介して接続されたものである．NNSR アルゴリズムは実行中に，計算結果を計算ノード間で交換する必要があるため，各計算ノードに分散された実行プロセスが互いに通信を行う．アルゴリズム 2 に詳細をまとめる．行 1 から始まるループをそれぞれ異なる計算ノード（プロセッサ）に割り当てる．またアルゴリズム中の行 3 で途中結果 G_W を更新するが，この際，各計算ノード間で通信を行いデータを交換する．詳細はここには書かないが，途中結果を保持している $g_{u,v}$ および $c_{u,v}$ は計算ノード間に分散させて保存する．6 行目の RWSampling（アルゴリズム 3）によって部分グラフ推定のための遺伝子集合を求める．NNSR アルゴリズムは提案当初，完全にランダムに部分グラフのための遺伝子を選択する Random Sampling フェーズというサブルーチンが存在したが，その後の研究により，それを行わない方が推定結果が良いことがわかっている．本章で示したのはその改良版のアルゴリズムである．シミュレーション結果を図 10.5 に示す．

悪性黒色腫データへの適用

開発したアルゴリズムを悪性黒色腫（メラノーマ）データへ適用した．悪性黒色腫は皮膚などに発病する癌で，発生機序はまだ不明な点が多く，有効

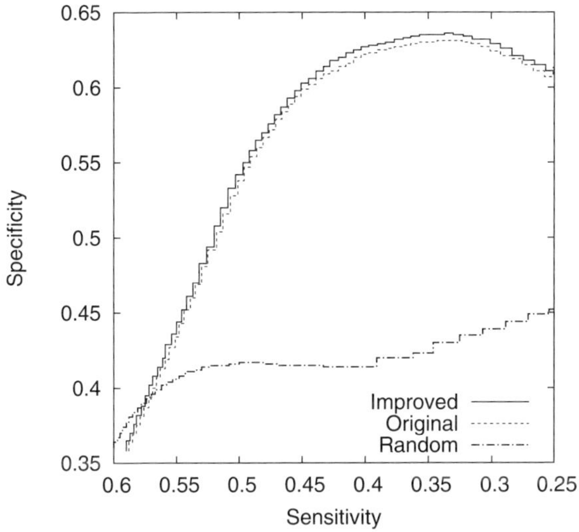

図 10.5 シミュレーションによる NNSR 結果比較．枝選択の閾値 θ_G を動かしたときの Specificty (Sp) および Sensitivity (Sn) の曲線である．左上を通るほど，性能が高いことを示す．Sp = TP / (TP + FP)，Sn = TP/(TP + FN)．ここで TP は枝を正しく推定した数，FP はない枝を間違って推定した数，FN はあるべき枝を推定しなかった数である．データはランダム DAG 10000 ノードのネットワークから人工的に発生させた 500 サンプルのデータである．入力データから元のネットワーク構造をどの程度再現可能か計測した．"Improved" はアルゴリズム 2 に示した方法．"Original" は発表当初のアルゴリズム [13]．"Random" は完全ランダム選択で推定した場合の結果である．今回示したアルゴリズムがオリジナルのものより若干良いことがわかる

な薬が少ないのが特徴である．また患者により有効な薬が異なるため，それらを容易に判別することのできるバイオマーカーの発見が望まれている．使用したデータは既知の悪性黒色腫関連遺伝子 45 個をそれぞれ siRNA によって発現抑制した 45 サンプルである．使用したマイクロアレイは Affymetrix 社 U133plus2 で，1 サンプルでおよそ 2 万強の遺伝子の発現量を同時に計測できる．プログラムの実行には東京大学医科学研究所ヒトゲノム解析センターのスーパーコンピュータを用いた．

推定された遺伝子ネットワークには 1,645,882 本という膨大な枝を含むため，個々の推定された枝を解析することは難しい．また遺伝子数に対してサ

アルゴリズム 2：NNSR アルゴリズム

入力: $\boldsymbol{X}$: $n \times p$ 遺伝子発現データ行列，T: 繰り返し数，I: 途中結果を交換する間隔，θ_W: ランダムウォークのための閾値，M: 部分グラフの遺伝子数，η: M に対するランダムウォークによって選択する遺伝子数，θ_G: 枝選択の閾値

出力: $G = (E, V)$: 遺伝子ネットワーク

for $t = 1$ to T **do**
　if $i \bmod I = 1$ **then**
　　$G_W \leftarrow \{(X_u, X_v, w) : w = g_{u,v}/c_{u,v}, \geq \theta_W\}$
　end if
　$u \leftarrow (i \bmod p) + 1.$
　$\mathcal{M}_W \leftarrow RWSampling(X_u, \eta M, G_W).$
　$\mathcal{M} \leftarrow \mathcal{M}_W \cup$ 任意のノード X_v に対する枝スコア $s(X_u, X_v, \boldsymbol{X})$ および $s(X_v, X_u, \boldsymbol{X})$ に比例する確率でランダムに選択した $(1-\eta)M$ 個のノード.
　$c_{u,v} \leftarrow c_{u,v} + 1$ and $c_{v,u} \leftarrow c_{u,v}$ for all pairs $(X_u, X_v) \in \mathcal{M} \times \mathcal{M}$ $(u < v)$.
　HC アルゴリズムによりネットワーク（隣接行列）$G_{\mathcal{M}} \subset \mathcal{M} \times \mathcal{M}$ を遺伝子集合 $\mathcal{M}$ に対してデータ $\boldsymbol{X}$ を用いて推定する.
　for all $(X_u, X_v) \in G_{\mathcal{M}}$ **do**
　　$g_{u,v} \leftarrow g_{u,v} + 1.$
　end for
end for
$E \leftarrow \{(X_u, X_v) : g_{u,v}/c_{u,v} \geq \theta_G\}$

ンプル数が少なく，推定精度にも限界がある．したがって推定された遺伝子ネットワークの解析では，まず構造上の特徴から情報の抽出を試みる．具体的には子供の多い遺伝子に着目して解析を行う．このような遺伝子は他の遺伝子と比較してより多くの遺伝子の制御にかかわっていると予測できる．筆者らはこのような子供の多い遺伝子をハブ遺伝子と呼んでいる．

悪性黒色腫関連遺伝子のうち 11 個の遺伝子がハブ遺伝子として同定され

アルゴリズム 3：$RWSampling(X_u, N, G_W)$ はランダムウォークによりネットワーク中のノード（遺伝子）をサンプルする

入力: X_u : 開始ノード，N : サンプルするノード数，$G_W = \{(X_{u_1}, X_{v_1}, w_1), \ldots\}$: 重み付き有向グラフ (w_i は枝 (X_{u_i}, X_{v_i}) の重み).

出力: $\mathcal{M}_W$: サンプルされたノード集合.

$\mathcal{M}_W \leftarrow \emptyset, l \leftarrow 0.$
repeat
  $X_v \leftarrow (X_u, X_v, w) \in G_W$ または $(X_v, X_u, w) \in G_W$ なる枝 (X_u, X_v) or (X_v, X_u) の重み w に比例した確率でランダムに選択したノード.
  if $X_v \notin \mathcal{M}_W$ **then**
    $\mathcal{M}_W \leftarrow \mathcal{M}_W \cup \{X_v\}$
  end if
  $X_u \leftarrow X_v, l \leftarrow l + 1$
until $|\mathcal{M}_W| = N$ または l が制限値に到達するまで.
return $\mathcal{M}_W$.

た．そのうちの 4 個の遺伝子が 50 以上の子供をもち，そのほかも 30 以上の子供がもつ結果となった．またハブ遺伝子の解析のほか，ハブ遺伝子の下流遺伝子を集めることにより，遺伝子のクラスタリングも可能である．本研究ではハブ遺伝子を用いて同定した 8 遺伝子により予後予測器を構築し，実際の患者由来サンプルから高い精度で予後を推定することが可能であることを確かめている [12].

10.5.2 miRNA 対応遺伝子ネットワーク推定アルゴリズムを用いた肺腺癌ゲノム解析事例

次に，メッセンジャー RNA (mRNA)・マイクロ RNA (miRNA) 混在データを用いた肺腺癌遺伝子ネットワーク解析事例を紹介する．これまでは主にマイクロアレイによって計測される mRNA を入力データとして仮定していた．最近になってタンパクに翻訳されない遺伝子，すなわち非翻訳性 RNA (non-coding RNA: ncRNA) がさまざまな機能をもっていることが次第にわ

かってきた．ncRNA は mRNA 同様，ゲノム DNA の一部が転写によって写し取られたものである．したがって，従来のマイクロアレイで mRNA と同様に，網羅的な計測が可能である．ncRNA のうち 20 ～ 25 塩基程度の微小な RNA 断片が，他の遺伝子の発現を抑制的に制御することが知られており，これをマイクロ RNA (miRNA) という．近年になって，この miRNA の発現変化が癌においても非常に重要なことがわかってきた [14]．本研究は遺伝子ネットワーク解析技術を応用して，miRNA や，miRNA に影響を受ける遺伝子群の同定を目的としたものである [15].

非小細胞肺癌 (non-small cell lung cancer: NSCLC) は肺癌のうち，腺癌，扁平上皮癌，大細胞癌を指す言葉で，このうち肺腺癌は最も高頻度の癌種となっている．近年， let-7 と呼ばれる miRNA が術後の予後不良群において有意に発現抑制されていることがわかった [16]．また，ほかにも関連が示唆される miRNA が見つかっており，遺伝子ネットワーク解析により miRNA を含む肺腺癌機序の理解が進むことが期待できる.

本研究では miRNA と mRNA の相互作用の理解が主目的であるため，これらのデータを同時に扱い，混在した遺伝子ネットワークを推定する．しかし，mRNA と miRNA とでは発現パターンが大きく異なり，単純に同じデータとして同時に推定しただけでは mRNA 同士，および miRNA 同士がネットワーク中で集まってしまい，期待した結果が得られない．すなわち mRNA と miRNA の間にほとんど枝のないネットワークが推定されてしまう（図 10.6)．この問題を解決するために TwoStep HC と呼ぶ新しい構造推定アルゴリズムを開発した.

mRNA・miRNA 混在データ対応遺伝子ネットワーク推定アルゴリズム TwoStep HC

miRNA は転写された mRNA に作用し，その発現を抑制することがわかっている．miRNA が制御するのは mRNA だけである．したがって，ネットワーク中に miRNA → miRNA の枝が存在することはないはずである．mRNA・miRNA 混在データからの遺伝子ネットワーク推定ではまず，単純に miRNA → miRNA の枝がつかないように，HC アルゴリズムに制約を入れることを考える．上述のように mRNA と miRNA を単純に混在させて

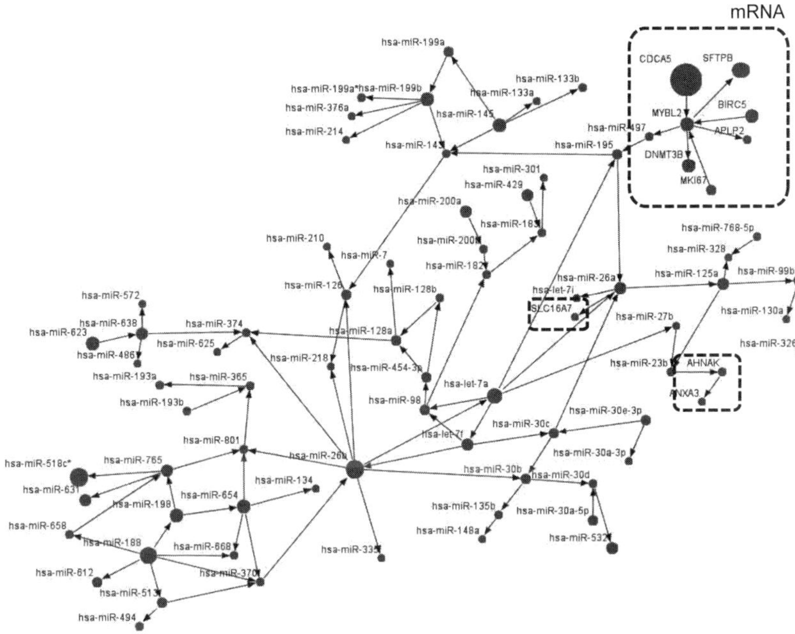

図 10.6　mRNA・miRNA 混在データでの失敗例．1845 遺伝子 + 159 miRNA の遺伝子ネットワークを患者由来肺腺癌データ 76 サンプルから推定したネットワークのうち，let-7 から距離 4 以内を抽出した部分グラフである．点線で囲ったものが mRNA で，それ以外はすべて miRNA である．この図からわかるように，miRNA 同士，mRNA 同士が集まって推定されてしまい，mRNA と miRNA 間の制御関係が正しく推定できていないことがわかる

遺伝子ネットワークを推定すると，mRNA 同士，miRNA 同士が集まりクラスターを形成したようなネットワークが推定されることが頻繁に見られる．これは，それぞれの発現パターンが大きく異なっていることを示している．したがって，miRNA が制御している mRNA を正しく予測するためには，miRNA → mRNA の枝のみを推定させるのがよい．しかし，これでは通常の mRNA → mRNA の関係を推定できない．また miRNA の発現を制御している mRNA を推定することもできない．したがって，まず始めに miRNA → mRNA に限定した上で遺伝子ネットワークを推定し，それを所与として，miRNA → miRNA を制限した上で遺伝子ネットワークを推定する．また miRNA が制御する遺伝子は，その配列からある程度は予測可能で

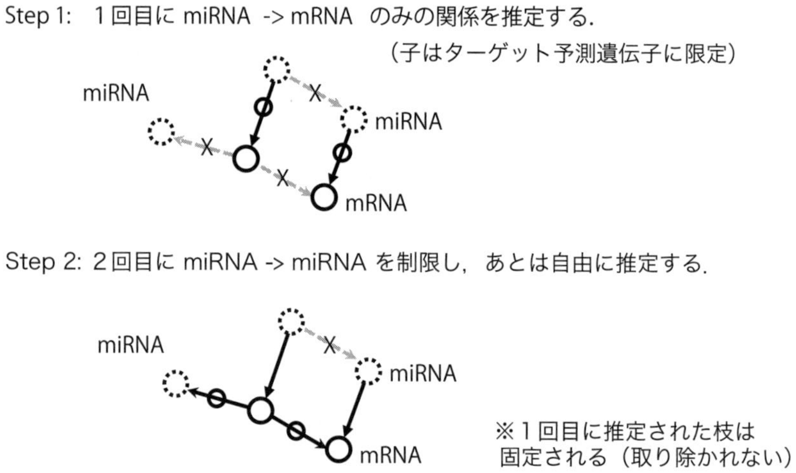
Step 1:　1回目に miRNA -> mRNA のみの関係を推定する.
（子はターゲット予測遺伝子に限定）
miRNA
X
miRNA
X
X
mRNA
Step 2: 2回目に miRNA -> miRNA を制限し，あとは自由に推定する.
miRNA
X
miRNA
mRNA
※1回目に推定された枝は
固定される（取り除かれない）

図 10.7　TwoStep HC による mRNA・miRNA 混在データからの遺伝子ネットワーク推定手順．2 段階に HC アルゴリズムを用いることにより，発現パターンの異なる混在データでの遺伝子ネットワーク推定が正しく行われるようになる

ある．したがって，より推定精度を高めるために，miRNA の制御遺伝子予測ソフトウェアの結果を用いて，探索範囲を制限する．具体的には本研究では TargetScan [17] を用いた．以下に本アルゴリズムをまとめる（図 10.7）．

Step 1:

miRNA とその予測された miRNA 制御遺伝子 (mRNA) 間に限定して，HC アルゴリズムを用いて遺伝子ネットワークを推定する．

Step 2:

Step 1 で得られた結果を固定し，miRNA → miRNA を制限した HC アルゴリズムを用いて遺伝子ネットワークを推定する．ここで Step 1 で得られた枝は削除しないことに注意する．

実際のネットワーク推定の際には，さらにブートストラップ法を組み合わせて遺伝子ネットワークを推定する．

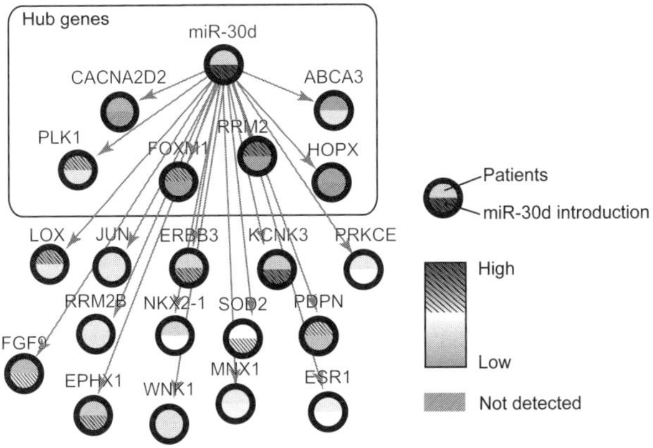

図 10.8　TwoStep HC による推定結果の一部 [15]．*miR-30d* の直接の子を抽出した．各遺伝子の上半分は患者サンプルにおける発現量，下半分は SK-LC-7 細胞株に *miR-30d* を導入した際の発現変化の量を表している．*miR-30d* の直接の子と推定された多くの遺伝子が，*miR-30d* 導入によって実際に発現変化を起こしていることが確認できる

非小細胞肺癌データへの適用

愛知県がんセンターで取得した 126 サンプルの非小細胞肺癌データへ本アルゴリズムを適用した．126 サンプルは主に肺腺癌研究のために取得したデータで，非小細胞肺癌のうち肺腺癌が 76 サンプルと大部分を占める．その他は扁平上皮癌や大細胞癌などである．事前の解析により肺線癌関連 400 遺伝子と 32 miRNA を抽出し，全 432 変数の遺伝子ネットワークを推定した．上述の事例と同様，計算には東京大学医科学研究所ヒトゲノム解析センターのスーパーコンピュータを用いた．推定された遺伝子ネットワークは，mRNA 同士，miRNA 同士が固まることなく，期待通りの結果が得られた．

推定したネットワークをまず，別のクラスタリング解析で同定した 2 つのサブタイプ間で発現差の大きい部分ネットワークを抽出した．その結果，2 つの miRNA, *miR-30d* および *miR-195* がハブ遺伝子として同定された．推定されたネットワークのうち，*miR-30d* 下流のサブネットワークを図 10.8 に示した．実際に両者の遺伝子発現への影響を確かめるために，これらの発現が元々低い肺癌細胞株であるSK-LC-7に導入したところ，その下流遺伝子群に有意な発現変動が認められた．また*miR-30d*の子遺伝子と予測されたPPM2という遺伝子については，*miR-30d*導入で大きく発現が変動したことから，マイクロアレイだけでなく，ウェスタン・ブロッティング法により確認をしたところ，実際に*miR-30d*導入によりSK-LC-7およびSK-Lu1細胞株においてPPM2が発現抑制されることがわかった．

これらのmiRNAおよび遺伝子は，これまで知られていなかった新規肺癌関連遺伝子であり，遺伝子ネットワーク解析を適用することにより初めて明らかになったものと言える．

10.6　おわりに

筆者らが開発した遺伝子ネットワーク推定手法を用いて癌のゲノム関連データである遺伝子発現データの解析を行った事例を紹介した．いずれの事例も，既存のベイジアンネットワークによる遺伝子ネットワーク推定アルゴリズムをそのまま適用してもうまくいかず，それぞれの問題に合わせた手法を開発し，解析に用いたことがこれらの研究の特徴と言える．また，いずれもゲノム解析や癌の研究を行っている専門家との密な共同研究により初めて実現したものと言える．特に，アルゴリズムによって得られた結果の生物学的な解釈は，その領域の専門家でなければ難しい．また，専門家からのフィードバックがなければ，既存アルゴリズムのどこが問題なのか，解析手法を開発する専門家にとっても理解することが困難である．

本事例で示したように，遺伝子ネットワーク解析に限らず，ゲノム解析では計算が膨大なことからスーパーコンピュータの利用が進んでいる．スーパーコンピュータは，計算内容によって比較的容易にその計算速度を享受できる問題と，複雑な並列アルゴリズムの設計が必要なものがある．高速化したい問題が後者の場合，生物学的知識や統計モデリング解析の知識だけでなく，計算機科学や並列アルゴリズムの知識まで必要になる．ゲノム解析は一見すると旧来の分子生物学のイメージの延長で捕らえる人が多いかもしれないが，本章で示したように幅広い領域への理解が必要な，真に学際的な学術分野と言える．

参考文献

[1] S. Imoto, T. Goto, and S. Miyano, "Estimation of genetic networks and functional structures between genes by using Bayesian networks and nonparametric regression," *Proc. Pacific Symposium on Biocomputing*, Vol. 7, pp. 175–186, 2002.

[2] N. Friedman, M. Linial, I. Nachman, and D. Pe'er, "Using Bayesian networks to analyze expression data," *J. Computational Biology*, Vol. 7, pp. 601–620, 2000.

[3] D. M. Chickering, D. Geiger, and D. Heckerman, "Learning Bayesian networks: Search methods and experimental results," in *Proceedings of the Fifth Conference on Artificial Intelligence and Statistics*, pp. 112–128, 1995.

[4] S. Ott, S. Imoto, and S. Miyano, "Finding optimal models for small gene networks," *Proc. Pacific Symposium on Biocomputing*, Vol. 9, pp. 557–567, 2004.

[5] Y. Tamada, S. Imoto, and S. Miyano, "Parallel algorithm for learning optimal Bayesian network structure," *Journal of Machine Learning Reseach*, Vol. 12, pp. 2437–2459, 2011.

[6] O. Nikolova, J. Zola, and S. Aluru, "A parallel algorithm for exact structure learning of Bayesian networks," in *Neural Information Processing Systems (NIPS) Workshop on Learning on Cores, Clusters and Clouds*, 2010.

[7] A. Abbruzzo, C. D. Serio, and E. Wit, "Dynamic Gaussian graphical models for modelling genomic networks," *Computational Intelligence Methods for Bioinformatics and Biostatistics*, Vol. 8452, pp. 3–12, 2014.

[8] R. Edgar, M. Domrachev, and A. E. Lash, "Gene expression omnibus: Ncbi gene expression and hybridization array data repository," *Nucleic Acids Res*, Vol. 30, No. 1, pp. 207–210, 2002.

[9] T. Hastie and R. Tibshirani, "*Generalized Additive Models*", Chapman & Hall, 1990.

[10] S. Kim, S. Imoto, and S. Miyano, "Dynamic Bayesian network and nonpara-

metric regression for nonlinear modeling of gene networks from time series gene expression data," *Proc. 1st Computational Methods in Systems Biology, Lecture Note in Computer Science*, Vol. 2602, pp. 104–113, 2003.

[11] Y. Tamada, H. Araki, S. Imoto, M. Nagasaki, A. Doi, Y. Nakanishi, Y. Tomiyasu, K. Yasuda, B. Dunmore, D. Sanders, S. Humphreys, C. Print, D. S. Charnock-Jones, K. Tashiro, S. Kuhara, and S. Miyano, "Unraveling dynamic activities of autocrine pathways that control drug-response transcriptome networks," *Proc. Pacific Symposium on Biocomputing*, Vol. 14, pp. 251–263, 2009.

[12] L. Wang, D. Hurley, W. Watkins, H. Araki, Y. Tamada, A. Muthukaruppan, L. Ranjard, E. Derkac, S. Imoto, S. Miyano, E. Crampin, and C. G. Print, "Cell cycle gene networks are associated with melanoma prognosis," *PLoS ONE*, Vol. 7, No. 4, p. e34247, 2012.

[13] Y. Tamada, S. Imoto, H. Araki, M. Nagasaki, C. Prin, S. Charnock-Jones, and S. Miyano, "Estimating genome-wide gene networks using nonparametric Bayesian network models on massively parallel computers," *IEEE/ACM Transactions on Computational Biology and Bioinformatics*, Vol. 8, No. 3, pp. 683–697, 2011.

[14] H. Osada and T. Takahashi, "MicroRNAs in biological processes and carcinogenesis," *Carcinogenesis*, Vol. 28, No. 1, pp. 2–12, 2007.

[15] C. Arima, T. Kajino, Y. Tamada, S. Imoto, Y. Shimada, M. Nakatochi, M. Suzuki, H. Isomura, Y. Yatabe, T. Yamaguchi, K. Yanagisawa, S. Miyano, and T. Takahashi, "Lung adenocarcinoma subtypes definable by lung development-related mirna expression profiles in association with clinicopathologic features," *Carcinogenesis*, Vol. 35, No. 10, pp. 2224–2231, 2014.

[16] J. Takamizawa, H. Konishi, K. Yanagisawa, S. Tomida, H. Osada, H. Endoh, T. Harano, Y. Yatabe, M. Nagino, Y. Nimura, T. Mitsudomi, and T. Takahashi, "Reduced expression of the let-7 microRNAs in human lung cancers in association with shortened postoperative survival," *Cancer Research*, Vol. 64, No. 11, pp. 3753–3756, 2004.

[17] B. P. Lewis, C. B. Burge, and D. P. B. DP, "Conserved seed pairing, often flanked by adenosines, indicates that thousands of human genes are microRNA targets," *Cell*, Vol. 120, pp. 15–20, 2005.

索　引

n 次相転移 (n-th order phase transition), 198

■ P

P-map, 6

■ Q

q 状態ポッツモデル (q state potts model), 197

■ア

圧縮センシング (compressed sensing), 189
誤り訂正符号 (error correcting code), 182

■イ

異質性, 232
イジングスピン (Ising spin), 168
イジングモデル (Ising model), 168, 197
一般化された確率伝搬法 (generalized belief propagation), 199
一般化されたスパースガウシアングラフィカルモデル (generalized sparse Gaussian graphical model), 197
遺伝子ネットワーク, 247
遺伝子発現データ, 248
因果グラフ, 103
因果ダイアグラム, 73
因果探索, 103
因果的効果, 78
因果方向, 103
因数分解, 40
インスタンス化 (instantiated), 8
インデペンデント・マップ (Independent map), 7

■エ

エッジ (edge), 4
エントロピー, 47

■オ

親集合, 53
親変数集合, 12
オンサーガー反跳項 (Onsager reaction term), 189
温度 (temperature), 198

■カ

外生変数, 107
ガウシアングラフィカルモデル (Gaussian graphical model), 196
ガウス性, 103
確率的潜在意味解析 (PLSA: Probabilistic Latent Semantic Analysis), 236
確率的潜在意味構造モデル, 235, 238, 239
確率伝搬法 (belief propagation), 181, 199
カノニカル分布 (canonical distribution), 169
間接効果, 89

■キ

疑似サンプル (pseudo sample), 29
疑似相関, 91
期待値最大化 (Expectation-Maximization; EM) アルゴリズム, 199
ギブス自由エネルギー (Gibbs free energy), 185
逆温度 (inverse temperature), 169
キャビティ（空孔）場 (cavity field), 173
キャビティバイアス (cavity bias), 174
キャビティ分布 (cavity distribution), 178
キャビティ法 (cavity method), 176
共起行列, 236

強磁性 (ferromagnetism), 168
強磁性相 (ferromagnetic phase), 168
強磁性体, 168
局所スコア, 44
局所スコア (local score), 53

■ク

クエリ (query), 16
行直交後列 (row orthogonal matrix), 190
組合せ集合, 130
クラスター変分法 (cluster variation method), 175, 199
グラフ (graph), 5
グラフィカルモデル, 3
グラフカットの方法 (graph cut method), 198
クリーク (cleque), 195

■ケ

ゲノム解析, 245
厳密解 (exact solution), 33

■コ

交換可能性, 156
構造学習, 39
構造方程式モデル, 14, 107
合流結合 (converging connections), 9

■サ

最大事後確率推定 (Maximum A Posteriori: MAP) 推定, 205
最短経路問題, 58
最尤推定値, 29

■シ

ジェフリーズの事前分布 (Jeffreys prior), 30
識別可能, 111
識別性, 115
次元の呪い, 167
事後確率, 44
事後確率最大, 44, 45
事後分布周辺化 (posterior marginals), 21
自己無撞着方程式 (self-consistent equation), 172
事前確率, 44, 45
自然共役事前分布 (cojecture prior), 29
事前分布周辺化 (prior marginals), 21
実空間繰り込み群法 (real space renormalization group method), 199
自発磁化 (spontaneous magnetization), 168
シミュレーテッドアニーリング (simulated annealing), 198
自由エネルギー (free energy), 198
周辺化, 147
周辺事後確率 (marginal posterior), 21
周辺事後確率最大化 (Maximum Posterior Marginal: MPM) 推定, 205
周辺事後確率のための変数消去アルゴリズム, 22
周辺事前確率 (marginal prior), 21
周辺分布, 147
周辺尤度 (marginal likelihood), 31, 203
周辺尤度最大化 (maximization of marginal likelihood), 199
循環性, 14
順序グラフ (ordred graph), 54
ジョインツリー・アルゴリズム, 27
消去順序, 22
条件付き確率, 28
条件付き確率表 (Conditional Probability Table; CPT), 14, 149
条件付き相互情報量, 51
条件付き操作変数, 94
条件付き独立, 42

条件付き独立性 (conditional independence), 4, 150, 151
条件付き独立性の検定, 51
条件付き分布, 147
常磁性 (paramagnetism), 168
常磁性相 (paramagnetic phase), 168

■ス
スピン (spin), 168

■セ
整数計画法, 33
説明効果 (explaninng away effect), 9
ゼロサプレス型 BDD(ZDD), 130
線過程 (line process), 196
線形構造方程式モデル, 89
潜在共通原因, 103
潜在クラス, 236
潜在的操作変数, 98

■ソ
相関の分解, 91
総合間接効果, 89
相互作用 (interaction), 197
相互情報量, 46, 49
相転移 (phase transition), 168
相転移点 (phase transition point), 198
粗視化 (coase graining), 199
ソフト・エビデンス (soft evidence), 10

■タ
大域スコア (global score), 53
ダイナミックベイジアンネットワーク, 259
多項分布 (multinomial distribution), 28, 29

■チ
逐次結合 (serial connections), 7

■テ
低密度パリティ検査符号 (low-density parity-check code), 182
ディレクレ分布 (Dirichlet distribution), 29
適応 TAP 近似 (adaptive TAP approximation), 189
データ生成過程, 107
転移温度 (transition temperature), 198

■ト
統計的学習 (statistical learning), 27
同時確率表 (Joint Probability Table; JPT), 148
同時確率分布, 4
同時確率分布表, 15
動的計画法, 54
特定間接効果, 89
独立, 42
独立性 (independence), 116, 150
独立性の検定, 46
貪欲山登り法 (greedy hill-climbing: HC) アルゴリズム, 255

■ニ
二分決定グラフ (BDD: Binary Decision Diagram), 128

■ネ
熱浴法 (heat bath method), 198

■ノ
ノード (node), 4

■ハ
ハイパーエッジ (hyperedge), 195
ハイパーグラフ (hypergraph), 195
ハイパーツリー (hypertree), 178
ハイパーパラメータ (hyper parameters), 29, 199
バックドア基準, 83

ハード・エビデンス (hard evidence), 10
パーフェクト・マップ (Perfect map), 6
ハミルトニアン (Hamiltonian), 168

■ヒ
非循環有効グラフ (DAG:Directed Acyclic Graph), 4
ビリーフプロパゲーション (belief propagation), 181

■フ
ファクター (factor), 15
ファクターグラフ (factor graph), 177
複合ガウス・マルコフ確率場 (compound Gauss-Markov random fields), 197
ブートストラップ法, 258
部分交換可能性 (Partial Exchangeability; PE), 156
プレフカ展開 (Plefka's expansion), 187
フロントドア基準, 85
分岐結合 (diverging connections), 8
分枝限定法, 63
分子場 (molecular field), 172
分子場近似 (molecular field approximation), 171
分配関数 (partition function), 169
文脈依存独立性 (Context-Specific Independence; CSI), 153, 155

■ヘ
平均因果効果, 108
平均場 (mean field), 172
ベイジアンネットワーク (BN), 3, 40, 135–137, 233
ベイズ推定, 29
ベータ分布 (beta distribution), 29
ベーテ近似 (Bethe approximation), 173, 199
変数消去アルゴリズム, 16
変数消去順序, 27

■ホ
母数化 (parameterization), 27
ポテンシャル関数 (potential function), 15

■マ
マルコフ確率場 (Markov random fields), 195
マルコフネットワーク (MN), 40
マルコフ連鎖モンテカルロ法 (Markov chain Monte Carlo method), 192

■ミ
ミニマックス最適化, 30

■ム
無向エッジ (undirected edge), 5
無向グラフ (undirected graph), 5, 40

■メ
メトロポリス法 (metropolis), 198

■モ
森 (forest), 44, 47
モンテカルロ法 (monte carlo method), 198

■ユ
有向エッジ (directed edge), 5
有向グラフ (directed graph), 5
有効場 (effective field), 174
有向非巡回グラフ (DAG, directed acyclic grapah), 40
尤度, 28
尤度等価 (likelihood equivalence), 31

■リ
離散確率変数, 145

離散構造 (discrete structure), 125
臨界温度 (critical temperature), 198
臨界点 (critical point), 198

■ル

ルーピービリーフプロパゲーション (loopy belief propagation), 182

■ワ

和積アルゴリズム (sum-product algorithm), 181

著者一覧

第1章：植野真臣（うえの まおみ）
電気通信大学大学院情報理工学研究科教授・博士（工学）

第2章：鈴木　譲（すずき じょう）
大阪大学大学院理学研究科准教授・博士（工学）

第3章：黒木　学（くろき まなぶ）
統計数理研究所データ科学研究系教授・工学博士

第4章：清水昌平（しみず しょうへい）
滋賀大学データサイエンス教育研究センター准教授・博士（工学）

第5章：湊　真一（みなと しんいち）
北海道大学大学院情報科学研究科教授・博士（工学）

第6章：石畠正和（いしはた まさかず）
NTT コミュニケーション科学基礎研究所研究員・博士（工学）

第7章：樺島祥介（かばしま よしゆき）
東京工業大学情報理工学院教授・博士（理学）

第8章：田中和之（たなか かずゆき）
東北大学大学院情報科学研究科教授・工学博士

第9章：本村陽一（もとむら よういち）
産業技術総合研究所人工知能研究センター首席研究員・博士（工学）

第10章：玉田嘉紀（たまだ よしのり）
東京大学医科学研究所 特任講師・博士（情報学）

編 著 者 紹 介

鈴木 譲（すずき じょう）

略　歴

1993年　早稲田大学理工学研究科修了

1995年　早稲田大学理工学部助手

1995年　大阪大学大学院理学研究科助教授

現　在　大阪大学大学院理学研究科准教授・博士（工学）

主　著　『ベイジアンネットワーク入門－確率的知識情報処理の基礎』，培風館，2009.

植野 真臣（うえの まおみ）

略　歴

1994年　東京工業大学総合理工学研究科

1994年　東京工業大学総合理工学研究科助手

2000年　長岡技術科学大学工学部助教授

2006年　電気通信大学大学院情報システム学研究科助教授

現　在　電気通信大学大学院情報理工学研究科教授・博士（工学）

主　著　『ベイジアンネットワーク』，コロナ社，2013.

確率的グラフィカルモデル

Probabilistic Graphical Model

2016 年 7 月 25 日　初版 1 刷発行
2022 年 4 月 25 日　初版 3 刷発行

編著者　鈴木　譲
　　　　植野真臣

© 2016

発行者　南條光章

発行所　**共立出版株式会社**
〒 112-0006
東京都文京区小日向 4-6-19
電話番号　03-3947-2511（代表）
振替口座　00110-2-57035
URL www.kyoritsu-pub.co.jp

印　刷　啓文堂

製　本　ブロケード

検印廃止
NDC 417.6
ISBN 978-4-320-11139-4

一般社団法人
自然科学書協会
会員

Printed in Japan

JCOPY <出版者著作権管理機構委託出版物>

本書の無断複製は著作権法上での例外を除き禁じられています．複製される場合は，そのつど事前に，出版者著作権管理機構（TEL：03-5244-5088，FAX：03-5244-5089，e-mail：info@jcopy.or.jp）の許諾を得てください．